高等院校应用型本专科通用教材

MCS-51单片机 原理与应用

主 编　吴静进　何尚平　万　彬

重庆大学出版社

内容提要

本书从单片机基础理论教学和工程实际应用角度出发,以 MCS-51 系列单片机为例,以易学实用为主,注重理论与实际相结合,循序渐进地讲述了 MCS-51 系列单片机基本概念、内部硬件结构、指令系统及汇编语言程序设计、中断系统、定时/计数器、串行通信技术、外围接口应用技术、C 语言程序设计、Keil 集成开发环境及 Proteus ISIS 仿真等内容。

本书既可作为应用型本科、专科院校的单片机原理及实践类课程教材,也可作为单片机应用初学者以及单片机开发人员的实用参考书。

图书在版编目(CIP)数据

MCS-51 单片机原理与应用 / 吴静进, 何尚平, 万彬
主编. -- 重庆 : 重庆大学出版社, 2019.1(2021.7 重印)
高等院校应用型本专科通用教材
ISBN 978-7-5689-1402-4

Ⅰ. ①M… Ⅱ. ①吴… ②何… ③万… Ⅲ. ①单片微型计算机—高等学校—教材 Ⅳ. ①TP368.1

中国版本图书馆 CIP 数据核字(2018)第 277643 号

高等院校应用型本专科通用教材
MCS-51 单片机原理与应用
主 编 吴静进 何尚平 万 彬
策划编辑:曾令维
责任编辑:曾令维 版式设计:曾令维
责任校对:张红梅 责任印制:张 策

*

重庆大学出版社出版发行
出版人:饶帮华
社址:重庆市沙坪坝区大学城西路 21 号
邮编:401331
电话:(023) 88617190 88617185(中小学)
传真:(023) 88617186 88617166
网址:http://www.cqup.com.cn
邮箱:fxk@ cqup.com.cn(营销中心)
全国新华书店经销
重庆市远大印务有限公司印刷

*

开本:787mm×1092mm 1/16 印张:18.5 字数:464 千
2019 年 1 月第 1 版 2021 年 7 月第 2 次印刷
印数:3 001—4 100
ISBN 978-7-5689-1402-4 定价:45.00 元

前 言

单片机具有功能强、使用灵活、性价比高、体积小、面向控制等特点,广泛应用于工业控制、智能仪器仪表、现代传感器、数据采集与处理、机电一体化、消费电子、家用电器、通信、办公自动化、医疗器械、计算机控制等领域,自 20 世纪 70 年代问世以来,已经对人类社会做出了巨大贡献。

单片机作为典型、具有代表性的嵌入式系统,随着计算机技术、微电子技术的高速发展,目前各类院校很多专业已经普遍开设了单片机原理及其相关课程,并作为学习各种先进嵌入式微处理器、嵌入式微控制器、片上系统和数字信号处理器的基础。

近几年,随着单片机技术的迅速发展,也出现了很多各具特点的单片机产品,但是从使用数量、技术资料及开发工具等各方面综合考虑,MCS-51 系列单片机仍被广泛使用,具有较大优势。同时,单片机原理作为一门实践性、技术性很强的课程,在学好基础知识、基本技能的同时,最终在于掌握实际应用,因此本书在习近平新时代中国特色社会主义思想指导下,落实"新工科"建设新要求,从单片机基础理论教学和工程实际应用角度出发,以 MCS-51 系列单片机为例,以易学实用为主,注重理论与实际相结合,阐述问题重难点突出,遵循高等教育教学规律,循序渐进地系统讲述了 MCS-51 系列单片机基本概念、内部硬件结构、指令系统及汇编语言程序设计、中断系统、定时/计数器、串行通信技术、外围接口应用技术、C 语言程序设计、Keil集成开发环境及 Proteus ISIS 仿真等内容。本书可作为单片机初学者以及单片机工程项目开发人员的实用参考书和各大中专院校自动化、电气工程及其自动化、电子信息工程、应用电子技术、通信工程、物联网、测控技术与仪器、机械制造及其自动化、机电一体化、车辆工程、材料成型与控制工程等相关专业的单片机教学及培训用书,并可根据教学实际需要而进行适当取舍和灵活安排。通过本书的学习,学生可掌握单片机应用开发的基础理论知识,提高学生实际操作能力和单片机应用系统的研发设计能力,符合社会对高素质、开拓型单片机人才的需求。

本书由南昌大学科学技术学院吴静进、何尚平和南昌职业学院万彬主编,参加本书编写工作的还有南昌大学科学技术学院许仙明和南昌大学科学技术学院南昌校区全天候开放实验室电机楼 302 的同学们。全书共 9 章,其中,许仙明编写了第 1 章,吴静进编写了第 2 章(除 2.1节外)、第 4 章、第 5 章、第 6 章,何尚平编写了第 3 章、第 7 章、第 8 章、第 9 章,万彬编写了第 2章的 2.1 节以及附录 A—D。全书由吴静进负责统稿。

南昌大学科学技术学院罗小青对本书进行了认真审阅,陈艳、朱淑云、黄灿英、吴敏、沈放、黄仁如、陈巍、谢芳娟、谢晖、吴浪武等提出了许多宝贵的意见和建议,特此感谢!

全书参考理论教学 40~60 学时,实验 20 学时。教学时可以根据实际情况,对各章讲授内容进行适当的取舍。

限于编者水平有限,书中不妥之处在所难免,恳请专家、同行老师和读者批评指正。

编 者
2018 年 9 月

目　录

第 1 章　微型计算机基础知识 ··· 1

1.1　单片机发展概况 ··· 1

1.2　计算机中数的表示方法 ·· 4

1.3　计算机系统组成 ··· 15

习题 ·· 19

第 2 章　MCS-51 单片机硬件的功能结构及内部组成 ···················· 21

2.1　MCS-51 单片机内部结构及特点 ·· 21

2.2　MCS-51 单片机引脚及功能 ·· 24

2.3　存储器结构和配置 ·· 26

2.4　单片机的并行 I/O 接口 ·· 36

2.5　单片机时钟电路与 CPU 时序 ·· 41

2.6　空闲和掉电方式 ··· 48

习题 ·· 50

第 3 章　MCS-51 系列单片机指令系统及汇编语言程序设计 ············ 51

3.1　MCS-51 单片机汇编指令系统简介 ·· 51

3.2　MCS-51 单片机寻址方式 ··· 54

3.3　MCS-51 单片机指令系统 ··· 59

3.4　汇编语言程序设计基础 ··· 97

3.5　程序设计实例 ·· 101

习题 ·· 106

第 4 章　MCS-51 单片机的中断系统 ··· 108

4.1　中断概述 ·· 108

4.2　MCS-51 单片机的中断系统结构 ·· 110

4.3　中断处理过程 ·· 115

4.4　中断响应后中断请求的撤销 ·· 118

4.5　MCS-51 单片机的中断应用举例 ·· 118

4.6　外部中断源扩展 ·· 123

习题 ·· 124

第 5 章　MCS-51 单片机的定时/计数器 ·· 126

　5.1　定时/计数器概述 ··· 126

　5.2　定时/计数器的控制 ··· 128

　5.3　定时/计数器的工作模式及应用 ··· 130

　5.4　定时/计数器综合应用 ··· 138

　　习题 ··· 140

第 6 章　MCS-51 单片机串行通信技术 ··· 142

　6.1　串行通信基础 ··· 142

　6.2　MCS-51 单片机串行接口 ··· 145

　6.3　串行接口工作方式及应用举例 ··· 147

　6.4　多机通信原理简介 ··· 157

　　习题 ··· 162

第 7 章　MCS-51 系列单片机外围接口应用技术 ····································· 163

　7.1　LED 状态指示和数码管显示技术 ··· 163

　7.2　LCD 液晶显示器接口技术 ··· 166

　7.3　键盘接口技术 ··· 173

　7.4　A/D 接口技术 ··· 181

　7.5　D/A 接口技术 ··· 186

　7.6　步进电机 ··· 191

　　习题 ··· 196

第 8 章　单片机 C 语言程序设计及实例 ··· 197

　8.1　Keil C51 简介 ··· 197

　8.2　Keil C51 软件开发结构 ··· 197

　8.3　Keil C51 与标准 C 语言 ··· 199

　8.4　运算符与表达式 ··· 203

　8.5　C51 程序的基本语句 ··· 208

　8.6　指针 ··· 212

　8.7　函数 ··· 213

　8.8　C51 程序结构及应用要点 ··· 216

　8.9　MCS-51 系列单片机 C 语言程序设计举例 ··· 218

　　习题 ··· 243

第 9 章　Keil 集成开发环境及 Proteus ISIS 仿真 ··································· 244

　9.1　Keil 集成开发环境 ··· 244

　9.2　Proteus ISIS 简介 ··· 265

附录 ·· 279

　　附录 A　MCS-51 单片机汇编指令表 ····················· 279

　　附录 B　51 单片机汇编各类指令助记符 ··············· 283

　　附录 C　CGRAM 和 CGRAM 中字符码与代符图形对应关系 ··········· 285

　　附录 D　ASCII 表 ·· 286

参考文献 ··· 288

第1章 微型计算机基础知识

单片机是把微型计算机的各个功能部件：中央处理器（CPU）、随机存储器（RAM）、只读存储器（ROM）、I/O 接口、定时/计数器以及串行接口等集成在一块芯片上，构成一个完整的微型计算机，因而又称为单片微型计算机（Single Chip Microcomputer）。由于单片机面向控制性应用领域，装入各种智能化产品之中，因此又称为嵌入式微控制器（Embedded Microcontroller）。

1.1 单片机发展概况

单片机从 20 世纪 70 年代诞生以来，发展十分迅速，产品种类也非常多。下面对单片机做初步介绍。

1.1.1 单片机发展的各个阶段

1. 单片机发展的初阶阶段

1976 年，Intel 公司推出了 MCS-48 系列单片机，该系列单片机早期产品在芯片内集成有：8位 CPU，1KB 程序存储器，64 B 数据存储器，27 根 I/O 口线和 1 个 8 位定时/计数器。这是一种真正的单片机。这个阶段的单片机因受工艺和集成度的限制，品种少，CPU 功能低，存储器容量小，I/O 部件种类和数量少，无串行接口，指令系统功能不强。

2. 性能发展完善阶段

1980 年，Intel 公司推出了 MCS-51 系列单片机。该系列单片机在芯片内集成有：8 位 CPU，4 KB 程序存储器，128 B 数据存储器，4 个 8 位并行接口，1 个全双工串行接口、2 个 16 位定时/计数器，寻址范围 64 KB，并集成有控制功能较强的布尔处理器。这个阶段的单片机结构体系比较完善，性能也大大提高，已开始应用到了各个领域。

3. 微控制器阶段

1982 年，Intel 公司推出 MCS-96 系列单片机，该系列单片机在芯片内集成有：16 位 CPU，8 KB 程序存储器，256 B 数据存储器，5 个 8 位并行接口，1 个全双工接口，2 个 16 位定时/计数器；寻址范围最大为 64 KB，片上还有 8 路 10 位 ADC，1 路 PWM（D/A）输出及高速 I/O 部件等。这个阶段的单片机性能不断完善，性价比显著提高，主要面向测控系统外围电路增强，使单片机可以方便灵活地用于复杂的自动测控系统及设备，因此，越来越倾向于微控制器了。

1.1.2 单片机的多样化产品

迄今为止,世界上的主要芯片厂家已投放市场的单片机产品多达 70 多个系列,500 多个品种。单片机的产品近况可以归纳为以下两个方面。

1. 8051 系列单片机产品繁多,主流地位已经形成

通用微型计算机计算速度的提高主要体现在 CPU 位数的提高(16 位、32 位、64 位),而单片机更注重的是产品的可靠性、经济性和嵌入性。因此,单片机 CPU 位数的提高需求并不十分迫切。而多年来的应用实践已经证明,8051 的系统结构合理、技术成熟。因此,许多单片机生产商倾力于提高 8051 单片机的综合功能,从而形成了 8051 的主流产品地位。近年来推出与 8051 兼容的主要产品有:

①ATMEL 公司融入 Flash 存储器技术推出的 AT89 系列单片机。
②Philips 公司推出的 80C51、80C52 系列高性能单片机。
③华邦公司推出的 W78C51、W77C51 系列高速低价单片机。
④ADI 公司推出的 AduC8xx 系列高精度 ADC 单片机。
⑤LG 公司推出的 GMS90/97 系列低压高速单片机。
⑥MAXIM 公司推出的 DS89C420 高速(50MIPS)单片机。
⑦Gygnal 公司推出的 C8051F 系列高速 SOC 单片机等。

2. 非 8051 结构单片机不断推出,给用户提供了更为广泛的选择空间

在 8051 及其兼容产品流行的同时,一些单片机芯片生产厂商也推出了一些非 8051 结构的产品,影响较大的有:

①Intel 公司推出 MCS-96 系列 16 位单片机。
②Microchip 公司推出 PIC 系列 RISC 单片机。
③TI 公司推出 MSP430F 系列 16 位低电压、低功耗单片机。
④ATMEL 公司推出 AVR 系列 RISC 单片机。

1.1.3 单片机的发展趋势

①微型单片化。随着芯片集成度的提高,为单片机的微型化提供了可能。早期单片机大量使用双列直插式封装,随着贴片工艺的出现,单片机也大量采用了各种符合贴片工艺的封装方式,大大减小了芯片的体积,为嵌入式系统提供了可能。

②低功耗 CMOS 化。为了降低单片机的功耗,现在各单片机生产厂家基本采用了 CMOS 工艺。CMOS 芯片除了低功耗特性之外,还具有功耗的可控性,使单片机可以工作在功耗精细管理状态。但由于其物理特征决定了其工作速度不够高,而 CHMOS 则具备了高速和低功耗的特点,这些特征更适合于在低功耗系统中应用。目前生产的 CHMOS 电路已达到 LSTTL 的速度,传输延迟时间小于 2 ns,其综合优势已超过 TTL 电路。目前单片机的工作电流已降至毫安级甚至微安级,供电电压的下限已达 1~2 V,0.8 V 供电的单片机已经问世。低功耗化的效应不仅功耗低,而且带来了产品的高可靠性、高抗干扰能力及产品的便携化。

③高速化。早期 MCS-51 单片机的典型时钟频率为 12 MHz,目前西门子公司的 C500 系列

单片机的(与 MCS-51 兼容)时钟频率为 36 MHz;EMC 公司的 EM78 系列单片机的时钟频率高达 40 MHz;现在已有更快的 32 位,100 MHz 的单片机产品出现。

④内部资源增加。内部资源的增加除增大片内存储器的容量外,也增加了其他的配置,如 A/D 转换器、脉宽调制输出 PWM、正弦波发生器、CRT 控制器、LED 和 LCD 驱动器、串行通信接口、看门狗电路。

⑤通信及网络功能加强。在某些单片机内部由于封装了局部网络控制模块,甚至将网络协议固化在其内部,因此可以容易地构成网络系统。特别是在控制系统较为复杂时,构成一个控制网络十为有用。目前将单片机嵌入式系统和 Internet 连接起来已是一种趋势。

综上所述,单片机正朝着高性能和多品种的方向发展,但是由于 MCS-51 系列的 8 位单片机仍能满足绝大多数应用领域的需要,所以以 MCS-51 系列为主的 8 位单片机,在现在及以后的相当一段时期内仍然将占据单片机应用市场的主导地位。

1.1.4　单片机的特点及应用领域

1. 单片机的特点

从单片机应用角度来看,其主要特点如下:

①控制性能好,可靠性高。

②体积小、价格低,易于产品化。

从单片机的具体结构和处理过程上看,主要特点如下:

①在存储器结构上,多数单片机的存储器采用哈佛(Harvard)结构。

②在芯片引脚上,大部分采用分时复用技术。

③在内部资源访问上,采用特殊功能寄存器(SFR)的形式。

④在指令系统上,采用面向控制的指令系统。

⑤内部一般都集成一个全双工的串行接口。

⑥单片机有很强的外部扩展能力。

2. 单片机的应用领域

单片机由于具有体积小,功耗低,易于产品化,面向控制,抗干扰能力强,适用温度范围宽,可以方便地实现多机和分布式控制等优点,因而被广泛地应用于以下各种控制系统的分布式系统中:

①工业自动化控制。

②智能仪器仪表。

③计算机外围设备和智能接口。

④家用电器。

⑤多机应用。

1.2 计算机中数的表示方法

数制是人们对事物数量计数的一种统计规律。在日常生活中最常用的是十进制,但在计算机中,由于其电气元件最易实现的是两种稳定状态:器件的"开"与"关";电平的"高"与"低"。因此,采用二进制数的"0"和"1"可以很方便地表示机器内的数据运算与存储。在编程时,为了方便阅读和书写,人们还经常用八进制数或十六进制来表示二进制数。虽然一个数可以用不同计数制形式表示它的大小,但该数的量值是相等的。

1.2.1 计算机中的数制

1. 进位计数制

当进位计数制采用位置表示法时,同一数字在不同的数位所代表的数值是不同的。每一种进位计数应包含两个基本的因素:

①基数 R(Radix):它代表计数制中所用到的数码个数。如:二进制计数中用到 0 和 1 两个数码;而八进制计数中用到 0~7 共 8 个数码。一般地说,基数为 R 的计数制(简称 R 进制)中,包含 $0,1,\cdots,R-1$ 个数码,进位规律为"逢 R 进 1"。

②位权 W(Weight):在进位计数制中,某个数位的值是由这一位的数码值乘以处在这一位的固定常数决定的,通常把这一固定常数称为位权值,简称位权。各位的位权是以 R 为底的幂。如十进制数基数 $R=10$,则个位、十位、百位上的位权分别为 $10^0,10^1,10^2$。

一个 R 进制数 N,可以用以下两种形式表示:

①并列表示法,或称位置计数法:

$$(N)_R = (K_{n-1}K_{n-2}\cdots K_1K_0K_{-1}K_{-2}\cdots K_{-m})_R$$

②多项式表示法,或称以权展开式:

$$(N)_R = K_{n-1}R^{n-1} + K_{n-2}R^{n-2} + \cdots + K_1R^1 + K_0R^0 + K_{-1}R^{-1} + \cdots + K_{-m}R^{-m} = \sum_{i=n-1}^{-m} K_iR^i$$

其中:m、n 为正整数,n 代表整数部分的位数;m 代表小数部分的位数;K_i 代表 R 进制中的任一个数码,$0 \leq K_i \leq R^{-1}$。

2. 二进制数

二进制数中,$R=2$,K_i 取 0 或 1,进位规律为"逢 2 进 1"。任一个二进制数 N 可表示为:

$$(N)_2 = K_{n-1}2^{n-1} + K_{n-2}2^{n-2} + \cdots + K_12^1 + K_02^0 + K_{-1}2^{-1} + \cdots + K_{-m}2^{-m}$$

例如:$(1001.101)_2 = 1 \times 2^3 + 0 \times 2^2 + 0 \times 2^1 + 1 \times 2^0 + 1 \times 2^{-1} + 0 \times 2^{-2} + 1 \times 2^{-3}$

3. 八进制数

八进制,$R=8$,K_i 可取 0~7 共 8 个数码中的任意 1 个,进位规律为"逢 8 进 1"。任意一个八进制数 N 可以表示为:

$$(N)_8 = K_{n-1}8^{n-1} + K_{n-2}8^{n-2} + \cdots + K_18^1 + K_08^0 + K_{-1}8^{-1} + \cdots + K_{-m}8^{-m}$$

例如:$(246.12)_8 = 2 \times 8^2 + 4 \times 8^1 + 6 \times 8^0 + 1 \times 8^{-1} + 2 \times 8^{-2}$

4.十六进制数

十六进制数,$R = 16$,K_i 可取 0 ~ 15 共 16 个数码中的任一个,但 10 ~ 15 分别用 A、B、C、D、E、F 表示,进位规律为"逢 16 进 1"。任意一个十六进制数 N 可表示为:

$$(N)_{16} = K_{n-1}16^{n-1} + K_{n-2}16^{n-2} + \cdots + K_1 16^1 + K_0 16^0 + K_{-1}16^{-1} + \cdots + K_{-m}16^{-m}$$

例如:$(2D07.A)_{16} = 2 \times 16^3 + 13 \times 16^2 + 0 \times 16^1 + 7 \times 16^0 + 10 \times 16^{-1}$

表 1-1 给出了以上 3 种进制数与十进制数的对应关系。为避免混淆,除用 $(N)_R$ 的方法区分不同进制数外,还常用数字后加字母作为标注的方法。其中字母 B(Binary) 表示二进制数;字母 Q(Octal 的缩写为字母 O,为区别数字 0 故写成 Q) 表示八进制数;字母 D(Decimal) 或不加字母表示十进制数;字母 H(Hexadecimal) 表示十六进制数。

表 1-1　二、八、十、十六进制数码对应表

十进制	二进制	八进制	十六进制
0	0000B	0Q	0H
1	0001B	1Q	1H
2	0010B	2Q	2H
3	0011B	3Q	3H
4	0100B	4Q	4H
5	0101B	5Q	5H
6	0110B	6Q	6H
7	0111B	7Q	7H
8	1000B	10Q	8H
9	1001B	11Q	9H
10	1010B	12Q	0AH
11	1011B	13Q	0BH
12	1100B	14Q	0CH
13	1101B	15Q	0DH
14	1110B	16Q	0EH
15	1111B	17Q	0FH
16	10000B	20Q	10H

1.2.2　数制的转换

1.各种进制数间的相互转换

(1)各种进制数转换成十进制数

各种进制数转换成十进制数的方法是:将各进制数先按位权展开成多项式,再利用十进制运算法则求和,即可得到该数对应的十进制数。

例 1.1　将数 1001.101B,246.12Q,2D07.AH 转换为十进制数。

$1001.101B = 1 \times 2^3 + 0 \times 2^2 + 0 \times 2^1 + 1 \times 2^0 + 1 \times 2^{-1} + 0 \times 2^{-2} + 1 \times 2^{-3}$

$\qquad\qquad = 8 + 1 + 0.5 + 0.125 = 9.625$

$246.12Q = 2 \times 8^2 + 4 \times 8^1 + 6 \times 8^0 + 1 \times 8^{-1} + 2 \times 8^{-2}$

$\qquad = 128 + 32 + 6 + 0.125 + 0.03125 = 166.15625$

$2D07.AH = 2 \times 16^3 + 13 \times 16^2 + 0 \times 16^1 + 7 \times 16^0 + 10 \times 16^{-1}$

$\qquad = 8192 + 3328 + 7 + 0.625 = 11527.625$

（2）十进制数转换为二、八、十六进制数

任一十进制数 N 转换成 q 进制数，先将整数部分与小数部分分为两部分，并分别进行转换，然后再用小数点将这两部分连接起来。

①整数部分转换

整数部分转换步骤为：

第 1 步：用 q 去除 N 的整数部分，得到商和余数，记余数为 q 进制整数的最低位数码 K_0；

第 2 步：再用 q 去除得到的商，求出新的商和余数，余数又作为 q 进制整数的次低位数码 K_1；

第 3 步：再用 q 去除得到的新商，求出相应的商和余数，余数作为 q 进制整数的下一位数码 K_i；

第 4 步：重复第 3 步，直至商为零，整数转换结束。此时，余数作为转换后 q 进制整数的最高位数码 K_{n-1}。

$$
\begin{array}{llll}
2\,\underline{|168} & \text{余数 }0, & K_0 = 0 \\
\quad 2\,\underline{|84} & \text{余数 }0, & K_1 = 0 \\
\qquad 2\,\underline{|42} & \text{余数 }0, & K_2 = 0 \\
\qquad\quad 2\,\underline{|21} & \text{余数 }1, & K_3 = 1 \\
\qquad\qquad 2\,\underline{|10} & \text{余数 }0, & K_4 = 0 \\
\qquad\qquad\quad 2\,\underline{|5} & \text{余数 }1, & K_5 = 1 \\
\qquad\qquad\qquad 2\,\underline{|2} & \text{余数 }0, & K_6 = 0 \\
\qquad\qquad\qquad\quad 2\,\underline{|1} & \text{余数 }1, & K_7 = 1
\end{array}
$$

所以　　$168 = 10101000B$

②小数部分转换

小数部分转换步骤为：

第 1 步：用 q 去乘 N 的纯小数部分，记下乘积的整数部分，作为 q 进制小数的第 1 个数码 K_{-1}；

第 2 步：再用 q 去乘上次积的纯小数部分，得到新乘积的整数部分，记为 q 进制小数的次位数码 K_{-i}；

第 3 步：重复第 2 步，直至乘积的小数部分为零，或者达到所需要的精度位数为止。此时，乘积的整数位作为 q 进制小数位的数码 K_{-m}。

例 1.2　将 0.686 转换成二、八、十六进制数（用小数点后 5 位表示）。

$0.686 \times 2 = 1.372 \quad K_{-1} = 1 \qquad 0.686 \times 8 = 5.488 \quad K_{-1} = 5 \qquad 0.686 \times 16 = 10.976 \quad K_{-1} = A$

$0.372 \times 2 = 0.744 \quad K_{-2} = 0 \qquad 0.488 \times 8 = 3.904 \quad K_{-2} = 3 \qquad 0.976 \times 16 = 15.616 \quad K_{-2} = F$

$0.744 \times 2 = 1.488 \quad K_{-3} = 1 \qquad 0.904 \times 8 = 7.232 \quad K_{-3} = 7 \qquad 0.616 \times 16 = 9.856 \quad K_{-3} = 9$

$0.488 \times 2 = 0.976 \quad K_{-4} = 0 \qquad 0.232 \times 8 = 1.856 \quad K_{-4} = 1 \qquad 0.856 \times 16 = 13.696 \quad K_{-4} = D$

$0.976 \times 2 = 1.952$　$K_{-5} = 1$　$0.856 \times 8 = 6.848$　$K_{-5} = 6$　$0.696 \times 16 = 11.136$　$K_{-5} = B$

$0.686 \approx 0.10101B$　　　　　　　$0.686 \approx 0.53716Q$　　　　　　　$0.686 \approx 0.AF9DBH$

从以上例子可以看出,二进制表示的数越精确,所需的数位就越多,这样,不利于书写和记忆,而且容易出错。另外,若用同样数位表示数,则八、十六进制数所表示数的精度较高。所以在汇编语言编程中常用八进制或十六进制数作为二进制数的编码,来书写和记忆二进制数,便于人机信息交换。在 MCS-51 系列单片机编程中,通常采用十六进制数。

（3）二进制数与八进制数之间的相互转换

由于 $2^3 = 8$,故可采用"合 3 为 1"的原则,即从小数点开始分别向左、右两边各以 3 位为 1 组进行二—八换算;若不足 3 位的以 0 补足,便可将二进制数转换为八进制数。

例 1.3　将 1111011.0101B 转换为八进制数。

解:根据"合 3 为 1"和不足 3 位以 0 补足的原则,将此二进制数书写为:

```
001   111   011   .   010   100
 1     7     3    .    2     4
```

因此,其结果为 1111011.0101B = 173.24Q。

例 1.4　将 1357.246Q 转换成二进制数。

解:根据"1 分为 3"的原则,可将该十进制数书写为:

```
 1    3    5    7   .   2    4    6
001  011  101  111  .  010  100  110
```

其结果为 1357.246Q = 1011101111.01010011B。

（4）二进制数与十六进制数之间的相互转换

由于 $2^4 = 16$,可采用"合 4 为 1"的原则,从小数点开始分别向左、右两边各以 4 位为 1 组进行二—十六换算;若不足 4 位以 0 补足,便可将二进制数转换为十六进制数。

例 1.5　将 1101000101011.001111B 转换成十六进制数。

解:根据"合 4 为 1"的原则,可将该二进制数书写为:

```
0001   1010   0010   1011  .0011   1100
 1      A      2      B   . 3       C
```

其结果为 1101000101011.001111B = 1A2B.3CH。

反之,采用"1 分为 4"的原则,每位十六进制数用 4 位二进制数表示,便可将十六进制数转换为二进制数。

例 1.6　将 4D5E.6FH 转换成二进制数。

解:根据"1 分为 4"的原则,可将该十六进制数书写为:

```
  4     D     5     E    .  6     F
0100  1101  0101  1110  . 0110  1111
```

其结果为 4D5E.6FH = 100110101011110.01101111B。

1.2.3　二进制数的运算

1. 二进制数的算术运算

二进制数不仅物理上容易实现,而且算术运算也比较简单,其加、减法遵循"逢 2 进 1""借

1 当 2"的原则。

以下通过 4 个例子说明二进制数的加、减、乘、除运算过程。

(1)二进制加法

1 位二进制数的加法规则为：

$$0+0=0; \quad 0+1=1; \quad 1+0=1; \quad 1+1=10 \quad (有进位)$$

例 1.7 求 11001010B + 11101B。

解：
```
被加数        11001010
加数             11101
进位         (00110000)
和           11100111
```

则 11001010B + 11101B = 11100111B。

由此可见，两个二进制数相加时，每 1 位有 3 个数参与运算（本位被加数、加数、低位进位），从而得到本位和以及向高位的进位。

(2)二进制减法

1 位二进制数减法规则为：

$1-0=1; \quad 1-1=0; \quad 0-0=0; \quad 0-1=1$（有借位）

例 1.8 求 10101010B – 10101B。

解：
```
被减数        10101010
减数             10101
借位         (00101010)
差           10010101
```

则 10101010B – 10101B = 10010101B。

(3)二进制乘法

1 位二进制乘法规则为：

$0 \times 0 = 0 \quad 0 \times 1 = 0 \quad 1 \times 0 = 0 \quad 1 \times 1 = 1$

例 1.9 求 110011B × 1011B。

解：
```
被乘数        110011
乘数            1011
              110011
             110011
            000000
           110011
积         1000110001
```

则 110011B × 1011B = 1000110001B。

由运算过程可以看出，二进制数乘法与十进制数乘法类似，显然，这种算法计算机实现时很不方便，一般计算机中不采用这种算法。对于没有乘法指令的微型计算机来说，常采用比较、相加、与部分积右移相结合的方法进行编程来实现乘法运算。

(4)二进制除法

二进制除法的运算过程类似于十进制除法的运算过程。

例 1.10　求　$100100B \div 101B$。

解：

$$
\begin{array}{r}
000111 \\
101\overline{)100100} \\
101 \\
\overline{1000} \\
101 \\
\overline{0110} \\
101 \\
\overline{1}
\end{array}
$$

则 $100100B \div 101B$ 商为 $111B$，余数为 $1B$。

二进制数除法是二进制数乘法的逆运算，在没有除法指令的微型计算机中，常采用比较、相减、余数左移相结合的方法进行编程来实现除法运算。由于 MCS-51 系列单片机指令系统中包含有加、减、乘、除指令，因此给用户编程带来了许多方便，同时也提高了机器的运算效率。

2. 二进制数的逻辑运算

（1）"与"运算（AND）

"与"运算又称逻辑乘，运算符为 · 或 $\wedge$。"与"运算的规则如下：

$$0 \wedge 0 = 0 \qquad 0 \wedge 1 = 1 \wedge 0 = 0 \qquad 1 \wedge 1 = 1$$

例 1.11　若二进制数 $X = 10101111B$，$Y = 01011110B$，求 $X \wedge Y$。

$$
\begin{array}{r}
10101111 \\
\wedge \quad 01011110 \\
\hline
00001110
\end{array}
$$

则 $X \wedge Y = 00001110B$。

（2）"或"运算（OR）

"或"运算又称逻辑加，运算符为 + 或 $\vee$。"或"运算的规则如下：

$$0 \vee 0 = 0 \qquad 0 \vee 1 = 1 \vee 0 = 1 \qquad 1 \vee 1 = 1$$

例 1.12　若二进制数 $X = 10101111B$，$Y = 01011110B$，求 $X \vee Y$。

$$
\begin{array}{r}
10101111 \\
\vee \quad 01011110 \\
\hline
11111111
\end{array}
$$

则 $X \vee Y = 11111111B$。

（3）"非"运算（NOT）

"非"运算又称逻辑非，如变量 A 的"非"运算记作 $\bar{A}$。"非"运算的规则如下：

$$\bar{1} = 0 \qquad \bar{0} = 1$$

例 1.13　若二进制数 $A = 10101111B$，求 $\bar{A}$。

$$\bar{A} = \overline{10101111B} = 01010000B$$

由此可见，逻辑"非"可使 A 中各位结果均发生反变化，即 0 变 1，1 变 0。

（4）"异或"运算（XOR）

"异或"运算的运算符为 $\oplus$，其运算规则如下：

$$0 \oplus 0 = 0 \qquad 0 \oplus 1 = 1 \qquad 1 \oplus 1 = 0 \qquad 1 \oplus 0 = 1$$

例 1.14 若二进制数 $X = 10101111B, Y = 01011110B,$ 求 $X \oplus Y$。

$$\begin{array}{r} 10101111 \\ \oplus\quad 01011110 \\ \hline 11110001 \end{array}$$

则 $X \oplus Y = 11110001B$。

1.2.4 数及字符在计算机内的编码

1. 机器数与真值

实际的数值是带有符号的,既可能是正数,也可能是负数,前者符号用" + "号表示,后者符号用" – "号表示,运算的结果也可能是正数,也可能是负数。于是在计算机中就存在着如何表示正、负数的问题。

由于计算机只能识别 0 和 1,因此,在计算机中通常把一个二进制数的最高位作为符号位,以表示数值的正与负(若用 8 位表示一个数,则 D7 位为符号位;若用 16 位表示一个数,则 D15 位为符号位),并用 0 表示" + ",用 1 表示" – "。

例如:N1 = +1011,在计算机中用 8 位二进制数可表示为:

数值 符号	D7	D6	D5	D4	D3	D2	D1	D0
0	0	0	0	0	1	0	1	1

2. 原码、补码与反码

1)原码

正数的符号位用 0 表示,负数的符号位用 1 表示,数值部分用真值的绝对值来表示的二进制机器数称为原码,用 $[X]_原$ 表示。

(1)正数的原码

若真值为正数 $X = +K_{n-2}K_{n-3}\cdots K_1 K_0$(即 $n-1$ 位二进制正数),

则 $[X]_原 = 0\ K_{n-2}K_{n-3}\cdots K_1 K_0$

(2)负数的原码

若真值为负数 $X = -K_{n-2}K_{n-3}\cdots K_1 K_0$(即 $n-1$ 位二进制负数),

则 $[X] = 0\ K_{n-2}K_{n-3}\cdots K_1 K_0$

$= 2^{n-1} + K_{n-2}K_{n-3}\cdots K_1 K_0$

$= 2^{n-1} - (-K_{n-2}K_{n-3}\cdots K_1 K_0)$

$= 2^{n-1} - X$

例如:+115 和 –115 在计算机中(设机器字长为 8 位)的原码可分别表示为:

$[+115]_原 = 01110011B; [-115]_原 = 11110011B$

2)补码与反码

(1)补码的概念

在日常生活中有许多"补"数的事例。如钟表,假设标准时间为 6 点整,而某钟表却指在 9

点,若要把表拨准,可以有两种拨法,一种是倒拨 3 小时,即 9 - 3 = 6;另一种是顺拨 9 小时,即 9 + 9 = 12 + 6。尽管将表针倒拨或顺拨不同的时数,却得到相同的结果,即 9 - 3 与 9 + 9 是等价的,这是因为钟表采用 12 小时进位,超过 12 就从头算起,即:9 + 9 = 12 + 6,该 12 称之为模(mod)。

模(mod)为一个系统的量程或此系统所能表示的最大数,它会自然丢掉,如:

$9 - 3 = 9 + 9 = 12 + 6 \rightarrow 6$　　　(mod12 自然丢掉)

通常称 + 9 是 - 3 在模为 12 时的补数。于是,引入补数后使减法运算变为加法运算。

例如:

$11 - 7 = 11 + 5 \rightarrow 4$ (mod12)

+ 5 是 - 7 在模为 12 时的补数,减 7 与加 5 的效果是一样的。

有如下规律:

①正数的补码与其原码相同,即 $[X]_补 = [X]_原$;

②零的补码为零,$[+0]_补 = [-0]_补 = 000\cdots00$;

③负数才有求补码的问题。

(2)负数补码的求法

补码的求法一般有两种:

①用补码定义式:

$[X]_补 = 2^n + X = 2^n - |X|$　　　　　　$-2^{n-1} \leq X \leq 0$(整数)

②用原码求反码,再在数值末位加 1 可得到补码,即:$[X]_补 = [X]_反 + 1$。

(3)反码

一个正数的反码,等于该数的原码;一个负数的反码,等于该负数的原码符号位不变(即为 1),数值位按位求反(即 0 变 1,1 变 0);或者在该负数对应的正数原码上连同符号位逐位求反。

①正数的反码:$[X]_反 = [X]_原$;

②负数的反码:$[X]_反 = 1\ \overline{K}_{n-2}\overline{K}_{n-3}\cdots\overline{K}_1\ \overline{K}_0$

③零的反码:$[+0]_反 = 000\cdots00$
　　　　　　$[-0]_反 = 111\cdots11$

例 1.15　假设 $X1 = +83$,$X2 = -76$,当用 8 位二进制数表示一个数时,求 $X1$、$X2$ 的原码、反码及补码。

解:$[X1]_原 = [X1]_反 = [X1]_补 = 01010011B$

　　$[X2]_原 = 11001100B$

$[X2]_反 = 10110011B$

$[X2]_补 = [X]_反 + 1 = 10110100B$

综上所述:

正数的原码、反码、补码就是该数本身;

负数的原码其符号位为 1,数值位不变;

负数的反码其符号位为 1,数值位逐位求反;

负数的补码其符号位为 1,数值位逐位求反并在末位加 1。

3.补码的运算规则与溢出判别

(1)补码的运算规则

补码的运算规则如下:

①$[X+Y]_补 = [X]_补 + [Y]_补$

该运算规则说明:任何两个数相加,无论其正负号如何,只要对它们各自的补码进行加法运算,就可得到正确的结果,该结果是补码形式。

②$[X-Y]_补 = [X]_补 + [-Y]_补$

该运算规则说明:任意两个数相减,只要对减数连同"$-$"号求补,就变成[被减数]$_补$与[$-$减数]$_补$相加,该结果是补码形式。

③$[[X]_补]_补 = [X]_原$

对于运算产生的补码结果,若要转换为原码表示,则正数的结果$[X]_补 = [X]_原$;负数的结果,只要对该补码结果再进行一次求补运算,就可得到负数的原码结果。

例 1.16 设 $X = 37, Y = 51$;用补码求 $X + Y$。

解:　　$[X]_补 = 00100101$,

　　　　$[Y]_补 = 00110011$,可得

　　　　$[X+Y]_补 = [X]_补 + [Y]_补$

　　　　　　　　$= 00100101 + 00110011 = 01011000$

由于符号位为 0 是正数,所以:

　　　　　$[X+Y]_原 = [X+Y]_补 = 01011000$

则　　　　　$X + Y = 01011000B = +88$

例 1.17 设 $X = 37, Y = 51$;用补码求 $X - Y$。

解:$[-Y]_补 = 11001101$,

　　　$[X-Y]_补 = [X]_补 + [-Y]_补$

　　　　　　　$= 00100101 + 11001101 = 11110010$

由于符号位为 1 是负数,所以

　　　　$[X-Y]_原 = [[X-Y]_补]_补 = 10001110$

则　　　　$X - Y = -00001110B = -14$

例 1.18 设 $X = 37, Y = 51$;用补码求 $Y - X$。

解:$[-X]_补 = 11011011$,

　　　$[Y-X]_补 = [Y]_补 + [-X]_补$

　　　　　　　$= 00110011 + 11011011 = 100001110$　(模 2^8 自然丢失)

则　　　$Y - X = 00001110B = +14$

(2)溢出的判别

计算机中判别溢出的方法通常采用双高位判别法。双高位判别法利用符号位(K_{n-1}位)及最高数值位(K_{n-2}位)的进位情况来判断是否发生了溢出。为此,需引进两个符号:CS 和 CP。

　　　　　　CS:若符号位发生进位,则 CS $= 1$;否则 CS $= 0$。

　　　　　　CP:若最高数值位发生进位,则 CP $= 1$;否则 CP $= 0$。

在计算机中,常用"异或"电路来判别有无溢出发生,即 CS $\oplus$ CP $= 1$ 表示有溢出发生,否则无溢出发生。

当两个正数补码相加时,若数值部分之和大于 2^{n-1},则数值部分必有进位,则 CP $= 1$;而符号位却无进位,CS $= 0$。这时 CS $\oplus$ CP 的状态为"$0 \oplus 1 = 1$",发生正溢出,运算结果是错误的。

当两个负数补码相加时,若数值部分绝对值之和大于 2^{n-1},则数值部分补码之和必小于

2^{n-1},CP = 0;而符号位肯定有进位 CS = 1,这时 CS $\oplus$ CP 的状态为"1 $\oplus$ 0 = 1",发生负溢出,运算结果错误。

当不发生溢出时,CS 和 CP 的状态是相同的,即 CS $\oplus$ CP 的状态为"0 $\oplus$ 0 = 0"或"1 $\oplus$ 1 = 0"。

例 1.19

```
    01011001      ( +89)                   10010010     ( -110)
    01101100      ( +108)                  10100100     ( -92)
+ ) 0 11110000    (进位)               + ) 1 00000000   (进位)
    011000101     ( -59)                   1 00110110   ( +54)
```

C S = 0,CP = 1,正溢出　　　　　　　　　CS = 1,CP = 0,负溢出

例 1.20

```
    00110010      ( +50)                   11101100     ( -20)
    01000110      ( +70)                   11100010     ( -30)
+ ) 0 00001100  (进位)                 + ) 1 11000000   (进位)
    0 01111000( +120)                      1 11001110   ( -50)
```

CS = 0,CP = 0,无溢出　　　　　　　　　　CS = 1,CP = 1,无溢出

综上所述,对计算机而言,补码的引入使带符号数的运算都按加法处理。如果 CS $\oplus$ CP = 0,则表示运算结果正确,没有溢出,运算结果的正与负由符号位决定;如果 CS $\oplus$ CP = 1,则表示运算结果不正确,发生了溢出现象(如例 1.19)。

4. BCD 码和 ASCII 码

(1)BCD 码(BinaryCodedDecimal)

二进制数以其物理易实现和运算简单的优点在计算机中得到了广泛应用,但人们日常习惯最熟悉的还是十进制。为了既满足人们的习惯,又能让计算机接受,便引入了 BCD 码。它用二进制数码按照不同规律编码来表示十进制数,这样的十进制数的二进制编码,既具有二进制的形式,又具有十进制的特点,便于传递处理。

1 位十进制数有 0 ~ 9 共 10 个不同数码,需要由 4 位二进制数来表示。4 位二进制数有 16 种组合,取其 10 种组合分别代表 10 个十进制数码。最常用的方法是 8421BCD 码,其中 8、4、2、1 分别为 4 位二进制数的位权值。表 1-2 给出了十进制数和 8421BCD 码的对应关系。

表 1-2　8421BCD 码

十进制数	8421BCD 码	十进制数	8421BCD 码	
0	0000	8	1000	
1	0001	9	1001	
2	0010	10	0001	0000
3	0011	11	0001	0001
4	0100	12	0001	0010
5	0101	13	0001	0011
6	0110	14	0001	0100
7	0111	15	0001	0101

从表 1-2 中可看出 8421BCD 码与十进制数关系直观,二—十间相互转换容易。

例 1.21 将 78.43 转换成相应的 BCD 码,而将(01101001.00010101)$_{BCD}$ 转换成十进制数。

$$78.43 = (0111\ 1000.0100\ 0011)_{BCD}$$
$$(0110\ 1001.0001\ 0101)_{BCD} = 69.15$$

(2)BCD 码运算及十进制调整

若想让计算机直接用十进制的规律进行运算,则将数据用 BCD 码来存储和运算即可。

例 1.22 4 + 3 即:(0100)$_{BCD}$ + (0011)$_{BCD}$ = (0111)$_{BCD}$ = 7

15 + 12 即:(00010101)$_{BCD}$ + (00010010)$_{BCD}$

$$= (00100111)_{BCD} = 27$$

但是,8421BCD 码可表示数的范围为 0000 ~ 1111(即十进制的 0 ~ 15),而十进制数为 0000 ~ 1001(即 0 ~ 9)。所以,在运算时,必须注意以下两点:

①当两个 BCD 数相加结果大于 1001(即大于十进制数 9)时,为使其符合十进制运算和进位规律,需对 BCD 码的二进制运算结果加 0110(加 6)调整。

例如:4 + 8;

$$(0100)_{BCD} + (1000)_{BCD} = (1100)_{BCD} > 1001,$$

调整后,其结果为:(1100)$_{BCD}$ + (0110)$_{BCD}$ = (00010010)$_{BCD}$ = 12。

②当两个 BCD 数相加结果在本位上并不大于 1001,但有低位进位发生,使得两个 BCD 数与进位一起相加,其结果大于 1001,这时也要作加 0110(加 6)调整。

例 1.23 用 BCD 数完成 54 + 48 的运算。

解:54 = (01010100)$_{BCD}$,48 = (01001000)$_{BCD}$

```
            01010100
  +         01001000
            10011100      (低 4 位大于 9)
  +             0110      (低 4 位加 6 调整)
            10100010      (低 4 位有进位)
  +             0110      (高 4 位加 6 调整)
         000100000010
```

则(000100000010)$_{BCD}$ = 102。

(3)ASCII 码与奇偶校验

在计算机的应用过程中,如操作系统命令,各种程序设计语言以及计算机运算和处理信息的输入、输出,经常用到某些字母、数字或各种符号,如:英文字母的大小写;0 ~ 9 数字符; + 、 - 、 * 、√运算符; < 、 > 、 = 关系运算符等。但在计算机内,任何信息都是用代码表示的,因此,这些符号也必须要有自己的编码。

ASCII 码采用 7 位二进制数对字符进行编码,它包括 10 个十进制数 0 ~ 9;大写和小写英文字母各 26 个;32 个通用控制符号;34 个专用符号,共 128 个字符。其中数字 0 ~ 9 的 ASCII 编码分别为 30H ~ 39H,英文大写字母 A ~ Z 的 ASCII 编码从 41H 开始依次编至 5AH。ASCII 编码从 20H ~ 7EH 均为可打印字符,而 00H ~ 1FH 为通用控制符,它们不能被打印出来,只起控制或标志的作用,如 0DH 表示回车(CR),0AH 表示换行控制(LF),04H(EOT)为传送结束标志。

1.3 计算机系统组成

1.3.1 计算机硬件组成

1. 计算机的基本组成

一台计算机的基本结构框图如图 1-1 所示。它由运算器、控制器、存储器、输入设备和输出设备五部分组成。

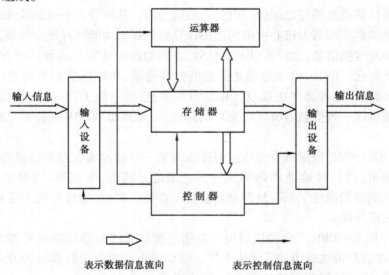

图 1-1 计算机的基本结构框图

运算器是计算机进行数据处理的主要部分,主要由算术逻辑运算部件、累加器及寄存器等构成。

控制器可以根据计算机指令的功能发出一系列微操作命令,控制计算机各个部件自动、协调一致地工作。

存储器是用来存储数据和指令(程序)的部件。

输入设备(如键盘、鼠标、触摸板)是用来输入数据、程序及操作命令的部件。

输出设备则用来表示计算机对数据处理的结果。

2. 微型计算机

随着大规模集成电路技术的迅速发展,把运算器、控制器和通用寄存器集成在一块半导体芯片上,称为微处理器(机),也称 CPU,它是计算机的核心部件。

微处理器主要由算术逻辑运算部件(ALU)、累加器、控制逻辑部件、程序计数器及通用寄存器等组成。

3. 存储器

存储器具有记忆功能,用来存放数据和程序。计算机中的存储器主要有随机存储器

（RAM）和只读存储器（ROM）两种。随机存储器一般用来存放计算机运行过程中的中间数据,计算机掉电时数据不再保存,只读存储器一般用来存放程序,计算机掉电时信息不会丢失。

在计算机中,二进制数的每一位是数据的最小存储单位。将 8 位(bit)二进制数称为一个字节(Byte),字节是是计算机存储信息的基本数据单位。

存储器的容量常以字节为单位表示如下：

$$1 \text{ Byte} = 8 \text{ bit} \qquad 1\ 024 \text{ B} = 1 \text{ KB}$$
$$1\ 024 \text{ KB} = 1 \text{ MB} \qquad 1\ 024 \text{ MB} = 1 \text{ GB}$$
$$1\ 024 \text{ GB} = 1 \text{ TB}$$

在 MCS-51 单片机中,存储器容量一般可以扩展为 64 KB,即 $64 \times 1\ 024 = 65\ 536$ 个字节存储单元。

4. 总线

总线是连接计算机各部件之间的一组公共的信号线。其可分为系统总线和外总线。

系统总线是以微处理器为核心引出的连接计算机各逻辑功能部件的信号线。微处理器通过总线与部件相互交换信息,这样可以灵活机动、方便地改变计算机的硬件配置,使计算机物理连接结构大大简化。但是,由于总线是信息的公共通道,各种信息相互交错,非常繁忙,因此,CPU 必须分时地控制各部件在总线上相互传送信息,即总线上任一时刻只能有一个连接在总线上的设备传送一种信息。所以系统总线应包括：地址总线(AB);控制总线(CB);数据总线(DB)。

地址总线(AB):CPU 根据指令的功能需要访问某一存储器单元或外部设备时,其地址信息由地址总线输出,然后经地址译码单元处理。地址总线为 16 位时,可寻址范围为 $2^{16} = 64$ KB,地址总线的位数决定了所寻址存储器容量。在任一时刻,地址总线上的地址信息唯一对应某存储单元或外设。

控制总线(CB):由 CPU 产生的控制信号是通过控制总线向存储器或外部设备发出控制命令,以使设备在信息传送时协调一致地工作。CPU 还可以接收由外部设备发来的中断请求信号和状态信号,所以控制总线可以是输入、输出或双向的。

数据总线(DB):CPU 是通过数据总线与存储单元或外部设备交换数据信息的,故数据总线为双向总线。在 CPU 进行读操作时,存储单元或外部设备的数据信息通过数据总线传送给CPU,在 CPU 进行写操作时,CPU 通过数据总线把数据传送给存储单元或外设。

5. 输入输出(I/O)接口

CPU 通过接口电路与外部输入、输出设备交换信息。

1.3.2 计算机软件系统

计算机的工作过程其实就是执行程序的过程,计算机所做的任何工作都是执行程序的结果。软件就是程序,软件系统就是计算机上运行的各种程序、管理的数据和有关的各种文档。根据软件功能的不同,软件可分为系统软件和应用软件。

使用和管理计算机的软件称为系统软件。包括操作系统、各种语言处理程序(如 C51 编译器)等软件,系统软件一般由商家提供给用户。

应用软件是由用户在计算机系统软件资源的平台上,为解决实际问题所编写的应用程序。

1.3.3　计算机语言

计算机语言是实现程序设计,以便人与计算机进行信息交流的必备工具,又称程序设计语言。

在计算机程序设计时使用到的计算机语言,目前为止已经由低级到高级经历了机器语言、汇编语言、高级语言的发展过程。

1. 机器语言

微机内部所有的信息都是采用二进制 0 和 1 的位串表示的,机器指令就是计算机能够直接识别和执行的一组二进制代码。

对某种特定的计算机而言,其所有机器指令的集合,称为该计算机的机器指令系统。它既是提供用户编制程序的基本依据,也是进行计算机逻辑计算的基本依据。指令系统的性能如何,决定了计算机系统的基本功能。机器指令系统及其使用规则构成这种计算机的机器语言。完成特定功能的一系列机器指令的有序集合,称为机器语言程序。

机器语言具有以下特征:

①它是唯一能够被计算机直接识别并执行的语言。

②它是由 0、1 代码构成的语言,和自然语言相差甚远,不便于阅读和理解。

③它是面向机器的语言。

2. 汇编语言

采用容易记忆的英文符号名(称为助记符)来表示的机器语言,称为汇编指令。例如用 ADD、SUB、JMP 等英文文字或其缩写形式来表示加、减、转移等指令操作。计算机中每一条机器指令都对应一条汇编指令,所有汇编指令的集合构成了计算机的汇编指令系统。此处重点强调以下几点:

①汇编语言指令:又称为符号指令,是机器指令符号化的表示。

②汇编语言:由汇编语言指令、汇编语言伪指令及汇编语言的语法规则组成。

③汇编语言源程序:按照严格的语言规则用汇编语言编写的程序,称为汇编语言源程序或源程序。

④汇编程序:把汇编语言源程序翻译成目标程序的语言加工程序称为汇编程序。把汇编程序进行翻译的过程叫做汇编。将汇编程序翻译成机器语言后,才能交付计算机硬件系统加以识别和执行。汇编程序是为计算机配置的、实现把汇编语言源程序翻译成目标程序的一种系统软件。

汇编语言具有以下特征:

①以机器指令的助记符表示,较接近自然语言,较容易编程、阅读和记忆。

②翻译程序是一对一地转换,生成的目标代码效率高。

③适合于在硬件层次上开发程序。

3. 高级语言

高级程序设计语言接近人类自然语言的语法习惯,与计算机硬件无关,用户易于掌握和使用。目前广泛应用的高级语言有多种,如 BASIC、FORTRAN、PASCAL、C、C＋＋等。同样的道理,用高级语言书写的源程序也必须由汇编程序翻译成机器指令目标代码。

高级语言具有以下特征:

①更接近于自然语言,编程、阅读更容易。

②与计算机硬件系统无关,一个计算机系统是否支持该高级语言只取决于有无相应的编译软件。

③生成的目标代码效率低。

1.3.4 程序设计过程

1. 计算机在处理简单问题时,程序设计的一般步骤

①确定数据结构。依据任务提出的要求,规划输入数据和输出的结果,确定存放数据的数据结构。

②确定算法。针对所确定的数据结构确定解决问题的步骤。

③编程。根据算法和数据结构,用程序设计语言编写程序,存入计算机中。

④调试。在编译程序环境下编译、调试源程序,修改语法错误和逻辑错误,直至程序运行成功。

⑤整理源程序并总结资料。

2. 算法

所谓算法,是为解决某一特定的问题,而给出的一系列确切的、有限的操作步骤。程序设计的主要工作是算法设计,有了一个好的算法,就会产生质量较好的程序。程序实际上是用计算机语言所描述的算法。也就是说,依据算法所给定的步骤,用计算机语言规定的表达形式去实现这些步骤,即为源程序。

目前,对算法一般采用自然语言、一般流程图、N-S 结构流程图等来描述。

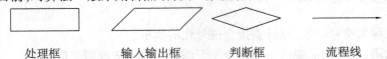

处理框　　　　　　输入输出框　　　　　判断框　　　　　流程线

例 1.24 求 S = 1 + 2 + 3 + ⋯ + 99 + 100 的值的算法可以用下面的方式描述。

①用自然语言描述。

设一整型变量 i,并令 i = 1(这里的" = "不同于数学里的等号,它表示赋值,这里把 1 赋给 i,以下类同)。

设一整型变量 s 存放累加和;

每次将 i 与 s 相加后存入 s;

使 i 值增1,取得下次的加数。

重复执行上步,直到 i 的值大于 100 时,执行下一步。

将累加和 s 的值输出。

②用一般流程图描述,如图 1-2 所示。

③N-S 结构流程图是将算法的每一步骤,按顺序连接成一个大的矩形框来表示,从而完整地描述一个算法。

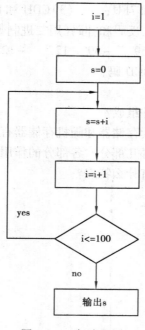

图 1-2 一般流程图

习 题

1.什么是单片机?

2.单片机有哪些类型?单片机应用有哪些?单片机的发展趋势是什么?

3.把下列十进制数转换为二进制数和十六进制数:

(1)135; (2)0.625; (3)47.687 5; (4)0.94;

(5)111.111; (6)111.111。

4.把下列二进制数转换为十进制数和十六进制数:

(1)11010110B; (2)1100110111B; (3)0.1011B; (4)1011.1011。

5.把下列十六进制数转换成十进制数和二进制数:

(1)AAH; (2)BBH; (3)C.CH; (4)DE.FCH;

(5)128.08H。

6.把下列各数变成二进制数形式,然后完成加法和减法运算,写在前面的数为被加数或被减数:

(1)97H 和 0FH; (2)A6H 和 33H; (3)F3H 和 F4H; (4)B6H 和 EDH。

7.完成下列各数的乘除运算,写在前面的数为被乘数或被除数:

(1)110011B 和 101101B; (2)111111B 和 1011B。

8.先把下列十六进制数变成二进制数,然后分别完成逻辑乘、逻辑加和逻辑异或操作,应写出竖式:

19

(1)33H 和 BBH; (2)ABH 和 7FH; (3)CDH 和 80H; (4)78H 和 0FH。

9. 写出下列各十进制数的原码、反码和补码(用二进制数表示):

21   –21   59   –59   127   –127   1   –1

10. 写出下列十进制数的 8421BCD 码:

(1)1234; (2)5678。

11. 计算机硬件系统由哪些部件组成?

12. 存储器的作用是什么? 只读存储器和随机存储器有什么不同?

13. 什么是总线? 总线主要有哪几部分? 各部分的作用是什么?

14. 计算机语言有哪三类? 各有什么特点?

第 2 章 MCS-51 单片机硬件的功能结构及内部组成

近年来,单片机的应用越来越广泛,许多公司都推出了自己的 8 位单片机,但基本都是以 MCS-51 为内核,或与 MCS-51 兼容。本章以 MCS-51 为基础,详细介绍芯片的内部硬件资源、各功能部件的结构和原理。

2.1 MCS-51 单片机内部结构及特点

2.1.1 基本组成

单片机是在一块硅片上集成了 CPU、RAM、ROM、定时器/计数器、并行 I/O 接口、串行接口等基本功能部件的大规模集成电路,又称为 MCU。MCS-51 系列中 8051 单片机包含下列部件:

①一个 MCS-51 内核的 8 位微处理器(CPU);

②一个片内振荡器及时钟电路,最高允许振荡频率为 24 MHz;

③4 KB 程序存储器 ROM,用于存放程序代码、数据或表格;

④128 字节数据存储器 RAM,用于存放随机数据,变量、中间结果等;

⑤4 个 8 位并行 I/O 接口 P0—P3,每个口都可以输入或输出;

⑥2 个 16 位定时器/计数器,每个定时器/计数器都可以设置成定时器方式或者计数器方式;

⑦1 个全双工串行口,用于实现单片机之间或单片机与 PC 机之间的串行通信;

⑧5 个中断源、2 个中断优先级的中断控制系统;

⑨1 个布尔处理机(位处理器),支持位变量的算术逻辑操作;

⑩21 个特殊功能寄存器 SFR(或称专用寄存器),用于控制内部各功能部件。

对外具有 64 KB 的程序存储器和数据存储器寻址能力,支持 111 种汇编语言指令。

MCS-51 单片机的内部结构如图 2-1 所示,其内部各硬件模块之间由内部总线相连接。

图 2-1 中,存储器类型、容量、定时器/计数器数量、中断源数量随子型号的不同而有变化,见表 2-1。

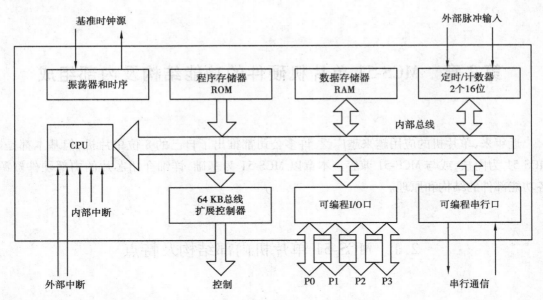

图 2-1　MCS-51 单片机的结构框图

表 2-1　MCS-51 系列单片机不同子型号的资源配置

型　号		ROM	EPROM	RAM	定时器/计数器	中断源
51 子系列	8031	/		128 B	2×16 位	5
	8051	4 KB		128 B	2×16 位	5
	8751		4 KB	128 B	2×16 位	5
52 子系列	8032		/	256 B	3×16 位	6
	8052	8 KB	/	256 B	3×16 位	6
	8752		8 KB	256 B	3×16 位	6

　　以上器件都是采用 HMOS 工艺制造的,另外还有采用低功耗的 CHMOS 工艺制造的器件,如 80C51,80C31,87C51,分别与上述器件兼容。

2.1.2　内部结构

　　MCS-51 单片机内部结构如图 2-2 所示。
　　一个完整的计算机应该由中央处理单元 CPU(运算器和控制器)、存储器(ROM 和 RAM)、和 I/O 接口组成。MCS-51 的各部分功能简述如下。
　　1. 中央处理单元 CPU
　　CPU 是单片机的核心,由运算器和控制器组成,负责单片机的运算和控制,下面具体来看这两种器件。
　　(1)运算器 ALU
　　运算器包括一个可进行 8 位二进制数的算数和逻辑运算单元 ALU,暂存器 1、暂存器 2,8

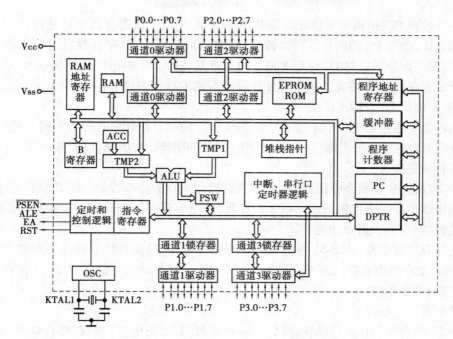

图 2-2　MCS-51 单片机内部结构

位的累加器 ACC,寄存器 B 和程序状态字 PSW 等。算数运算是指加、减、乘、除四则运算,运算时按从右到左的次序,并关注位与位之间的进位或借位;逻辑运算是指与、或、非、异或、求反、移位等操作,运算时按位进行,但各位之间无关联。

　　ALU:可对 4 位(半字节)、8 位(单字节)和 16 位(双字节)数据进行操作,能执行加、减、乘、除、加 1、减 1、BCD 数的十进制调整及比较等算术运算和与、或、异或、求补及循环移位等逻辑操作。

　　累加器:累加器 ACC 是使用最频繁的一个专用寄存器。在算数和逻辑运算中,经常使用累加器作为一个操作数,并且保存运算结果。在某些操作中,必须要有累加器的参与,比如对外部数据存储器的操作等。

　　程序状态字:写为 PSW,8 位,用来指示指令执行后的状态信息,相当于一般微处理器的状态寄存器。PSW 中的各位状态供程序查询和判断使用,可构成程序的分支和转移。

　　寄存器 B:8 位寄存器,直接支持 8 位的乘除法运算,作为一个参与运算的操作数,并保存部分运算结果。当不做乘除法时,也可作通用寄存器。

　　另外,MCS-51 单片机中还有一个布尔处理器,即位处理器,它以程序状态字中最高位 C(即进位位)作为位累加器,专门用来进行位操作。可以完成位变量操作(布尔处理)、传送、测试转移、逻辑运算等。

　　把 8 位微型计算机和 1 位微型计算机互相结合在一起是微型计算机技术上的一个突破。一位机在开关变量决策、逻辑电路仿真和实时控制方面非常有效。而 8 位机在数据采集及处理、数值运算等方面有明显的长处。在 MCS-51 单片机中,8 位微处理器和位处理器的硬件资源是复合在一起的,二者相辅相成,可以看成今天的"双核"技术。

　　(2)控制器

　　控制器包括程序计数器 PC、指令寄存器 IR、指令译码器 ID、振荡器及定时电路等。

23

程序计数器 PC:由两个 8 位计数器 PCH 和 PCL 组成。该寄存器中总是存放下一条要执行指令的地址,改变 PC 的内容就可以改变程序执行的走向。程序计数器对使用者来说是不可见的,也没有指令可以对 PC 进行赋值。单片机复位时,PC 的初始值是 0000H,因此第一条指令应该放置在 0000H 单元。执行对外部存储器或 I/O 接口操作时,PC 的内容低 8 位从 P0 口输出,高 8 位从 P2 口输出。

既然不能用指令给 PC 赋值,那么它是如何运行的呢? 在顺序执行指令时,每读取一个指令字节,PC 就自动加 1;而当响应中断、调用子程序和跳转时,PC 的值要按一定规律变动,由系统硬件自动完成。

指令寄存器 IR 和指令译码器 ID:指令寄存器用于存放指令代码。CPU 执行指令时,从程序存储器中读出的指令代码被送入指令寄存器,经指令译码器译码后由定时与控制电路发出相应的控制信号,完成指令功能。

振荡器及定时电路:MCS-51 单片机内部有振荡电路,只需外接石英晶体和频率微调电容(2 个 30 pF 左右的小电容),频率范围为 0 ~ 24 MHz。该脉冲信号就是 MCS-51 工作的基本节拍,即时间的最小单位。

2. 存储器

MCS-51 单片机芯片上有两种存储器,一种是可编程、可电擦除的程序存储器,称为 Flash ROM;另一种是随机存储器 RAM,可读可写,断电后 RAM 内容也会丢失。

(1)程序存储器(Flash ROM)

MCS-51 片内程序存储器容量为 4KB,地址范围是 0000H ~ 0FFFH,用于存放程序和表格常数。

(2)数据存储器(RAM)

MCS-51 片内数据存储器容量为 128 字节,使用 8 位地址表达,范围是 00H ~ 7FH,用于存放中间结果、数据暂存和数据缓冲等。

在这 128 字节的 RAM 中,有 32 个字节可指定为工作寄存器。这和一般微处理器不同,MCS-51 的片内 RAM 与工作寄存器都安排在一个队列里统一编址。

从图 2-2 中可以看到,MCS-51 内部还有 SP、DPTR、PSW、IE 等许多特殊功能寄存器,简称为 SFR(Special Function Register),这些 SFR(共 21 个)的地址紧随 128 字节片内 RAM 之后,离散地分布在 80H ~ 0FFH 地址范围内。高 128 字节中有许多地址单元在物理上是不存在的,即除了 21 个 SFR 外,其余的地址都是保留的,可以用于后面系列单片机的升级,在此对它们进行读操作会得到不可预期的结果。

3. I/O 接口

MCS-51 有 4 个与外部交换信息的 8 位并行 I/O 接口,即 P0-P3。它们都是准双向端口,每个端口有 8 条 I/O 线,都可以输入或输出。这 4 个口都有端口锁存器地址,它们属于 SFR。

2.2　MCS-51 单片机引脚及功能

MCS-51 单片机有 40 引脚双列直插方式(DIP)和 44 引脚方形封装方式,以 40 引脚的比较常见。图 2-3 给出了 DIP 方式的 MCS-51 单片机引脚配置图。

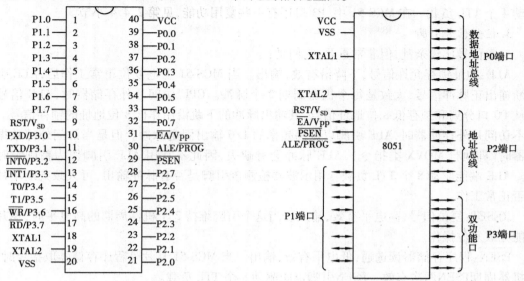

图 2-3　MCS-51 单片机引脚配置图

图 2-3 中,左侧为按引脚排列的实际芯片配置情况,右侧为按逻辑分类的示意图。一般地,若给出芯片豁口,则表示引脚是按实际情况排列;若无芯片豁口,则表示按功能逻辑排列。在电路设计中经常使用右侧的方式来进行原理图设计,可使原理图更清晰明确。

MCS-51 单片机的 40 个引脚可大致分为 3 大类:

1. 电源、地和外接晶体引脚

VCC:芯片电源,为 +5 V;

VSS:接地端;

XTAL2;XTAL1:时钟电路引脚,详见 2.5.1 时钟信号。

2. 输入输出(I/O)引脚

共 4 个 8 位并行 I/O 口,分别命名为 P0、P1、P2、P3。

P0 口(P0.0-P0.7):P0 口是漏极开路的 8 位准双向 I/O 端口。输出时,每位能驱动 8 个 TTL 负载。作为输入口使用时,要先向口锁存器写入全“1”,可实现高阻输入。这就是准双向的含义。

在 CPU 访问片外存储器时,P0 口分时提供低 8 位地址和作为 8 位双向数据总线。当作为地址/数据总线时,P0 口不再具有 I/O 口特征,此时 P0 口内部上拉电阻有效,不是开漏输出,见第 2.4.1 小节。

P1 口(P1.0 ~ P1.7):P1 口是带有内部上拉电阻的 8 位准双向 I/O 口。P1 口的输出缓冲器能驱动 4 个 TTL 负载,见第 2.4.2 小节。

P2 口(P2.0 ~ P2.7):P2 口是带有内部上拉电阻的 8 位准双向 I/O 口。P2 口的输出缓冲器可驱动 4 个 TTL 负载。

在访问外部程序存储器或 16 位地址的外部数据存储器(如执行 MOVX　@DPTR 指令)时,P2 口送出高 8 位地址。在访问 8 位地址的外部数据存储器(如执行 MOVX @R0 指令)时,P2 口引脚上的内容(即 P2 口锁存器的内容)在访问期间保持不变,见第 2.4.3 小节。

P3 口(P3.0 ~ P3.7):P3 口是带有内部上拉电阻的 8 位准双向口。P3 口的输出缓冲器可驱动 4 个 TTL 负载。在 MCS-51 中,P3 口还有一些复用功能,见第 2.4.4 小节。

3. 控制信号引脚

这类信号比较杂乱,但非常重要,它们是:

ALE:地址锁存允许信号,下降沿有效,输出。当 MCS-51 上电复位正常工作后,ALE 引脚不断输出正脉冲信号,大致是每个机器周期 2 个脉冲。CPU 访问片外存储器时,ALE 信号用于从 P0 口分离和锁存低 8 位地址信息,其输出脉冲的下跳沿用作低 8 位地址的锁存信号。平时不访问片外存储器时,ALE 引脚以振荡频率的 1/6 输出固定脉冲。但是当访问外部数据存储器时(即执行 MOVX 类指令),ALE 脉冲会有缺失,因此不宜用 ALE 引脚作为精确定时脉冲。ALE 端能驱动 8 个 TTL 负载。用示波器检测该引脚是否有脉冲输出,可大致判断单片机是否正常工作。

RESET:复位信号,高电平有效,输入。当这个引脚维持 2 个机器周期的高电平时,单片机就能完成复位操作。

PSEN:程序存储器读选通,低电平有效,输出。当 MCS-51 从片外程序存储器取指令时,每个机器周期 PSEN 两次有效。PSEN 引脚也能驱动 8 个 TTL 负载。

EA:片内外程序存储器选择控制端,输入。

当 EA 接高电平时,CPU 先访问片内程序存储器,当程序计数器 PC 的值超过 4 KB 范围时自动转去执行片外程序存储器的程序。

当 EA 端接地时,CPU 只访问片外 ROM,而不论是否有片内程序存储器。

2.3 存储器结构和配置

MCS-51 单片机的存储器结构与传统计算机不同。一般微机不区分 ROM 和 RAM,而把它们统一安排在同一个物理和逻辑空间内。CPU 访问存储器时,一个地址对应唯一的一个存储器单元,所使用的指令也相同,但控制信号不同。另外对 I/O 端口采用独立的译码结构和操作指令。这种配置方法称为普林斯顿结构,PC 机上采用这种方式。

MCS-51 单片机的存储器在物理结构上分为程序存储器空间和数据存储器空间,共有 4 个空间:片内程序存储器和片外程序存储器空间以及片内数据存储器和片外数据存储器空间。这种两类存储器分开的形式称为哈佛结构。需要注意的是,I/O 端口地址也包含在片外数据存储器空间范围之内。从编程者的角度看,MCS-51 单片机存储器地址分为以下三种:

- 片内外统一编址的 64 K 程序存储器空间,16 位地址,地址范围 0000H ~ 0FFFFH;
- 片外 64 K 数据存储器地址空间(含 I/O 端口),16 位,地址范围 0000H ~ 0FFFFH;
- 片内数据存储器地址空间,8 位,地址范围 00H ~ 7FH,容量为 128 字节。

此外,MCS-51 单片机的专用寄存器共有 21 个,它们离散地分布在片内 RAM 地址的高 128 字节区间。如果子型号有 256 字节片内 RAM,则用不同的寻址方式来区别高 128 字节 RAM 和专用寄存器。

MCS-51 单片机的存储器空间配置如图 2-4 所示。

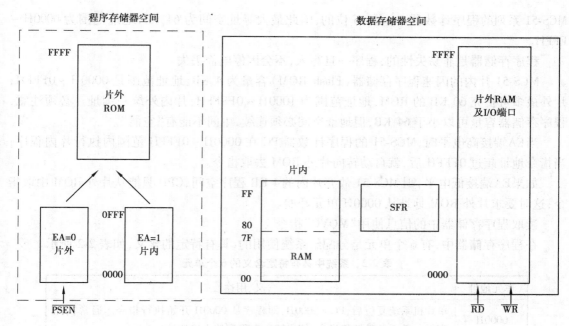

图 2-4　MCS-51 单片机的存储器空间配置

图 2-4 的几点说明:

①对于片内无 ROM 的子型号如 8031,应将 EA 引脚接地,程序存储器全部存放在片外 ROM,地址空间为 0000H ~ FFFFH;对于片内带有 flash 的子型号如 MCS-51,应将 EA 端接高电平,系统先执行片内的 4 KB 程序,再转去执行片外的最多 60 KB 程序。

②关于数据存储器,片内部分有 128 B 和 256 B 之分。52 子系列的片内 RAM 是 256 B,其高 128 B 的地址与专用寄存器的地址空间重叠,这时要用指令的不同类型来分别寻址:对专用寄存器,只能用直接寻址方式;对高 128 B 的 RAM,只能用寄存器间接寻址方式。另外,还需要注意到,片外 64 KB 数据存储器空间还包含 I/O 端口地址在内。显然,对单片机来说,I/O端口数的理论上限可以是 64 KB 个。

③对于程序存储器,片内和片外两部分在物理上是分离的,逻辑上是统一的。所谓逻辑上统一,是指它们的地址是连续安排的,片内部分为 0000H ~ 0FFFH,片外部分紧接着为1000H ~ 0FFFFH,是一个统一的整体空间;而对于数据存储器,片内和片外两部分在物理上和逻辑上都是分开的。片内 128 B 的地址为 00 ~ 7FH,片外部分是 0000H ~ 0FFFFH。

可以看到,这些地址空间有重叠的部分,那么如何区分这 3 个不同的地址空间呢? MCS-51 的指令系统设计了不同的数据传送指令:CPU 访问程序存储器时使用 MOVC 型指令,访问片外 RAM(以及 I/O 端口)时使用 MOVX 型指令,而访问片内 RAM 时使用 MOV 型指令。执行不同指令时,CPU 会发出不同的控制信号:访问片外 ROM 时发出 $\overline{\text{PSEN}}$ 信号,访问片外 RAM 或 I/O 时发出 $\overline{\text{RD}}$ 或 $\overline{\text{WR}}$ 信号,访问片内 RAM 时,不发出外部控制信号。

2.3.1　程序存储器空间

在计算机处理问题之前,必须事先把编好的程序和所需表格常数等存入计算机中。单片机中完成这一任务的物理器件就是程序存储器。程序存储器是以程序计数器 PC 作地址指针,

MCS-51 系列的程序计数器 PC 是 16 位的,因此最大寻址空间为 64 KB,地址范围为 0000H ~ FFFFH。

程序存储器是非易失性的,程序一旦写入,不会因停电而丢失。

MCS-51 片内的闪速程序存储器(Flash ROM)容量为 4 KB,地址范围是 0000H ~ 0FFFH;片外最多可扩充 60 KB 的 ROM,地址范围为 1000H ~ 0FFFFH,片内外统一编址。必须注意,程序存储器容量可以小于 64 KB,但地址空间必须连续,中间不能有"空洞"。

当EA端接高电平时,MCS-51 的程序计数器 PC 在 0000H ~ 0FFFH 范围内执行片内程序;当指令地址超过 0FFFH 后,就自动转向片外 ROM 去取指令。

如果EA端接低电平,则 MCS-51 放弃片内的 4 KB 程序空间,CPU 只能从片外 ROM 中取指令,这时要求片外 ROM 地址从 0000H 单元开始。

读取程序存储器中的信息使用"MOVC"指令。

在程序存储器中,有 6 个单元是分配给系统使用的,具有特定的含义,如表 2-2 所示。

表 2-2　系统中具有特定含义的 6 个单元

单元地址	含义、用途
0000H	单片机系统复位后,PC = 0000H,即程序从 0000H 开始执行指令。通常在此安排一条无条件转移指令,使之转向主程序的入口地址
0003H	外部中断 0 入口地址
000BH	定时器 0 溢出中断入口地址
0013H	外部中断 1 入口地址
001BH	定时器 1 溢出中断入口地址
0023H	串行口中断入口地址

2.3.2　数据存储器空间

数据存储器 RAM 用于存放运算的中间结果、数据暂存和缓冲、状态标志等。

数据存储器空间也分为片内和片外两部分。片内数据存储器的地址为 00H ~ FFH,共 256 B,按功能划分为两个区域:00H ~ 7FH 为 128 B 用户可使用的 RAM;80H ~ FFH 专为特殊功能寄存器使用,如图 2-5 所示;片外存储器为 64 KB,16 位地址,范围为 0000H ~ 0FFFFH。

1. 片内 RAM

MCS-51 单片机的片内用户可用数据存储器为 128 B。这部分资源非常重要,工作寄存器区、位寻址区和堆栈都在这个区域内。片内 RAM 地址短,执行速度快,在用汇编语言编写的程序中约有 50% 的指令要和这些寄存器打交道。除了上述比较特殊的用途外,其他单元可用于存放运算的中间结果、数据暂存及缓冲等。

用户可使用的 RAM,即低 128 B 的存储单元,又可以划分为 3 个区域:工作寄存器组、位寻址区和数据缓冲区,详见图 2-5。

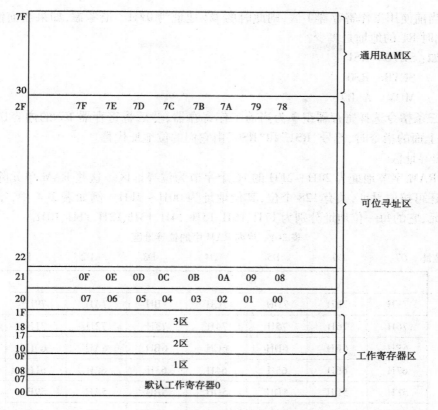

图 2-5　片内 RAM 功能分区图

（1）工作寄存器

工作寄存器是由 32 个 RAM 单元组成,地址为 00H ~ 1FH,分为 4 个区,每个区由 8 个通用工作寄存器 R0 ~ R7 组成。CPU 在工作时,在某一时刻只能选择 4 个区中的某一个区的 8 个寄存器作为当前工作寄存器。当前 CPU 工作时用哪区工作寄存器,这个选择是由 PSW 中的 RS1 和 RS0 确定的。PSW 的值可通过编程设置,从而选择不同的工作寄存器组,如表 2-3 所示。

表 2-3　工作寄存器组

工作寄存器组	工作寄存器选择位		工作寄存器所占当前 RAM 地址
	PSW.4 （RS1）	PSW.3 （RS0）	R0 ~ R7
0 区	0	0	00H ~ 07H
1 区	0	1	08H ~ 0FH
2 区	1	0	10H ~ 17H
3 区	1	1	18H ~ 1FH

如果程序中并没有全部使用 4 个工作寄存器区,那么未被使用的工作寄存器组对应的单元也可以作为一般的数据缓冲区使用。

单片机复位后,PSW 被清零,CPU 默认 0 区为当前工作寄存器,此时寄存器 R0 ~ R7 对应 00H ~ 07H 单元。

假如当前使用工作寄存器 1 区,则此时的 R7 地址为 0FH。请考虑,如果当前使用的是 2 区,那么此时 R1 的地址是多少?

又比如:SETB   RS1

SETB   RS0

MOV   A,R7

上面三条指令选择寄存器组 3 为当前工作寄存器,然后将寄存器 R7 的内容送入累加器 A,在汇编上面的指令时,符号"RS1"和"RS0"由它们的位地址代替。

(2)位寻址区

片内 RAM 字节地址为 20H ~ 2FH 的 16 个字节为位寻址区。这些 RAM 单元除了可按字节寻址外还可按位寻址,共有 128 个位,其位地址为 00H ~ 7FH。例如表 2-4 中,字节地址为 22H 的单元,它的每一位地址分别为 17H、16H、15H、14H、13H、12H、11H、10H。

表 2-4　片内 RAM 中的位寻址区

RAM 字节地址	D7	D6	D5	D4	D3	D2	D1	D0
7FH								
2FH	7FH	7EH	7DH	7CH	7BH	7AH	79H	78H
2EH	76H	76H	75H	74H	73H	72H	71H	70H
2DH	6FH	6EH	6DH	6CH	6BH	6AH	69H	68H
2CH	67H	66H	65H	64H	63H	62H	61H	60H
2BH	5FH	5EH	5DH	5CH	5BH	5AH	59H	58H
2AH	57H	56H	55H	54H	53H	52H	51H	50H
29H	4FH	4EH	4DH	4CH	4BH	4AH	49H	48H
28H	47H	46H	45H	44H	43H	42H	41H	40H
27H	3FH	3EH	3DH	3CH	3BH	3AH	39H	38H
26H	37H	36H	35H	34H	33H	32H	31H	30H
25H	2FH	2EH	2DH	2CH	2BH	2AH	29H	28H
24H	27H	26H	25H	24H	23H	22H	21H	20H
23H	1FH	1EH	1DH	1CH	1BH	1AH	19H	18H
22H	17H	16H	15H	14H	13H	12H	11H	10H
21H	0FH	0EH	0DH	0CH	0BH	0AH	09H	08H
20H	07H	06H	05H	04H	03H	02H	01H	00H
18H	3 区							
10H	2 区							
08H	1 区							
00H	0 区							

从 20H 单元到 2FH 单元,位地址范围为 00H-7FH,恰好与整个 RAM 区的字节地址范围相重合。可以通过指令类型来区分字节地址和位地址。单片机指令系统中有许多位操作指令,

可以直接使用这些位地址,这能使许多复杂的逻辑关系运算变得十分简便。

另外,对 MCS-51 系列单片机来说,在特殊功能寄存器中有 11 个寄存器(字节地址能被 8 整除的 11 个寄存器),也可以按位寻址。

(3)数据缓冲区

地址为 30H ~ 7FH 的 RAM 称为数据缓冲区或用户 RAM 区,这些单元只能按字节寻址,可用于用户存放数据或开辟堆栈。

由于复位时堆栈指针 SP 指向 07H 单元,所以堆栈实际是从 08H 单元开始存放数据的,与 1 区工作寄存器组重叠,所以在使用堆栈时,应重新设置堆栈在 30H ~ 7FH,以免影响工作寄存器各区的正常使用。

2. 片外 RAM

当 MCS-51 系统的片内 RAM 不能满足要求时,可以扩展片外 RAM。片外 RAM 的最大扩展空间为 64 KB,I/O 接口器件的端口地址也包含在这个空间里。

当片外扩展的 RAM 容量超过 256 B 时,要使用 P0 口分时作为低 8 位地址线和双向数据总线,用 P2 口传送高 8 位地址信息。图 2-6 是 MCS-51 单片机扩展 8 KB 片外 RAM 的硬件连接图。

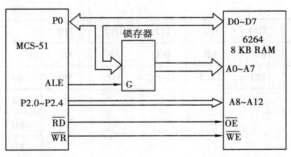

图 2-6　MCS-51 扩展 8 KB 外部 RAM 的连接电路

在图 2-6 中,MCS-51 单片机的 P0 口和 P2 口都作为系统总线使用,不能再作为通用 I/O 口。其中 P0 口既是系统的双向数据总线,又是低 8 位地址总线。必须注意,低 8 位地址和数据总线的分离是通过锁存器实现的,并且必须用单片机的 ALE 信号来控制锁存操作。系统的 16 位地址线由锁存器输出的低 8 位和 P2 口输出的高 8 位联合组成。图 2.6 中扩展了 8 KB 的片外 RAM,共需要 13 根地址线,因此高 5 位地址 A8 ~ A12 只使用了 P2 口中的 5 条线即 P2.0 ~ P2.4,但是这时 P2 口剩余的 3 条线也不宜再作为 I/O 线使用。另外还可以看到,对片外 RAM 的读写操作要用到单片机的 $\overline{RD}$ 和 $\overline{WR}$ 控制信号。

2.3.3　特殊功能寄存器

特殊功能寄存器主要是指 MCS-51 片内的 I/O 口锁存器、定时/计数器、串行接口数据缓冲器以及各种控制寄存器(除 PC 外),它们离散地分布在片内 80H ~ 0FFH 的地址空间范围内。特殊功能寄存器反映了单片机的工作状态和工作方式,因此,它们是很重要的,必须熟练掌握。

特殊功能寄存器虽然占用了 128 个字节的地址空间,但特殊功能寄存器只有 21 个,只占

21 个地址,其余单元为保留单元,是 Intel 公司为将来产品升级预留的单元,对于这些未定义的单元,用户不能使用。虽然这些特殊功能寄存器既有名称,又有地址,但是 CPU 对这些特殊功能寄存器只能采用直接寻址方式,即按字节地址访问的模式,因此在用汇编语言编程时,在指令中对这些特殊功能寄存器使用名称和使用地址的结果是一样的。

这些寄存器涉及对片上硬件资源的调度和控制,大体可分为两类:控制寄存器和常数寄存器。其中控制类的多数都能位操作,其地址的特点是能被 8 整除,详见表 2-5。

表 2-5　特殊功能寄存器地址表

D7　……………………　位地址　……………………　D0								字节地址	SFR	寄存器名
P0.7	P0.6	P0.5	P0.4	P0.3	P0.2	P0.1	P0.0	80	P0*	P0 口锁存器
87	86	85	84	83	82	81	80			
								81	SP	堆栈指针
								82	DPL	数据指针
								83	DPH	
SMOD								87	PCON	电源控制
TF1	TR1	TF0	TR0	IE1	IT1	IR0	IT0	88	TCON*	定时器控制
8F	8E	8D	8C	8B	8A	89	88			
GATE	C//T	M1	M0	GATE	C//T	M1	M0	89	TMOD	定时器方式
								8A	TL0	T0 低字节
								8B	TL1	T1 低字节
								8C	TH0	T0 高字节
								8D	TH1	T1 高字节
P1.7	P1.6	P1.5	P1.4	P1.3	P1.2	P1.1	P1.0	90	P1*	P1 口锁存器
97	96	95	94	93	92	91	90			
SM0	SM1	SM2	REN	TB8	RB8	TI	RI	98	SCON*	串行口控制
9F	9E	9D	9C	9B	9A	99	98			
								99	SBUF	收发缓冲器
P2.7	P2.6	P2.5	P2.4	P2.3	P2.2	P2.1	P2.0	A0	P2*	P2 口锁存器
A7	A6	A5	A4	A3	A2	A1	A0			
EA			ES	ET1	EX1	ET0	EX0	A8	IE*	中断允许
AF	—	—	AC	AB	AA	A9	A8			
P3.7	P3.6	P3.5	P3.4	P3.3	P3.2	P3.1	P3.0	B0	P3*	P3 口锁存器
B7	B6	B5	B4	B3	B2	B1	B0			
			PS	PT1	PX1	PT0	PX0	B8	IP*	中断优先级
—	—	—	BC	BB	BA	B9	B8			

续表

D7			位地址				D0	字节地址	SFR	寄存器名
CY	AC	F0	RS1	RS0	OV	—	P	D0	PSW*	程序状态字
D7	D6	D5	D4	D3	D2	D1	D0			
								E0	A*	A 累加器
E7	E6	E5	E4	E3	E2	E1	E0			
								F0	B*	B 寄存器
F7	F6	F5	F4	F3	F2	F1	F0			

注1：带 * 号的 SFR 既可以字节寻址也可以位寻址。

　2：寄存器 B 的字节地址和最低位的位地址都是 F0，而程序状态字 PSW D5 位的 F0 是其位名称而非地址，两者并无冲突。

　3：定时器方式控制寄存器 TMOD，虽然给出了各位的名称，但它是不可位寻址的。

　4："—"表示该位无定义。

20 个特殊功能寄存器(SFR)按功能可以归纳如下：

与 CPU 有关的——ACC、B、PSW、SP、DPTR(DPH、DPL)；

与并行 I/O 口有关的——P0、P1、P2、P3；

与串口有关的——SCON、SBUF、PCON；

与定时/计数器有关的——TCON、TMOD、TH0、TL0、TH1、TL1；

与中断系统有关的——IP、IE。

此处要特别说明一下程序计数器 PC，程序计数器 PC 用于存放下一条将要执行指令的地址(PC 总是指向程序存储器地址)，是一个 16 位专用寄存器，寻址范围 64 KB，PC 在物理结构上总是独立的，不属于特殊功能寄存器 SFR 块。

1. 累加器 ACC

ACC 是一个最常用的专用寄存器，系统运转时工作最频繁，大部分单操作数指令的操作数取自累加器 A，很多双操作数指令的一个操作数取自 A；加、减、乘、除算术运算以及逻辑操作指令的结果都存放在累加器 A 或 A、B 寄存器对中；输入/输出大多数指令都以累加器 A 作为核心操作。

2. 寄存器 B

寄存器 B 是 8 位的寄存器，一般用于乘、除法指令，与累加器配合使用。在其他指令中可作暂存器使用。

3. 程序状态字 PSW(0D0H)

PSW 是 8 位的专用寄存器，它的各位包含了程序执行后的状态信息，供程序查询或判别用。各位的含义及其格式如表 2-6 所示。

表 2-6　程序状态字 PSW 定义

D7	D6	D5	D4	D3	D2	D1	D0	位地址
Cy	AC	F0	RS1	RS0	OV	—	P	位名称
进位位	半进位	用户标志	寄存器选择位		溢出标志	保留位	奇/偶位	位定义

注意,对所有可位寻址的专用寄存器,其最低位的位地址与其字节地址相同。

Cy:进位/借位标志。在执行加法或减法运算时,如果运算结果最高位向前发生进位或借位时,Cy 位会被自动置位为 1,不管此前该位的值是什么;如果运算结果最高位无进位或借位,则 Cy 清零,不管此前该位的值是什么。Cy 的值总是反映最近一次加减法操作后的结果状态。Cy 也是进行位操作时的位累加器,简写为 C。

例如,若累加器内容为 FFH,则指令 ADD　A,#1;

使累加器中内容变为 00H,同时 PSW 中的进位标志 C 被置 1。

AC:半进位标志或称辅助进位标志。当执行加法或减法操作时,如果低半字节(位 3)向高半字节(位 4)有进位或借位,则 AC 位将被硬件自动置位为 1,否则清零。

F0:用户标志位。此位系统未占用,用户可以根据自己的需要对 F0 的用途进行定义。

RS1 和 RS0:工作寄存器区选择位。

OV:溢出标志位。当进行补码运算时,如果发生溢出,即表明运算结果超出了一字节补码能表达的数据范围 $-128 \sim +127$,此时 OV 由硬件置位为 1;若无溢出,则 OV 为 0。微型计算机判断溢出的方法有多种,MCS-51 系列单片机溢出的判断方法是,若最高位和次高位不同时向前进位,则发生溢出,否则无溢出。设最高位有进位为 C7 = 1,无进位 C7 = 0,次高位有进位为 C6 = 1,无进位 C6 = 0,那么判断单片机是否溢出,就可以用 C7 和 C6 的异或来表示,异或结果为 1 表示有溢出,异或结果为 0 表示没溢出。每当进行运算时进位位和溢出位都进行客观变化,不过,进行无符号数运算时关注进位位,进行补码运算时关注溢出位。

PSW.1:保留位。单片机产品设计时有许多这类情况,凡是在某位置为短横线的情况,都是指该型号产品此位暂无定义。对无定义的位执行读操作会有不确定的结果,应避免。

P:奇偶校验位。每条指令执行后,该位始终反映 A 累加器中 1 的个数的奇偶性。如果 A 中 1 的个数为奇数个,则 P = 1,反之 P = 0。此功能可以用于校验串行通信中数据传送是否出错,称为奇偶校验。

例如:程序执行前 F0 = 0,RS1RS0 = 00B,请问机器执行如下程序后

　　MOV　A,#0FH

　　ADD　A,#F8H

PSW 中各位的状态是什么?

　　解:上述加法指令执行时的人工算式是:

$$
\begin{array}{r}
0 0 0 0 1 1 1 1 \text{B} \\
+ \quad 1 1 1 1 1 0 0 0 \text{B} \\
\hline
\boxed{1} \ 0 0 0 0 0 1 1 1 \text{B}
\end{array}
$$

式中:最高位进位 C7 = 1,次高位进位 C6 = 1,F0、RS1 和 RS0 由用户设定,加法指令也不会改变其状态。所以最后的结果是:Cy 为 1;AC 为 1(因为加法过程中低 4 位向高 4 位有进位);P 也为 1(因为运算结果中 1 的个数为 3,是奇数);OV 的状态由如下异或关系确定

$$OV = CP \oplus CS = 1 \oplus 1 = 0$$

所以 PSW = C1H。

4. 堆栈指针 SP(81H)

堆栈指针 SP(Stack Pointer)是 8 bit 的专用寄存器,它可以指向单片机片内 RAM 00H ~ 7FH 的任何单元,因此堆栈的最大理论深度是 128 B。系统复位后,SP 的初始值为 07H。

堆栈概念:堆栈是一类特殊 RAM,遵从"后进先出"的法则,这种结构对于处理中断和子程序调用都非常方便。MCS-51 单片机的堆栈是向上生成的,在使用前应先对指针赋初始值。所谓向上生成,是指随着数据字节进入堆栈,堆栈的地址指针不断增大。堆栈操作有压栈和出栈两种。压栈时,指针先加 1,再把数据字节压入;出栈时,次序相反,先弹出数据内容,指针再减 1。

影响堆栈的情况有:

①使用压栈和弹栈指令,分别是 PUSH 和 POP,每次操作一字节。

②当响应中断请求时,下一条要执行的指令代码地址自动压入堆栈,共 2 B;且当中断返回时自动将所压入的 2 B 弹出堆栈回送给程序计数器 PC。这个过程是系统自动完成的,无需程序干预。

③当调用子程序时,调用指令之后的下一条指令地址自动进栈,共 2 B;当子程序返回时该 2 B 自动弹出。

堆栈的作用:用压栈和弹栈指令进行快速现场保护和恢复;

　　　　　　在中断和调用子程序时自动保护和恢复断点;

　　　　　　利用堆栈传递参数。

通常堆栈由如下指令设定:

MOV　SP ,#data　　　　　　;SP←data

若把指令中的 data 用 70H 代替,则机器执行这条指令后就设定了堆栈的栈底地址 70H。此时,堆栈中尚未压入数据,即堆栈是空的,故 SP 中的 70H 地址就是堆栈的栈顶地址,如图 2-7(a)所示,堆栈中数据是由 PUSH 指令压入和 POP 指令弹出的,PUSH 指令能使 SP 中内容加 1,POP 指令则使 SP 减 1。例如:如下程序可以把 X 压入堆栈

MOV　A,#X　　　　　　;A←X

PUSH　ACC　　　　　　;SP←SP + 1,(SP)←ACC

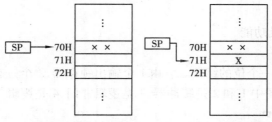

（a）没有压数时的堆栈　　（b）压入一个数时的堆栈

图 2-7　堆栈示意图

5. 数据地址指针 DPTR(83H、82H,高字节在前)

数据地址指针 DPTR(data pointer)是一个 16 位的专用寄存器,由两个 8 位寄存器 DPH 和 DPL 组成,其中,DPH 为 DPTR 的高 8 位,DPL 为 DPTR 的低 8 位。DPTR 可以作为一个 16 位寄存器使用,也可以按高低字节分别操作。DPTR 可以用来存放片内 ROM 的地址,也可以用来存放片外 RAM 的地址。此外 DPTR 还可以作为查表操作时的基地址。

例如,设片外 RAM 的 2000H 单元中有一个数 X,若要把它取入累加器 A 中,则可采用如下程序:

MOV　　DPTR , #2000H　　　;DPTR←2000H

MOVX　A，@DPTR　　　;A←X

第一条指令执行后,机器自动把 2000H 装入 DPTR,第二条指令执行时,机器自动把 DPTR 中的 2000H 作为外部 RAM 的地址,并根据这个地址把 X 取到累加器 A 中。

6. 并行 I/O 口锁存器 P0—P3(80H,90H,A0H,B0H)

P0—P3 是 4 个专用寄存器,分别是 4 个并行 I/O 口的口锁存器。它们都有字节地址和位地址,并且每条 I/O 口线都可独立定义为输入或者输出。输出具有锁存功能,输入具有缓冲功能,下面会详细介绍。

2.4 单片机的并行 I/O 接口

MCS-51 单片机有 4 个 8 位并行 I/O 口,分别称为 P0、P1、P2、P3。共有 32 条 I/O 口线,每条 I/O 线都可以独立定义为输出或输入。每个端口都包括一个输出锁存器(即专用寄存器 Pi)、一个输出驱动器和一个输入缓冲器。这 4 个 I/O 口既有相似的特征,也有功能和结构上的区别。

MCS-51 单片机输出时,对口锁存器执行写操作,数据通过内部总线写入口锁存器,并通过输出级反映在外部引脚上。而读操作时有两种不同情况,分别叫作读锁存器和读引脚。各 I/O 口每位的结构中,都有两个输入缓冲器,分别可将锁存器输出和外部引脚状态读回到 CPU 中。一般情况下,锁存器输出端和外部引脚的状态应一致。但在一些特定情况下两者可能不一致,设置读锁存器功能就是为了防止出现误读的现象。

这 4 个 I/O 口都称为准双向 I/O 口。所谓准双向,是指输入输出状态间的切换是有附加条件的。具体为:当从输出改为输入时,要先向口写"1"。

2.4.1 P0 口结构及功能

图 2-8 画出了 P0 口一个位的结构。它由 1 个输出锁存器、2 个三态输入缓冲器、输出驱动电路和控制电路组成。图中 1 和 2 是缓冲器,3 是逻辑非门,4 是逻辑与门。

1. P0 作为通用 I/O 口

当 MCS-51 单片机系统无外部并行存储器或其他外部器件时,不执行 MOVX 类指令,亦即不需要外部地址数据总线。这时由硬件自动使控制线 C=0,封锁与门 4,使场效应管 T1 截止。在无地址/数据信息输出的情况下,多路开关 MUX 拨向图 2-8 所示的下面(正好与图中是反的),多路开关把锁存器反向输出端/Q 与输出级 T2 联通。

数据输出时,数据从内部总线经锁存器 D 输入端进入,从反向端/Q 输出,再经过输出级 T2 的 2 次反向,在外部引脚上得到正确的输出逻辑电平。注意此时输出是漏极开路的状态,所谓漏极开路是指场效应管 T2 的漏极在此时一直是开路的。对于这种情况下的应用,通常要在引脚外部加接 10 kΩ 左右的上拉电阻。否则输出数据若为高电平时,场效应管 T2 工作在截至状态,P1.x 引脚悬空,高电平输不出来,而外接上拉电阻就解决了这个问题。

数据输入时,通过读引脚指令打开缓冲器 2 使外部引脚的状态经缓冲器进入内部总线到

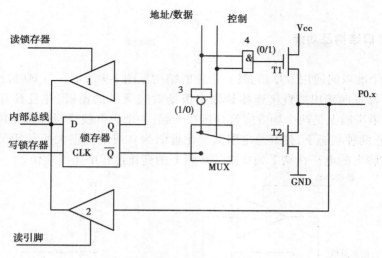

图 2-8　P0 口的位结构

CPU。若为读锁存器操作,则锁存器输出内容直接经缓冲器 1 读回。必须注意,如果某个口线为双向应用的,即:时而输出,时而输入,则当从输出改为输入时必须先向口写 1,然后再进行输入操作。这是因为如果此前的输出数据为 0,则输出级 T2 处于导通状态,该引脚被强制钳位为低电平,它能把外设高电平信号强行拉低。为了避免读错信息,需要在进行输入前先向口写 1,关断输出级,使引脚处于高阻输入状态。

　　读锁存器的操作也叫做"读—修改—写"操作,它是以口为目的的逻辑操作。这种指令直接读锁存器而不是读端口引脚,可以避免读错引脚上的电平信号。例如,用一根 I/O 线驱动一个晶体管的基极,当向此口线输出 1 时,三极管导通并把引脚上的电平拉低。这时如果 CPU 读取引脚上的信息,就会把数据误读为 0;如果从锁存器读取,就能获得正确的结果。

　　2. P0 作为地址/数据总线

　　当 MCS-51 单片机需要外部扩展存储器或者并行 I/O 接口器件时,系统必须提供地址和数据总线。CPU 对片外存储器进行读/写操作(执行 MOVX 指令或进行片外取指令)时,由内部硬件自动使控制线 C = 1,使与门 4 解锁,开关 MUX 拨向反相器 3 输出,如图 2-8 所示。这时,外部引脚(经输出级 T2)与锁存器反向输出端/Q 断开,而与地址/数据输出端连通。这种情况下 P0 口不再是 I/O 口,而是系统的分时复用地址/数据总线。

　　输出低 8 位地址/数据信息:

　　MUX 开关把 CPU 内部地址/数据线输出的内容经反相器 3 与输出驱动场效应管 T2 的栅极接通。输出信息经反相器 3 和输出级 T2 的再次反向,使正确的信息出现在引脚上。P0 口作为总线应用时,T1 和 T2 构成推挽式输出驱动,无需外部上拉电阻,且驱动能力很强。

　　输入 8 位数据:

　　这种情况是在读引脚信号有效时打开输入缓冲器 2,使外部数据进入内部总线。

　　P0 口既可作一般的 I/O 口,又可作为地址/数据总线。不同应用情况下的硬件构成不同,因此呈现出不同的特点:作 I/O 输出时,输出级是漏极开漏电路,必须外接 10 kΩ 上拉电阻;作 I/O 输入时,必须先向口写 1,使 T2 截止形成高阻输入状态才能正确读取输入电平。当 P0 口作为地址/数据总线使用时是推挽输出、高阻输入的,无需外接上拉电阻。当 P0 口被作为总线使用时,就不能再作为 I/O 口使用。

2.4.2 P1 口结构及功能

P1 口是一个准双向通用 I/O 口,其一个位的结构见图 2-9 所示。与 P0 口比较,P1 口无切换开关,其锁存器反向输出端直接连接到输出级场效应管 T 的栅极,并且具有内部上拉电阻 R*。该上拉电阻实质上是两个场效应管并接在一起:一个为负载管,其电阻固定;另一个可工作在导通和截止两种状态下,使其总电阻值变化近似为 0 或阻值很大两种情况。这可以改善动态响应,使引脚上的电平在从 1 到 0 或从 0 到 1 的变化过程中速度很快。

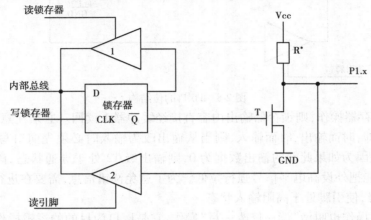

图 2-9　P1 口的位结构

在 P1 口中,每个位都可以独立定义为输入线或输出线。输出 1 时,将 1 写入口锁存器,锁存器的反向输出为 0,使输出级场效应管截止,引脚上输出为高电平逻辑。输出 0 时,输出级场效应管导通,则输出引脚为低电平。当进行输入操作时,也必须先向口写 1,使输出场效应管 T 截止,实现高阻输入。CPU 读取 P1 引脚状态时,其实就是读取外部引脚上的信息。外部引脚电平状态经输入缓冲器 2 进入 CPU。

2.4.3 P2 口结构及功能

P2 口也是一个准双向口,其中一个位的结构如图 2-10 所示。

P2 口与 P0 口和 P1 有相似的部分,但又不尽相同。相同时都能作为通用 I/O 口用,并且使用的方法是一样的,在此不再叙述,而两者不同的是 P2 口既可以作为通用 I/O 口,也可以作为高 8 位地址总线,因此它也有一个切换开关 MUX。当 CPU 对片外存储器和 I/O 口进行读写操作时,开关倒向地址线端,这时 P2 口是地址总线,只输出高 8 位地址;当不执行 MOVX 指令,也不从外部 ROM 中读取指令时,开关倒向锁存器的输出端 Q,这时 P2 口可作为通用 I/O 口。在同一个系统中,P2 口只能定义为 I/O 口或者地址总线,不能二者兼得。

当 P2 口作为高 8 位地址总线使用时,是整个端口一起定义的,这时即使 8 条地址线没有用完,剩余的口线也不宜再作为 I/O 口线使用。

应注意 P2 口锁存器是从 Q 端输出的,为了逻辑的配合,在输出级到栅极控制端之间加了一个反向器。P2 口也是带有内部上拉电阻的。

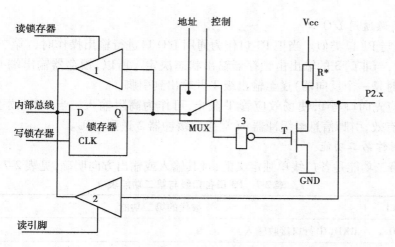

图 2-10　P2 口的位结构

　　在单片机应用系统设计中,若片内程序存储器空间满足需要,且片外数据存储器容量不超过 256 B,则不需要高 8 位地址总线,这时就可以把 P2 口作为通用 I/O 口来使用。

2.4.4　P3 口结构及功能

　　P3 口是一个多功能口,其位结构如图 2-11 所示。P3 口的结构比前 3 个口显得更复杂。它多出的与非门 3 和缓冲器 4 使得本口除了具有通用 I/O 口功能外,还可以使用各引脚所具备的第二功能。与非门 3 是一个开关,输出时,它决定是输出锁存器 Q 端数据还是第二功能信号。如图 2.11 所示,当 W = 1 时,输出 Q 端信号;当 Q = 1 时,输出 W 线(即第二功能)信号。编程应用时,可不必考虑 P3 口某位应用于何种功能。当 CPU 对 P3 口进行专用寄存器寻址(字节或位)时,由内部硬件自动将第二功能输出线 W 置 1,这时 P3 口(或对应的口线)是通用 I/O 口(或 I/O 线)。当 CPU 不对 P3 口进行 SFR 寻址访问时,即用做第二功能时,由内部硬件自动对锁存器 Q 端置 1。

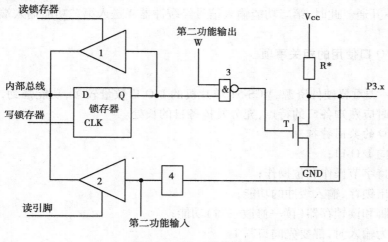

图 2-11　P3 口的位结构

1. P3 口用做通用 I/O 口

工作原理与 P1 口类似。当把 P3 口作为通用 I/O 口进行输出操作时,"第二功能输出"W 端保持高电平,与非门 3 的输出由锁存器输出状态决定。所以,锁存器输出端 Q 的状态可通过与非门(此时是一个反向器)送至输出级 T 并输出到引脚。

输入时,应先向口写 1,使场效应管 T 截止,可作为高阻输入。当 CPU 读引脚时,"读引脚"控制信号有效,引脚信息经缓冲器 4(常通)、缓冲器 2 送到 CPU。

2. P3 口用作第二功能

P3 口的第二功能是各口线单独定义的,且其输入或输出方向明确,见表 2-7。

表 2-7　P3 口各口线与第二功能表

I/O 口	替代的第二功能
P3.0	RXD(串行口接收输入)
P3.1	TXD(串行口发送输出)
P3.2	$\overline{INT0}$(外部中断 0 输入)
P3.3	$\overline{INT1}$(外部中断 1 输入)
P3.4	T0(定时器 0 的外部脉冲输入)
P3.5	T1(定时器 1 的外部脉冲输入)
P3.6	$\overline{RD}$(片外 RAM 写信号输出)
P3.7	$\overline{WR}$(片外 RAM 读信号输出)

当某位被用作第二功能时,该位的锁存器 Q 端输出被内部硬件自动置为 1,使与非门 3 的输出只受"第二功能输出"W 端的控制。由表 2-7 可见,第二功能情况下数据方向为输出的有 TXD、$\overline{WR}$ 和 $\overline{RD}$ 3 个引脚,其他 5 个是输入的。输出时引脚上出现的是第二功能输出的数据状态。第二功能输入时,W 线和锁存器 D 端均为 1,所以输出级场效应管 T 截止,该位引脚为高阻输入状态。对于第二功能为输入的 RXD、$\overline{INT0}$、$\overline{INT1}$、T0 和 T1,执行其功能时读引脚信号无效,缓冲器 2 不开通。此时,第二功能输入信号经缓冲器 4 送入第二功能输入端。

2.4.5　I/O 口使用的相关事项

I/O 口是一类重要硬件资源,MCS-51 单片机的 I/O 口数量较多,功能强劲,且各口既相似又不同。使用时应熟知各口的特点,充分发挥各自的长处。

1. 各 I/O 口的共同特征

都是准双向 I/O 口;

都同时支持字节操作和位操作;

都具有输出锁存、输入缓冲的功能;

都有读引脚和读锁存器(读—修改—写)功能;

从输出改为输入时,都要先向口写 1。

2. 各 I/O 口的不同特点

表 2-8 说明了各口的不同之处。

表 2-8　MCS-51 单片机各口特点

I/O 口	主要特点
P0	兼有 I/O 口和地址/数据总线功能,作 I/O 时是漏极开漏输出
P1	通用 I/O 口
P2	兼有 I/O 口和高 8 位地址总线功能
P3	兼有 I/O 口和第二功能

3. 各 I/O 口的负载能力和接口要求

P0 口的输出级与其他口的结构不同,因此它们的负载能力和接口要求也各不相同。

①P0 口的特殊性在于作 I/O 时是开漏输出的,内部无上拉电阻。因此作 I/O 口使用时通常要外接 10 kΩ 的上拉电阻。当 P0 用作地址/数据总线时则无需外接上拉电阻。P0 口的每一位输出都可驱动 8 个 TTL 负载,它是各口中驱动能力最强的。

②P1 ~ P3 口的输出级皆有内部上拉电阻,它们的每一位输出可驱动 4 个 TTL 负载。内部上拉电阻的阻值为 40 ~ 100 kΩ。通常不必再外接上拉电阻,但若为了增加驱动能力,也可以设置 10 kΩ 的外接上拉。

MCS-51 的 I/O 端口只能提供几个毫安的电流(通常为 3 ~ 5 mA),如果要驱动大电流负载,要额外设计驱动电路。在驱动普通三极管的基极时,应在端口与三极管基极间串联一个电阻,以限制高电平输出时的电流。

4. I/O 口与总线口的区别

理论上,I/O 口与总线口完全不同,但由于 MCS-51 单片机硬件设计上使 P0 口和 P2 口既能作通用 I/O 口又能作总线,容易产生混淆。表 2-9 给出了两者的区别。

表 2-9　I/O 口与总线口的区别

项　目	I/O 口	总线口
用途	连接输入输出设备	连接存储器和并行 I/O 口
速度	可控	微秒级,不可控
稳态	有	有
定义	可单根线定义	必须整口操作

2.5　单片机时钟电路与 CPU 时序

MCS-51 系列单片机的定时器控制功能是由片内的时钟电路和振荡电路完成的,而根据硬件电路的不同,片内的时钟产生有两种方式:外部时钟方式和内部时钟方式。

单片机内部有一个反向放大器,XTAL1、XTAL2 分别为反向放大器的输入端和输出端,通过外部输入时钟(外部时钟方式)或外接定时反馈原件组成振荡器(内部时钟方式),产生的时钟送至单片机内部的各个部件。时钟频率越高,单片机控制器的控制节拍越快,运算速度也就越快。

2.5.1 时钟信号

1. 外部时钟方式

单片机直接采用外部时钟的电路接法如图2-12所示。采用外部时钟方式时,单片机使用外部振荡器,其时钟直接由外部时钟信号源提供。这种方式常用于多片单片机构成的系统,为了保证各单片机之间时钟信号的同步,故引用同一外部时钟信号。由于单片机采用的半导体工艺不同,外部时钟信号的接入方式也不同。

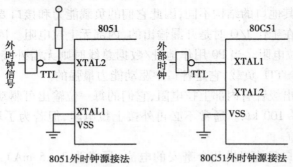

图 2-12　单片机外接时钟信号接法

2. 内部时钟方式

在应用内部时钟方式时,XTAL1 和 XTAL2 引脚之间外接振荡器,构成一个自激振荡器,自激振荡器与单片机内部的时钟发生器构成单片机的时钟电路,如图2-13所示。其中,由振荡器 OSC(石英晶体)和电容 C1 及 C2 构成了并联谐振回路作为定时元件,振荡器 OSC 可选用晶体振荡器或陶瓷振荡器,频率为(1.2~12)MHz。电容 C1、C2 为(5~30)pF,作用一是帮助振荡器起振,作用二是对振荡器的频率起微调作用,典型值为 30 pF。上电后延迟一段时间(约 10 ms)振荡器起振产生时钟,时钟不受软件控制。目前有的 8051 单片机的时钟频率可以达到 40 MHz,但是当单片机工作在较高频率时,时钟电路的设计要参考芯片使用手册。

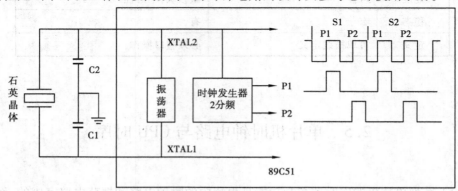

图 2-13　MCS-51 单片机的片内振荡器和时钟发生器

在单片机应用系统中,常选用晶体振荡器作为外接振荡源,简称晶振。晶振的频率越高,则单片机系统的时钟频率越高,单片机的运行速度越快,同时对存储器的存取速度要求也越高,对印制电路板的工艺要求也越高,即要求线间的寄生电容要小。另外,晶振和电容也应尽可能靠近单片机芯片安装,以减少寄生电容,更好地保证振荡器的稳定性和可靠性。

（1）节拍和状态周期

时钟发生器是一个 2 分频的触发器电路,它将振荡器的信号频率 fosc 除以 2,向 CPU 提供两相时钟信号 P1 和 P2。时钟信号的周期称为状态周期 S,每 2 个振荡周期为一个 S 状态。在每个时钟周期的前半段,第一节拍 P1 有效,而后半段是第二节拍 P2 有效。

时钟周期也称为 S 状态,它的两个节拍 P1 和 P2 是基本的控制节奏。比如某个动作发生在 S5P2,就是指动作发生在一个机器周期的第 5 个时钟周期的后半段上。

（2）机器周期

一个机器周期是指 CPU 访问存储器一次所需要的时间,例如取指令、读写存储器等。MCS-51 单片机的机器周期长度是固定的,为 12 个振荡周期,或 6 个 S 状态。每个 S 状态可细分为 P1 和 P2 两个节拍。机器周期的长度仅与振荡晶体的固有频率有关,若振荡晶体为 12 MHz,则机器周期恰好为 1 μs。

（3）指令周期

单片机执行一条指令所需要的时间或机器周期数,视指令的复杂程度而有不同,分别可能是 1 周期、2 周期或 4 周期。单片机的汇编语言指令,多数是单周期或双周期指令,少部分是 3 周期的,只有乘除法是 4 周期的。

指令的执行速度与它所需的机器周期数直接有关,机器周期数少当然执行速度快。在编程时,应注意优化程序结构和优选指令,尽量选用能完成同样功能而机器周期数少的指令。

（4）各种周期的关系

归纳起来,MCS-51 单片机的定时单位从小到大依次如下:

振荡周期:由振荡晶体决定,是最小时间单位;

状态周期:即时钟周期,由两个振荡周期组成,称为一个 S 状态;

机器周期:固定由 12 个振荡周期或 6 个状态周期组成,可执行一次基本操作;

指令周期:执行一条指令所需要的时间,可能需要 1 ~ 4 个机器周期。

设单片机振荡晶体为 12 MHz,则各周期数值分别为:

$$振荡周期 = 1/fosc = 1/12 \text{ MHz} = 0.083 \text{ μs}$$

$$状态周期 = 振荡周期 \times 2 = 0.167 \text{ μs}$$

$$机器周期 = 12/fosc = 12/12 \text{ MHz} = 1 \text{ μs}$$

$$指令周期 = (1 \sim 4) 机器周期 = (1 \sim 4) \text{ μs}$$

图 2-14 表示了 MCS-51 单片机各种周期之间的关系。

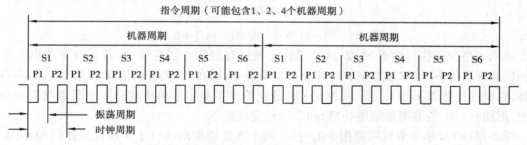

图 2-14　MCS-51 单片机各种周期的相互关系

2.5.2 CPU 时序

每条指令的执行都包括取指和执行两个阶段。CPU 先从内部或外部程序存储器中取出指令,然后再执行。MCS-51 单片机的每个机器周期中包含 6 个 S 状态,每个状态划分为 2 个节拍。根据各种指令的复杂程度,每条指令形成的代码可有单字节、双字节或三字节。从执行速度上,有单周期、双周期甚至 4 周期指令。指令的字节数和执行的周期数之间没有必然联系,单字节和双字节指令都可能是单周期或双周期,而 3 字节指令一定是双周期,只有乘除法指令是 4 个周期。

所谓时序,是研究某种操作有哪些控制和数据信号参与,这些信号动作的先后次序如何,以及信号是电平有效还是跳变边沿发生作用。在查看时序图时应注意纵向观察,了解各信号的配合关系。研究时序能更好地学习掌握单片机的工作原理,这种技能也对今后学习掌握其他单片机或接口电路有重要意义。

图 2-15 给出了几种指令的取指和执行的时序。最顶行给出了振荡器波形,它可以作为基本的时序参考。图中画出了 2 个机器周期的情况。一般情况下,在每个机器周期中 ALE 信号两次有效,第一次出现在 S1P2 和 S2P1 期间,第二次出现在 S4P2 和 P5P1 期间。ALE 是地址锁存允许信号,有效时刻发生在下跳沿。

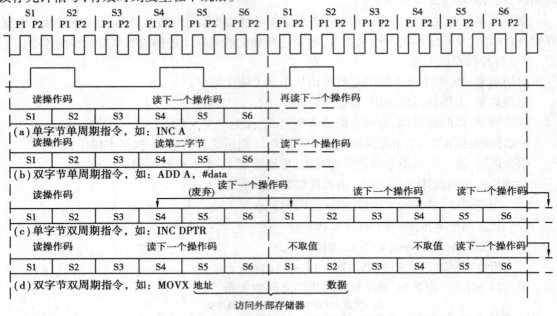

图 2-15　MCS-51 单片机的取指/执行操作时序

单周期指令的执行始于 S1P2,这时操作码被锁存到指令寄存器内,若是双字节指令则在同一机器周期的 S4 读取第二字节。若是单字节指令,则在 S4 仍有取指操作,但读入的内容被忽略,且程序计数器不加 1。图 2-15(a)(b)分别给出了单字节单周期和双字节单周期指令的时序,都能在一个机器周期结尾处即 S6P2 时刻完成操作。

图 2-15(c)是单字节双周期指令的时序,两个机器周期内执行了 4 次读操作码的操作,因

为是单字节指令,所以后 3 次读操作都是无效的。

图 2-15(d)给出了访问片外 RAM 的 MOVX 型指令的时序,它也是一条单字节双周期指令,在第一个机器周期 S5 开始送出片外 RAM 地址后,进行读/写操作。读写期间在 ALE 端不输出有效信号,第二机器周期期间也不发生取指操作。本例包含对片外 RAM 的读或写两种操作情况。

算数逻辑运算操作一般发生在节拍 1 期间,内部寄存器对寄存器的传送操作一般发生在节拍 2 期间。

2.5.3　8031 对片外存储器的连接与访问过程

8031 片内无程序存储器,片内 RAM 也只有 128 字节,这么小的存储器容量常常限制了它的应用领域。为了扩大单片机存储容量,MCS-51 可以外接片外存储器。为了便于说明问题,见图 2-16,给出 8031 对片外 RAM 和 ROM 的一种连接图。

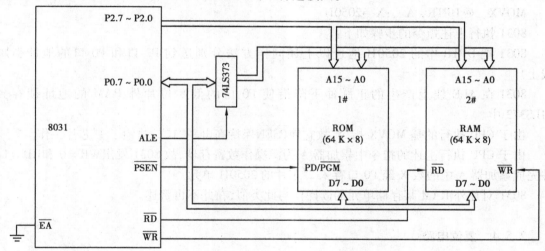

图 2-16　8031 和片外存储器连接图

图中 1# 和 2# 芯片的存储容量均为 64 KB。即 1# 芯片可以存放 65 536 个二进制 8 位程序代码,2# 芯片也可以存放 65 536 个二进制 8 位实时数据。因此 1# 和 2# 芯片各有 16 条地址线和 8 条数据线。其中,16 条地址中高 8 位 15 ~ A8 分别与 P2.7 ~ P2.0 相接,低 8 位 A7 ~ A0 与 P0 口直接相接。PD/PGM、$\overline{RD}$ 和 $\overline{WR}$ 均为 1# 和 2# 芯片的控制端,控制信号由 8031 送来。若 PD/PGM 线上为高电平"1",则"1"芯片被封锁工作;若 PD/PGM 线上为低电平"0",则 CPU 可对 1# 进行读操作。若 $\overline{RD}$ 和 $\overline{WR}$ 线上皆为高电平"1",则 2# 芯片被封锁工作;若 $\overline{RD}$ = 0 且 $\overline{WR}$ = 1,则 CPU 可对 2# 芯片进行读操作;$\overline{RD}$ = 1 且 $\overline{WR}$ = 0,则 CPU 可对 2# 芯片进行写操作。

为了分析 8031 对片外 ROM 和 RAM 的读写原理,现在假设 8031 的 DPTR 中已经存放了一个地址 2050H。

1. 8031 对片外 ROM 的读操作

如果片外 ROM 的 2050 单元中有一个常数 X 且累加器 A 中为 0,现欲把 X 读出来并送入

CPU 的累加器 A,则指令为:

MOVC　A,@ A + DPTR　;A←(A + DPTR) = X

8031 执行上述指令的具体操作步骤为:

8031CPU 先把累加器 A 中的 0 和 DPTR 中的 2050H 相加后送回 DPTR,然后把 DPH 中的 20H 送到 P2.7 ~ P2.0 上,把 DPL 中的 50H 送到 P0.7 ~ P0.0;

一旦 P0 口上片外存储器低 8 位地址 50H 稳定,8031 在 ALE 线上发出正脉冲的下降沿就能把 50H 锁存到地址锁存器 74LS373 中。

由于 CPU 执行的是 MOVC 指令,故 8031 自动使$\overline{\text{PSEN}}$变为低电平以及$\overline{\text{RD}}$和$\overline{\text{WR}}$保持高电平,以至于 CPU 可对 1# 芯片进行读操作且 2# 芯片被封锁。

1# 芯片按照 CPU 送来的 2050H 地址,从中读出 X 被送到 8031 的 P0 口,8031CPU 先打开 P0 口的输入门后再把它送到累加器 A。

2. 8031 对片外 RAM 的写操作

如果要把累加器 Z 中的 X 存入片外 RAM 的 2050H 单元,那么可以采用如下指令:

MOVX　@ DPTR, A　;X→2050H

8031 执行上述指令的步骤如下:

8031 把 DPTR 中的 2050H 地址以上述同样方法分别送到 P2 口和 P0 口的地址引脚线上。

8031 在 ALE 线上产生的正脉冲下降沿使 P0 口的低 8 位片外 RAM 的地址锁存到 74LS373 中。

由于 CPU 执行的是 MOVX 指令,故它使$\overline{\text{PSEN}}$保持高电平"1#",封锁了 1# 芯片工作。

由于 CPU 执行上述的指令中累加器 A 为源操作数寄存器,故 8031 发出$\overline{\text{WR}} = 0$ 和$\overline{\text{RD}} = 1$,并完成累加器 A 中的数 X 经 P0 口存入 2# 芯片的 2050H 单元。

8031 对片外 RAM 某存储单元的读操作与此类似,在此不再赘述。

2.5.4　复位电路

1. 复位的意义和功能

MCS-51 单片机与其他微处理器一样,在启动时都需要复位,使 CPU 及系统各部件处于确定的初始状态,并从这个初始状态开始运行。单片机的复位信号来自外部,从 RST 引脚进入芯片内的施密特触发器中。系统正常工作期间,如果 RST 引脚上有一个高电平并维持 2 个机器周期以上,则可引起 CPU 复位。

复位引起 CPU 的初始化,其主要功能是把程序计数器 PC 的值初始化为 0000H,以便复位结束后从这个地址开始取指令。CPU 从冷态接电的启动复位常称为冷启动或上电复位。相应地,如果 CPU 在运行期间由于程序运行出错等原因造成系统死机,也可以通过复位使之激活,此称热启动。手动复位属于热启动方式。

复位后,片内寄存器状态如表 2-10 所示。

表2-10　复位后片内寄存器状态

寄存器	内　容	寄存器	内　容
PC	0000H	TMOD	00H
ACC	00H	TCON	00H
B	00H	TH0	00H
PSW	00H	TL0	00H
SP	07H	TH1	00H
DPTR	0000H	TL1	00H
P0 ~ P3	0FFH	SCON	00H
IP	XXX00000	SBUF	不定
IE	0XX00000	PCON	0XXX0000

片内 RAM：不受复位影响。

对于片内 RAM 在复位后的情况需要特别留意。由于复位不影响内部 RAM，所以 RAM 中的内容要根据情况判定。如果是冷启动，则 RAM 中各单元是随机数；如果是热启动，则 RAM 中的内容不变，维持复位前的数据。这个特点可以被利用来判断复位源。

熟知 SFR 的初始状态对编程很重要，而 I/O 口复位后为高电平的特征也必须在硬件设计时充分注意到。

2. 复位信号和复位电路

RST 引脚是复位信号输入端。复位信号是高电平有效的，其持续时间必须维持 2 个机器周期以上。若使用 12 MHz 晶体，则复位信号高电平时间应超过 2 μs，才能完成复位操作。

复位操作有两种方式：上电自动复位，按键手动复位。

（1）上电自动复位

上电自动复位是在施加电源瞬间通过 RC 电路来实现，如图 2-17（a）所示。在通电瞬间，电源通过电容 C 和电阻 R 回路对电容充电，向内部复位电路提供一个正脉冲引起单片机复位。

（2）按键手动复位

手动复位是指单片机在运行期间通过手动按钮使 CPU 强行复位，再从头开始运行。图2-17（b）表示的是上电复位与手动复位结合的情况。

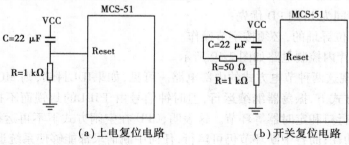

（a）上电复位电路　　　　　（b）开关复位电路

图 2-17　复位电路

2.6 空闲和掉电方式

MCS-51 单片机采用两种半导体工艺制造。一种是 HMOS 工艺,即高密度短沟道工艺;另一种是 CHMOS 工艺,即互补金属氧化物的 MOS 工艺。后者是 COMS 和 HOMS 的结合,除了保持 HOMS 的高速高密度特点之外,还具有 COMS 的低功耗特点。

MCS-51 属于 CHMOS 工艺的单片机,运行功耗低,而且还提供两种节电工作模式,即空闲方式(idle)和掉电方式(power down),以便进一步降低功率消耗。CHMOS 型单片机正常运行时消耗电流为 11 ~ 20 mA,在空闲方式下为 1.7 ~ 5 mA,而在掉电方式下更降低为 5 ~ 50 μA。因此,CHMOS 型单片机特别适用于低功耗的应用场合。

2.6.1 方式设定

MCS-51 单片机的 SFR 中有一个电源控制器 PCON,上述的两种节电方式就是由该寄存器控制的,其中低 2 位是设置掉电和空闲方式的。

图 2-18 给出了 MCS-51 单片机的电源控制寄存器图谱。HMOS 器件的 PCON 中只有最高位 SMOD 有意义,而 CHMOS 器件增加了后面 4 位。各位功能说明如下:

SMOD:串行通信波特率加倍位。

GF1 和 GF0:通用标志。用户可以通过指令改变它们的状态。

PD:掉电方式位。对此位置 1 则进入掉电方式。

IDL:空闲方式位。对此位置 1 则进入空闲方式。

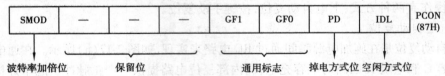

图 2-18　PCON 控制寄存器位功能图

需要注意的事项:

CPU 复位时,PCON = 00H;

若 PD 和 IDL 同为 1,则 PD 优先;

PCON 是不可位寻址的,必须按字节操作。

PD 和 IDL 的片内控制电路如图 2-19 所示。

图 2-19 为实现这两种节电方式的内部电路。可见,如果 $\overline{\text{IDL}}$ 封锁,则 MCS-51 进入空闲运行方式。在这种方式下,振荡器继续运行,但时钟信号由于 IDL 的封锁而不提供给 CPU,只提供给外部中断、串行口和定时器等环节。这表明,CPU 在空闲方式下不再运行程序,因此可以极大地降低动态功耗;而各中断环节仍可运行,任何中断请求都能够使系统退出空闲方式。

在掉电方式下,$\overline{\text{PD}}$ = 0,振荡器被彻底冻结,CPU 和各中断环节都不工作,功耗进一步降低,但唤醒方式只能是硬件复位。

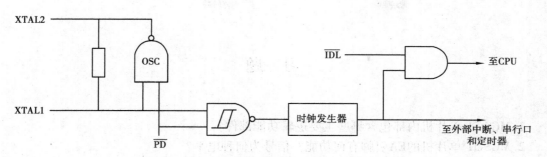

图 2-19　空闲和掉电方式控制电路

图 2-19 中,$\overline{PD}$ 和 $\overline{IDL}$ 是专用寄存器 PCON 中的控制位 PD 和 IDL 的反向输出端。

2.6.2　空闲工作方式概述

当 CPU 执行了 IDL＝1 后,单片机就进入空闲方式。空闲方式也称为等待方式或待机方式。在这种情况下,内部时钟不提供给 CPU,只供给中断环节。由于系统电源存在,虽然 CPU 不再执行程序,但是可保持内部现行状态。这包括堆栈指针、程序计数器 PC、程序状态字 PSW、累加器 A、内部 RAM 等的内容都保持不变,也维持 I/O 口的当前状态。在此期间,ALE 和 $\overline{PSEN}$ 信号维持高电平。

进入空闲方式后,有两种退出方法。一是当任何中断请求被响应都可以由硬件将 IDL 位清 0,从而结束空闲方式。中断服务程序执行完毕返回时,返回点应是当时进入空闲方式设置语句 IDL＝0 的下一条指令。

另一种退出方式是硬件复位。在空闲方式下,振荡器仍在运行,所以硬件复位只需要 2 个机器周期就能完成。来自 RST 引脚上的复位信号直接将 PCON 字节清 0,从而退出空闲状态,CPU 从 0000H 开始执行指令。

通常,如果 CPU 可运行于间歇方式,定时地或者在外部随机事件发生时才简短操作,则可使用空闲方式。这能够大量地节省能源,特别适用于用电池供电的情况。

2.6.3　掉电方式概述

当 CPU 执行一条 MOV PCON, #02H 即置 PD＝1 的指令后,系统就进入掉电运行方式。此时,内部振荡器停止工作,CPU 不运行程序,片内其他功能部件也停止工作,但片内 RAM 和特殊功能寄存器中的内容保持不变,即维持 SFR 和内部 RAM 的内容。ALE 和 $\overline{PSEN}$ 的输出信号都为低电平。在掉电期间,VCC 电源可以降低到 +2 V,可以考虑由干电池供电,但必须等待 VCC 恢复到 +5 V 电压经过一段时间后,才能允许 8051 退出掉电方式。

8051 从掉电状态退出的唯一方法是硬件复位,即需要在 RST 引脚上加一足够宽的正脉冲。8051 复位后,SFR 的内容将被重新初始化,但内部 RAM 的内容维持不变。因此,若要使得 8051 在 +5 V 恢复正常后继续执行掉电前的程序,那就必须在掉电前预先把 SFR 中的内容保护到片内 RAM。

掉电方式适用于间歇运行且停顿时间较长的便携式仪器,可由人工按键的方式在运行和掉电方式之间来回切换。

习 题

1. MCS-51 单片机内部包含哪些主要逻辑功能部件?

2. MCS-51 单片机的$\overline{EA}$引脚有何功能? 信号为何种电平?

3. MCS-51 单片机的 ALE 引脚有何功能? 信号波形是什么?

4. MCS-51 单片机的存储器分为哪几个空间? 如何区分不同空间的寻址?

5. 简述 MCS-51 单片机片内 RAM 的空间分配。内部 RAM 低 128 字节分为哪几个主要部分? 各部分主要功能是什么?

6. 简述 MCS-51 单片机布尔处理器存储空间分配。片内 RAM 包含哪些可以位寻址的单元? 位地址 7DH 与字节地址 7DH 如何区别? 位地址 7DH 具体在片内 RAM 中的什么位置?

7. MCS-51 单片机的程序状态寄存器 PSW 的作用是什么? 常用标志有哪些位? 作用是什么?

8. MCS-51 单片机复位后,CPU 使用哪组工作寄存器? 它们的地址是什么? 用户如何改变当前工作寄存器组?

9. 什么叫堆栈? 堆栈指针 SP 的作用是什么?

10. PC 与 DPTR 各有哪些特点? 有何异同?

11. "读端口锁存器"和"读引脚"有何不同? 各使用哪些指令?

12. MCS-51 单片机的 P0 ~ P3 口结构有何不同? 用作通用 I/O 口输入数据时应注意什么?

13. P0 口用作通用 I/O 口输出数据时应注意什么?

14. 什么叫时钟周期? 什么叫机器周期? 什么叫指令周期?

15. MCS-51 单片机常用的复位电路有哪些? 复位后机器的初始状态如何?

16. MCS-51 单片机有几种低功耗工作方式? 如何实现? 如何退出?

第 3 章　MCS-51 系列单片机指令系统及汇编语言程序设计

我们都知道,一台计算机如果只有硬件,没有任何操作系统或者软件,它就是一台裸机,是不能工作的,同样地,一个单片机系统,如果仅仅只有硬件,没有软件,也是无法正常运行的,只有软件硬件合理、准确、充分地结合起来,单片机才能发挥其运算和控制功能。单片机硬件通过运行程序才能实现相应的功能,完成相应的任务,而程序中最基础的部分是单片机的指令。因此,本章将详细地介绍有关 MCS-51 系列单片机的指令系统,指令系统是一种 CPU 所能直接执行的所有命令的集合,CPU 的主要功能是由它的指令系统来体现的。

本章从下面几个方面介绍 MCS-51 系列单片机的指令系统:

①指令系统简介;

②寻址方式;

③指令系统;

④汇编语言程序设计基础;

⑤程序设计实例。

3.1　MCS-51 单片机汇编指令系统简介

MCS-51 系列单片机指令系统共有 111 条指令,其中数据传送类指令有 29 条、算术运算类指令有 24 条、逻辑运算类指令有 24 条、控制转移类指令有 17 条、位操作类指令有 17 条。

按存储字节数划分,有 49 条单字节指令、45 条双字节指令和 17 条三字节指令。

按执行时间划分,64 条指令的执行时间为一个机器周期(12 个时钟振荡周期),45 条指令的执行时间为两个机器周期,2 条指令(乘法指令和除法指令)的执行时间为四个机器周期。

1. 机器语言指令和汇编语言指令

MCS-51 系列单片机指令系统中的每一条指令都有两种指令格式:

(1)CPU 可直接识别并执行的机器语言指令

单片机和 PC 机一样只能识别由二进制数"0"和"1"组成的编码指令,我们将这种指令称为可以被机器识别的机器语言指令,相应的编码称为机器码(指令的第一种格式就是机器码格式,即二进制格式)。最终单片机能识别和执行的程序——目的程序即是由这些机器码编制而成的,即机器语言指令由二进制数"0"和"1"编码而成,也称目标代码。

机器语言指令是单片机唯一能识别的指令,在设计 CPU 时由硬件定义,使用时,执行速度最快,效率最高,但不难发现,机器语言指令使用非常烦琐费时,不方便记忆,不便于程序的编写、阅读、理解和移植。

（2）汇编语言指令（简称"汇编指令"）

为了方便记忆，便于程序的编写、阅读、理解和移植，又产生了另一种格式——助记符。

汇编语言指令即是在机器语言指令的基础上，用英文单词或英文单词缩写表示机器语言指令的操作码（助记符），用符号表示操作数或操作数的地址。汇编语言指令实际上是符号化的机器语言指令。

一条汇编语言指令必有一条相应的机器语言指令与之对应，但用助记符表示的汇编语言指令不能被单片机直接识别和执行，必须通过汇编器将其翻译成机器语言的目标代码才能被单片机执行，指令字节数越多，所占用存储单元越多，这一过程称为汇编。

单字节指令：操作码

例：汇编指令"RET"对应的机器代码为"22H"

双字节指令：操作码　操作数

例：汇编指令"MOV　A,#0FH"对应的机器代码为"74　0FH"

三字节指令：操作码　第一操作数　第二操作数

例：汇编指令"MOV　74H,#0BH"对应的机器代码为"75　74　0BH"

本章主要通过汇编指令介绍 MCS-51 系列单片机的指令系统。

2. 汇编语言指令格式

MCS-51 系列单片机汇编语言指令格式由以下几个部分组成：

［标号：］　＜操作码＞　［目的操作数］　［,源操作数］　［;注释］

例：START：　MOV　A，#31H　　;A←#31H，即将立即数 31H 传送给累加器 A。

每一部分构成汇编语言指令的一个字段，字段之间用空格或规定的标点符号隔开，其中，［］中的项表示为可选项，＜＞中的项表示为必需项。

其各段的意义如下：

①标号。如例中的 START，它是该指令起始地址的符号表示。它通常代表一条指令的机器代码存储单元的地址。标号由 1~8 个 ASCII 字符组成，第一个必须是字母，其余字符可以是字母、数字或其他特定符号。标号后跟分界符"："。并不是所有语句前都必须有标号。一条指令之前是否要写标号，要根据程序的需要而定。当某条指令可能被调用或作为转移的目的地址时，通常要给该指令赋予标号。一旦给某条指令赋予了标号，该标号可作为其他指令的操作数使用。用字母和数字组成标号，由编程人员自由给定。

②操作码。是由助记符所表示的指令的操作功能，规定了指令所能完成的功能，如例中的 MOV 意为传送。操作码是指令中唯一不能缺少的部分。

③操作数。是指参加操作的数据或数据的地址。它指出了指令的操作对象。在一条指令中可能有多个操作数，也可以是空白，多个操作数之间必须用逗号分隔，操作数与操作码之间用空格分隔。在有两个操作数的指令中，把左边的称为目的操作数，如例中的累加器 A，而右边的称为源操作数，如例中的立即数 31H。目的操作数和源操作数的书写顺序不能颠倒。所有指令按英文习惯表达时先写目的操作数，即操作的结果在第一个操作数中。操作数可以是数字（地址、数据都用十六进制数表示），也可以是标号或寄存器的名称等，也有些指令不需要指明操作数。

④注释。它是为了方便阅读理解而添加的解释说明，不参与单片机的操作（如例中的;A←#31H，即将立即数 31H 传送给累加器 A），也可以用中文注释。注释有长也有短，分行注

释时必须在每行开头使用分号";",注释是可以空缺的,根据需要添加。

3. 指令分类及指令系统说明

(1)指令分类

MCS-51 系列单片机指令系统共有 111 条指令,按功能分为 5 大类:

①数据传送类指令(29 条):片内 RAM、片外 RAM、程序存储器的传送指令,交换及堆栈指令。

②算术运算类指令(24 条):加法、带进位加、减、乘、除、加 1、减 1 指令。

③逻辑运算类指令(24 条):逻辑与、或、异或、测试及移位指令。

④制转移类指令(17 条):无条件转移与调用、条件转移、空操作指令。

⑤布尔变量操作(也称为位操作)类指令(17 条):分为位数据传送、位与、位或、位转移指令。

(2)常用符号说明

在 MCS-51 系列单片机汇编语言指令系统中,规定了一些对指令格式描述的常用符号。现将这些符号的标记和含义说明如下:

#data:表示指令中的 8 位立即数(data),#为立即数前缀标志符号,表示后面的数据是立即数。

#data16:表示指令中的 16 位立即数。

direct:直接地址,表示 8 位内部数据存储器单元的地址。它可以是一个内部 RAM 单元地址或一个特殊功能寄存器。

Rn:n = 0 ~ 7,表示当前选定的工作寄存器组的 8 个工作寄存器 R0 ~ R7 其中之一。

@ Ri:通过寄存器 R0 和 R1 间接寻址的 RAM 单元。@ 为间接寻址前缀符号,i = 0 或 1。

Addr11:表示 11 位的目的地址。用于 ACALL 和 AJMP 的指令中,可在下条指令地址所在的 2 KB 程序存储器地址空间之内调用或者转移。

Addr16:表示 16 位的目的地址。用于 LCALL 和 LJMP 指令中,目的地址范围在整个 64 KB 的程序存储器地址空间之内。

rel:表示一个补码形式的 8 位带符号偏移量。用于相对转移指令 SJMP 和所有的条件转移指令中。其范围是相对于下一条指令第 1 字节地址的 − 128 ~ + 127B。

DPTR:为数据指针,可用作 16 位的地址寄存器。DPH 存放 DPTR 的高 8 位,DPL 存放 DPTR 的低 8 位。

bit:位地址。一位二进制数所在地址(用 8 位二进制数表示)。片内 RAM 中的可寻址位或专用寄存器 SFR 中的可寻址位。

/:位操作数的前缀,表示对该位操作数取反。

A:累加器 ACC。

B:专用寄存器,主要用于乘法 MUL 和除法 DIV 指令中。

C:或 Cy,进位/借位标志位,也可作为布尔处理机中的累加器。

$:当前指令的首地址。

←:数据传输方向,用于指向目的操作数,表示将箭头右边的内容传送至箭头的左边。

(X)——以 X 为地址单元的内容。

((X))——以 X 为地址单元中的内容为地址单元的内容。

（3）指令对标志位的影响

MCS-51 系列单片机指令系统中有些指令的执行结果要影响 PSW 中的标志位，现将影响标志位的指令示例如表 3-1 所示。其中√代表有影响，其影响值可能是 0 或者 1。

表 3-1　影响标志位的指令示例表

指令助记符	标志位			指令助记符	标志位		
	C	OV	AC		C	OV	AC
ADD	√	√	√	CLR C	0		
ADDC	√	√	√	CPL C	√		
SUBB	√	√	√	ANL C,bit	√		
MUL	0	√		ANL C,/bit	√		
DIV	0	√		ORL C,bit	√		
DA	√		√	ORL C,/bit	√		
RR C	√			MOV C,bit	√		
RL C	√			CJNE	√		
SETB C	1						

另外，对 PSW 或 PSW 的位进行操作也会影响标志位。

3.2　MCS-51 单片机寻址方式

寻址方式就是寻找真实操作数或操作数地址的方式，寻址方式的方便与快捷是衡量 CPU 性能的一个重要方面，一般地，寻址方式越多，功能就越强，灵活性则越大，指令系统就越复杂。指令的一个重要组成部分是操作数，由寻址方式指定参与运算的操作数或操作数所在单元的地址。寻址方式所要解决的主要问题就是如何在整个存储器和寄存器的寻址空间内灵活、方便、快速地找到指定的地址单元。它是 MCS-51 系列单片机汇编语言程序设计中最基本的内容之一，必须十分熟悉，牢固掌握。

MCS-51 系列单片机与操作数有关的寻址方式有 7 种，分别是立即寻址（#data）、直接寻址（direct）、寄存器寻址（Rn）、寄存器间接寻址（@ Ri、@ DPTR）、变址寻址（@ A + PC、@ A + DPTR）、相对寻址（rel）和位寻址（Cy），见表 3-2。

表 3-2　操作数寻址方式和相应的存储空间表

寻址方式	存储器空间
立即寻址	程序存储器 ROM 中的常数（#data,#data16）
直接寻址	片内 RAM 低 128 字节和特殊功能寄存器 SFR（direct）

续表

寻址方式	存储器空间
寄存器寻址	当前工作寄存器 R0 ~ R7,累加器 A,专用寄存器 B,位累加器 C,AB(双字节),数据指针 DPTR(双字节)
寄存器间接寻址	片内 RAM[@R0,@R1,SP(仅 PUSH 和 POP)]
	片外 RAM 或 I/O 口[@R0,@R1,@DPTR]
变址寻址	程序存储器[@A + PC,@A + DPTR]
相对寻址	程序存储器 ROM 当前 PC: - 128 ~ + 127B 范围[PC + rel]
位寻址	片内 RAM 的 20H ~ 2FH 字节地址中的 128 位
	特殊功能寄存器 SFR 中可位寻址空间(字节地址能够被 8 整除单元的位)

1. 立即寻址(#data,#data16)

在立即寻址方式中,操作数包含在指令字节中,直接出现在指令中。它前面以"#"号标识,也称立即数。立即寻址指令的操作数是一个 8 位或 16 位数,立即数操作数可以是二进制数或十进制数或十六进制数。

例如:

MOV　A,　#03H　　; A←03H

指令执行结果:(A) = 03H,即把立即数 03H 传送到 A 中。

例如:

ADD　A,　#01H　　; A←(A) + 01H

这条指令的功能是把立即数 01H 与累加器 A 的内容(设为 30H)相加,且结果(31H)存于累加器 A 中。

如果要操作的立即数为 16 位,则要用#data16 来表示,相应的 8 位累加器 A 由于存放位数不足也要转换成 DPTR 进行存放。

例如:

MOV　DPTR,　#1986H　　; DPTR←#1986H

这条指令的功能是把 16 位立即数 1986H 传送到 16 位的地址寄存器 DPTR 中,19H 存储在 DPTR 的高 8 位 DPH 中,86H 存放在 DPTR 的低 8 位 DPL 中。

在立即寻址方式中,立即数作为指令的一部分同指令一起放在程序存储器中。

2. 直接寻址(direct)

在直接寻址方式中,操作数的单元地址直接出现在指令中,在指令中直接地址用 direct 表示,这一寻址方式可进行片内存储单元的访问。

直接寻址方式中操作数所在片内存储器的空间有 2 种:

①特殊功能寄存器(SFR)地址空间,特殊功能寄存器只能用直接寻址方式进行访问。

例如:MOV　P1,　A　　; P1←(A)

该指令是将 A 的内容传送给 P1 口锁存器,其中 P1 为特殊功能寄存器,其对应的直接地址是 90H。

②片内数据存储器 RAM 的低 128 字节单元(片内数据存储器地址 00H ~ 7FH)。

例如:

MOV　A, 52H　　; A←(52H)

该指令是将直接地址 52H 单元的内容传送给 A。

3. 寄存器寻址(Rn)

在寄存器寻址方式中,寄存器中的内容就是操作数。

通常这种寻址方式是对选定的当前工作寄存器 R0 ~ R7(在应用中,可以先通过 PSW 中的 RS1、RS0 两位来选择当前工作寄存器组)、累加器 A、专用寄存器 B、数据指针 DPTR 和位累加器 C 中的内容进行操作的寻址方式。其中 B 只在乘、除法指令中为寄存器寻址,在其他指令中为直接寻址;累加器 A 可作为寄存器寻址,也可作为直接寻址。

在该寻址方式中,指令的操作码中包含了参与操作的工作寄存器 R0 ~ R7 的代码(指令操作码字节的低 3 位表示所寻址的工作寄存器)。

例如:

INC　R5　　; R5←(R5) + 1

该指令是把寄存器 R5 的内容加 1 后再送回 R5。

例如:

ADD　A, R7　　; A←(A) + (R7)

该指令完成把 A 的内容加上 R7 的内容,结果放在 A 中。

例如:

MOV　A, R1　　; A←(R1)

该指令把寄存器 R1 中的内容送到累加器 A 中。若 R1 中存放的操作数为 72H,则指令执行的结果是(A) = 72H。

直接寻址与寄存器寻址的区别,在于直接寻址是以操作数所在的字节地址出现在指令的编码中,占一个字节;而寄存器寻址是把寄存器的编码和操作码放在同一个字节中。

4. 寄存器间接寻址(@ Ri、@ DPTR)

在寄存器间接寻址方式中,指定寄存器中的内容是操作数的地址,该地址对应存储单元的内容才是操作数。寄存器间接寻址用符号"@"表示。访问片外 RAM 时,只可使用 R0,R1 或 DPTR 作为地址指针,而片内的堆栈指针 SP 也必须使用寄存器间接寻址方式。寄存器间接指令不能用于特殊功能寄存器 SFR。

①在访问片内 RAM 或片外 RAM 的低 256 字节(00H ~ FFH)空间时,可用寄存器 R0 或 R1 作寄存器间接寻址。

例如:

MOV　A, @R0

该指令功能:若 R0 中内容为 66H(片内 RAM 地址单元 66H),而 66H 单元中内容是 27H,则执行结果:(A) = 27H。

例如:

MOVX　A, @ R1

该指令是把 R1 中的内容作为片外 RAM 的 8 位地址,将片外 RAM 该地址单元中的数据传送到累加器 A 中去。

例如：

MOVX　@ R0，　A

该指令是把 R0 中的内容作为片外 RAM 的 8 位地址，将累加器 A 中的数据传送到片外 RAM 该地址单元中去。

②在访问片外 RAM 全部 64 KB 空间(0000H ~ FFFFH)时，可用 16 位地址寄存器 DPTR。

例如：

MOVX　A，　@ DPTR

该指令是把 DPTR 中的内容作为片外 RAM 的 16 位地址，将片外 RAM 该地址单元中的数据送到累加器 A 中去。

例如：

MOVX　@ DPTR，　A

该指令是把 DPTR 中的内容作为片外 RAM 的 16 位地址，将累加器 A 中的数据传送到片外 RAM 该地址单元中去。

另外，当执行堆栈操作指令 PUSH 或 POP 时，可用堆栈指针 SP 作间接寻址寄存器，只是 SP 不出现在堆栈操作指令中。

例如：PUSH　ACC　　　；(SP) + 1；(SP)←(A)

指令中累加器 ACC 是直接寻址方式，而堆栈指针 SP 是寄存器间接寻址，但它并不出现在指令中。指令的功能是把 ACC 中的内容送到以 SP 加 1 后的内容为地址的堆栈单元中去。

5. 变址寻址(@ A + PC、@ A + DPTR)

变址寻址方式是以程序指针 PC 或数据指针 DPTR 作为基址寄存器，以累加器 A 作为变址寄存器，两者内容相加(即基地址 + 偏移量)形成 16 位的操作数地址，在 MCS-51 系列单片机的程序中，该寻址方式常用于访问程序存储器和查表。

变址寻址方式有以下两类：

①用程序计数器 PC 作为基地址，累加器 A 作为变址，形成操作数地址：@ A + PC。

例如，执行下列指令：

地址	汇编指令
2100	MOV　A，　#06H
2102	MOVC　A，　@ A + PC
2103	NOP
2104	NOP
⋮	⋮
2109	DB　32H

当执行到 MOVC　A，　@ A + PC 时，当前 PC = 2103H，A = 06H，因此@ A + PC 指示的地址是 2109 H，该指令的执行结果是(A) = 32H。

②用数据指针 DPTR 作为基地址，累加器 A 作为变址，形成操作数地址：@ A + DPTR。

例如：

MOV　DPTR，　#2017H　　　；给 DPTR 赋值

MOV　A，　#86H　　　　　；给 A 赋值

MOVC　A，　@ A + DPTR　　；变址寻址方式 A←(A + DPTR)

这 3 条指令的执行结果是将程序存储器 209DH 地址单元的内容传送到 A 中。

例如，执行下列指令：

```
MOV   DPTR,  #TABLE
MOV   A,  #01H
MOVC  A,  @A + DPTR
TABLE:DB    05H
      DB    02H
```

上面程序中，变址偏移量(A) =01H，基地址为表的首地址 TABLE，指令执行后将地址为 TABLE +01H 程序存储器单元的内容传送给 A，所有执行结果是(A) =02H。

6. 相对寻址(rel)

相对寻址是以程序计数器 PC 的当前值作为基地址，与指令中给定的相对偏移量 rel 的值进行相加，形成相对寻址的地址。相对寻址主要用于实现程序的分支转移。

与变址寻址方式不同，相对偏移量 rel 是一个用补码表示的 8 位有符号数，程序的分支转移范围在相对当前 PC 值的 −128 ～ +127。

例如：

```
SJMP  08H    ;双字节指令
```

设 PC =2000H 为该指令的地址，则 PC 的当前值为 2002H，转移目标地址为

(2000H +02H) +08H =200AH

例如：

```
JZ  rel    ;若(A) =0 时，跳转 PC←(PC) +2 +rel
           ;若(A) ≠0 时，则 PC←(PC) +2，程序顺序执行
```

这是一条累加器判零跳转指令，是双字节指令。

指令执行完后，PC 当前值为该指令首字节所在单元地址 +2，所以，

目的地址 = 当前 PC 的值 +rel

在程序中，目的地址常以标号表示，在汇编时由汇编器将标号汇编为相对偏移量，但标号的位置必须保证程序的转移范围在相对当前 PC 值的 −128 ～ +127。

例如：

```
JNZ  LOOP   ;若(A) ≠0 时，跳转到标号 LOOP 处执行，即 PC←( LOOP = ( (PC) +2 +
rel) )
```

7. 位寻址(Cy)

在 MCS-51 系列单片机中，有独立的性能优越的布尔处理器，包括位变量操作运算器、位累加器和位存储器，可对位地址空间的每个位进行位变量传送、状态控制、逻辑运算等操作。布尔变量操作(也称为位操作)类指令共有 17 条，这些位操作指令采用了位寻址方式来获得操作数。

位寻址是把 8 位二进制数中的某一位作为操作数的位地址的寻址方式，这种寻址方式与直接寻址方式的格式和执行过程基本相同，但是操作数是 1 位而不是 8 位。

可位寻址的范围包括：一是片内 RAM 地址空间的可位寻址区，字节范围是 20H ～2FH，共 16 个 RAM 单元，即 128 位；二是某些可位寻址的特殊功能寄存器 SFR，其特征是它们的物理地址能被 8 整除，共 11 个，即 88 位。

位寻址给出的是直接地址。

为了方便使用,位地址可用不同的方式来表示,常用的方式表示有以下几种:

- 直接使用 00H ~ FFH 中的位地址来表示。这种方式使用起来不是很方便。
- 采用第几单元第几位的方式来表示。例如,20H.1 表示 20H 单元的第 1 位。
- 对于位寻址的特殊功能寄存器,可直接用寄存器名加位数来表示。例如,TCON.3,A.7 等。

例如:

MOV　C,　07H　　；C←(07H)

07H 是片内 RAM 的位地址空间的 1 个位地址,该指令的功能是将 07H 内的操作数位传送到位累加器 C 中,若(07H) = 1,则指令执行结果 C = 1。

例如:

MOV　C,　20H.1　　；C←(20H.1)

20H.1 是片内 RAM 字节单元 20H 的第 1 位,该指令的功能是将 20H 单元的第 1 位传送到位累加器 C 中。

例如:

MOV　C,　TCON.3　　；C←(TCON.3)

TCON.3 是特殊功能寄存器 TCON 的第 3 位,相应位地址是 8BH,该指令的功能是将特殊功能寄存器 TCON 的第 3 位传送到位累加器 C 中。

例如:

SETB　EX0

EX0 是 IE 寄存器的第 0 位,相应位地址是 A8H,指令的功能是将 EX0 位置 1,指令执行的结果是 EX0 = 1。

3.3　MCS-51 单片机指令系统

3.3.1　数据传送类指令(29 条)

1. 数据传送类指令的特点

数据传送指令主要用来给 8051 系统的内部和外部资源赋值,进行堆栈的存取操作等,包括数据的传送、交换、堆栈数据的压入与弹出,是最基本、最常用、使用率最高的一类指令,共有 29 条,源助记符有 MOV、MOVC、MOVX、XCH、XCHD、SWAP、PUSH、POP 共 8 种。

可以通过累加器进行数据传送,还可以在数据存储器之间或工作寄存器与数据存储器之间直接进行数据传送。可作为目的操作数的有:累加器 A、工作寄存器 Rn、直接地址 direct、间接地址@ Ri 以及 DPTR。

2. 数据传送类指令

1)片内数据传送指令(MOV 类指令)

MOV 是内部数据传送指令,是寄存器之间、寄存器与通用存储区之间的数据传送。MOV

类指令格式：

    MOV   目的操作数， 源操作数

    功能：从源操作数到目的操作数的数据传送，源操作数保持不变。

    (1)以累加器 A 为目的操作数的指令(4 条)

    这类指令的特点是目的操作数都是累加器 A，共有如下 4 条指令，该组指令的功能是把源操作数传送给累加器 A：

    MOV A， Rn   ;A←(Rn)， n = 0 ~ 7， 源操作数为寄存器寻址

    寄存器寻址，将 Rn 的内容传入 A 中

    MOV A， direct   ;A←(direct)， 源操作数为直接寻址

    直接寻址，将直接地址 direct 单元的内容传入 A 中

    MOV A， @Ri   ;A←((Ri))， i = 0、1， 源操作数为寄存器间接寻址

    间接寻址，将 Ri 的内容做地址，再将这个地址单元的内容传入 A 中

    MOV A， #data   ;A←#data， 源操作数为立即寻址

    立即寻址，将立即数 data 传入 A 中

    以上 4 条指令对 PSW 中的奇偶标志位 P 有影响。指令执行完后，若 A 中有奇数个 1，则 P = 1，若有偶数个 1，则 P = 0。

    例 3.1 已知 R1 = 30H，R6 = 0B3H，(14H) = 58H，(30H) = 0D8H，执行如下指令后，累加器 A 中的内容分别是多少？

    MOV A， R6

    MOV A， 14H

    MOV A， @R1

    MOV A， #14H

    执行以上指令后：累加器 A 的内容分别为 0B3H、58H、0D8H、14H。

    (2)以当前工作寄存器 Rn 或以@Ri 为目的操作数的指令(6 条)

    这类指令的功能是把源地址单元中的内容送到当前工作寄存器 Rn 或@Ri 中去，源操作数不变。它们各自有 3 条指令。注意：在 MCS-51 系列单片机指令系统中，源操作数和目的操作数不能同时为 Rn 或@Ri；也不能一个为 Rn，另一个为@Ri。Rn 可在 R0 ~ R7 中选定，Ri 只可在 R0、R1 中选定。

    MOV Rn， A   ;Rn←(A)

    特殊寄存器寻址，A 的内容送入寄存器 Rn 中

    MOV Rn， direct   ;Rn←(direct)

    直接寻址，单元地址 direct 的内容送入寄存器 Rn 中

    MOV Rn， #data   ;Rn←#data

    立即寻址，把立即数 data 送入寄存器 Rn 中

    MOV @Ri， A   ;((Ri))←(A)

    将 A 的内容送到寄存器 Ri 的内容为地址的单元中

    MOV @Ri， #data   ;((Ri))←#data

    数 data 送到寄存器 Ri 的内容为地址的单元中

    MOV @Ri， direct   ;((Ri))←(direct)

地址为 direct 单元的内容送到寄存器 Ri 的内容为地址的单元中

例 3.2　指令:MOV　@R0,　36H;当 R0 的内容为 47H,地址 36H 单元的内容为 58H,则该指令把数 58H 送到地址 47H 单元中去。当指令是:MOV　R0,　36H,则指令把数 58H 送到 R0 中。

例 3.3　假设(40H)=79H,请问执行以下指令后相应寄存器的值。

① MOV R7,　#40H

② MOV R7,　40H

③ MOV A,　#12H

　　MOV R0,　A

解:

①程序执行结果(R7)=40H

②程序执行结果(R7)=79H

③程序执行结果(R0)=12H

例 3.4　请判断以下指令的正确性。

① MOV　@R0,　R7

② MOV　@R7,　#29H

③ MOV　@R0,　#1234H

④ MOV　@R0,　#29H

解:

①错误,不允许两个寄存器之间直接传送信息。

②错误,间址寄存器只有@R0 和@R1。

③错误,MCS-51 系列单片机的间址寄存器指向的空间为 8 位,不能存储 16 位的数据。

④正确,满足格式 MOV　@Ri,　#data。

例 3.5　假设(40H)=79H,(79H)=3FH,请给出以下指令的执行结果。

① MOV　@R0,　#40H

　　MOV A,　@R0

② MOV R0,　40H

　　MOV A,　@R0

③ MOV　@R0,　40H

　　MOV A,　@R0

解:

①程序执行结果 A=40H

②程序执行结果 A=3FH

③程序执行结果 A=79H

(3)以直接地址为目的操作数的指令(5 条)

这类指令的目的操作数是直接地址 direct,源操作数有 A/#data/Rn/@Ri/direct,共有如下 5 条指令,用来实现在两个片内 RAM 单元或者专用寄存器 SFR 之间的数据传送。

MOV　direct,　#data　;(direct)←#data

立即寻址,将立即数#data 送入到地址 direct 单元中

61

MOV　direct,　A　;(direct)←(A)

特殊寄存器寻址,A 的内容送到地址 direct 单元中

MOV　direct,　@Ri　;(direct)←((Ri))

寄存器间接寻址,@Ri 间接地址的内容送到地址 direct 单元中

MOV　direct,　Rn　;(direct)←(Rn)

寄存器寻址,Rn 的内容送到地址 direct 单元中

MOV　direct,　direct　;(direct)←(direct)

直接寻址,一地址单元的内容送到另一地址单元中

例如:MOV　50H,　R4

若(R4)=18H,则执行指令后有(50H)=18H,(R4)=18H。

又如:MOV　30H,　@R0

若(R0)=28H,(28H)=18H,则执行指令后有(30H)=18H,(R0)=28H,(28H)=18H。

例 3.6　编写程序实现交换片内 RAM 40H 与 50H 的内容。

方法一:40H 和 50H 单元中都装有数,要把其中的数交换必须使用第三个存储单元对其中的一个数进行缓冲,可选用累加器 A 作为这个缓冲存储单元,相应的程序如下:

MOV　A,　40H　;把 40H 单元中的内容传到累加器 A 中

MOV　40H,　50H　;把 50H 单元中的内容传到地址单元 40H 中

MOV　50H,　A　;再把 A 中的内容传到 50H 中实现数据交换

方法二:

MOV　R0,　40H

MOV　A,　50H

MOV　50H,　R0

MOV　40H,　A

例 3.7　设片内 RAM(30H)=40H,(40H)=10H,(10H)=00H,(P1)=0CAH,分析以下程序执行后各单元及寄存器和 P2 口的内容。

MOV　R0,　#30H

MOV　A,　@R0

MOV　R1,　A

MOV　B,　@R1

MOV　@R1,　P1

MOV　P2,　P1

MOV　10H,　#20H

执行后的结果:(R0)=30H,(R1)=(A)=40H,(B)=10H,(40H)=(P1)=(P2)=0CAH,(10H)=20H。

例 3.8　编写程序实现读取输入端口 P1 的值并存入片内 RAM 40H 内。

方法一:

MOV　P1,　#0FFH

MOV　A,　P1

MOV　40H,　A

方法二：

MOV　P1，#0FFH

MOV　40H，P1

至此，我们介绍了 3 类数据传送指令共 15 条，图 3-1 给出了这些片内数据传送类指令之间的传送关系，以方便大家学习和记忆这些指令，图中的箭头表示数据传送的方向。

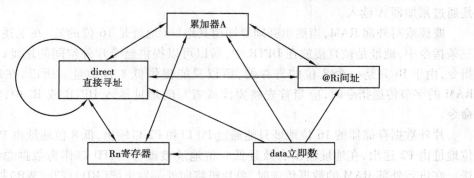

图 3-1　MCS-51 系列单片机片内数据传送类指令之间的传送关系

（4）以 DPTR 为目的操作数的 16 位立即数传送指令（1 条）

MOV　DPTR，#data16　　　　　　　;data16→DPTR,16 位常数送入数据指针 DPTR 中高 8
　　　　　　　　　　　　　　　　　　　　　　　位送入 DPH，低 8 位送入 DPL

MCS-51 系列单片机是一种 8 位机，这是唯一的一条 16 位数据传送指令，它的功能是把 16 位立即数传送至 16 位数据指针寄存器 DPTR。请特别注意这条三字节的指令的编码形式。第一字节为操作码(90H)，第二字节为立即数的高 8 位送入 DPH，第三字节为立即数的低 8 位送入 DPL。以后这个 16 位数将作为数据地址使用。

例如：执行指令 MOV　DPTR，#2017H

表示把 16 位常数装入数据指针，其中(DPH) = 20H，(DPL) = 17H。

反之，如果分别向 DPH，DPL 送数，则结果也一样，如有下面两条指令：

MOV　DPH，#20H

MOV　DPL，#17H

则就相当于执行了：

MOV　DPTR，#2017H

2）片外数据存储器传送指令（4 条）

MCS-51 系列单片机专用于访问片外数据存储器的指令只有 4 条：

MOVX　A，@DPTR　　　　　　;A←((DPTR)),读外部 RAM/IO,为寄存器间接寻址

DPTR 的内容为 16 位地址的外部 RAM 单元，指令将这个地址中的内容送入 A 中。

MOVX　A，@Ri　　　　　　　;A←((Ri)),读外部 RAM/IO,为寄存器间接寻址

Ri 的内容为低 8 位地址的外部 RAM 单元，指令将这个地址中的内容传送到 A 中。

MOVX　@DPTR，A　　　　　　;((DPTR))←(A),写外部 RAM/IO

A 的内容送到@DPTR 的内容为 16 位地址的外部 RAM 单元中。

MOVX　@Ri，A　　　　　　　;((Ri))←(A),写外部 RAM/IO

A 的内容送到@Ri 的内容为 8 位地址的外部 RAM 单元中。

以 DPTR(16 位)作间接寻址时,用于访问外部 RAM 的全部 64 KB 区,地址范围是 0000H ~ FFFFH;以 Ri(8 位)作间接寻址时,用于访问外部 RAM 的低地址区,即最多只能访问 256 个外部 RAM 存储单元,其地址范围是 0000H ~ 00FFH。

MCS-51 系列单片机内部与片外数据存储器是通过累加器 A 进行数据传送的。所有需要送入外部 RAM 的数据必须要通过 A 送去,同样地,所有要读入的外部 RAM 中的数据也必须是通过累加器 A 读入。

要读或写外部 RAM,当然也必须要知道其地址(地址是 16 位的)。在上述的第一条和第三条指令中,地址是被直接放在 DPTR 中,所以可以提供整个片外空间的地址;而剩下的两条指令,由于 Ri 只是一个 8 位的寄存器,所以只能提供低 8 位地址。所以,在编程使用外部 RAM 的字节传送指令时,应当首先将要读或者写的地址送入 DPTR 或 Ri 中,然后再用读写命令。

片外数据存储器的 16 位地址只能通过 P0 口和 P2 口输出,低 8 位地址由 P0 口送出,高 8 位地址由 P2 送出,在地址输出有效且低 8 位地址被锁存后,P0 口作为数据总线进行数据传送。在进行外部 RAM 的数据传送时,单片机将向外部发出读(RD)或写(WR)控制信号。

例如:将外部 RAM 的 8000H 单元的内容传送至 A。

MOV　DPTR,　#8000H

MOVX　A,　@DPTR

例 3.9　编程实现:①将片外数据存储器 2000H 单元的内容传送到片内的 20H 单元中;②将片外数据存储器 2000H 单元的内容传送到片外 0FAH 单元。

程序如下:①MOV　DPTR,　#2000H

　　　　　　MOVX　A,　@DPTR

　　　　　　MOV　20H,　A

　　　　②MOV　DPTR,　#2000H

　　　　　　MOVX　A,　@DPTR

　　　　　　MOV　R0,　#0FAH

　　　　　　MOVX　@R0,　A

例 3.10　设工作寄存器 R0 的内容为 21H,R1 的内容为 49H,(P2)=5DH,片外 RAM 的 5D49H 单元的内容为 88H,执行下列指令:

MOVX　A,　@R1　　　　　;将数 88H 送到 A 中(以 R1 寄存器间接寻址的片外 RAM 的 5D49H 单元内容 88H 送入 A 中)

MOVX　@R0,　A　　　　　;将数 88H 送到外部 RAM 的 5D21H 单元中

结果为把 88H 送入累加器 A 和外部 RAM 的 5D21H 单元中。

通过例 3.10,我们知道对于单字节寻址指令,若以当前寄存器区 Ri 的内容作低 8 位地址,地址与数据分时从 P0 口输出,那么此时高 8 位地址将由 P2 口默认给出。虽然这种形式最多只可以访问 256 个外部 RAM 存储单元,但实际上也是 16 位地址在起作用。如果与存储器扩展电路相配合,用 P2 口输出高位地址,那么,即使使用单字节 MOVX 指令,也能在 64 KB 地址范围内访问外部 RAM。

例 3.11　设外部 RAM(0203H)=0FFH,分析以下指令连续执行后的结果。

MOV　DPTR,　#0203H　　　　　;将要读的外 RAM 地址首先送入 DPTR 中

MOVX A，@ DPTR

MOV 30H， A

MOV A，#0FH

MOV @ DPTR， A

执行结果为：(DPTR)=0203H,(30H)=0FFH,(0203H)=(A)=0FH。

例3.12 某单片机系统配有2 KB的外部RAM,试设计一程序把第250(0FAH)单元内容传送到04FFH单元。

```
MOV P2，  #00H          ;确定地址00FAH高8位
MOV R0，  #0FAH         ;置地址指针,当数据高位时字母前面加0标识
MOVX A， @ R0           ;读片外数据存储器地址0FAH单元内容到A
MOV DPTR， #04FFH        ;置数据指针
MOVX @ DPTR， A          ;将累加器中内容写入片外数据存储器04FH地址单元中
```

3)程序存储器数据传送指令(2条)

对于程序存储器,8051单片机提供了两条极其有用的查表指令。这两条指令采用变址寻址,以PC或DPTR为基址寄存器,以累加器A为变址寄存器,基址寄存器与变址寄存器内容相加即得到程序存储器某单元的地址值,MOVC指令则把该存储单元的内容传送到累加器A中。因此,MOVC是累加器与程序存储区之间的数据传送指令。它比MOV指令多了一个字母"C",这个"C"就是"Code"的意思,翻译过来就是"代码"的意思,就是代码区(程序存储区)与A之间的数据传送指令。它可以用于内部程序存储区(内部ROM)与A之间的数据传送,也可以用于外部程序存储区(外部ROM)与A之间的数据传送,因为程序存储区内外统一编址,所以一条指令就可以了。

MOVC A， @ A + DPTR   ;A←(A)+(DPTR),累加器A的值再加数据指针寄存器DPTR的值为其所指定地址,将ROM中的数送入A

利用DPTR作基址寄存器,可以很方便地把一个16位地址送到DPTR,实现在整个64 KB程序存储器单元到累加器A的数据传送。数据表格可以存放在程序存储器64 KB地址范围的任何地方。

MOVC A， @ A + PC   ;A←(A)+(PC),累加器A的值再加程序指针PC的值为其所指定地址,将ROM中的数送入A

以PC作为基址寄存器,PC取完该指令操作码时PC会自动加1,指向下一条指令的第一个字节地址,即此时是用(PC)+1作为基址的。另外,累加器A中的内容是8位的无符号数,使得查表范围只能在256个字节范围内,即(PC)+1H ~ (PC)+100H,表格地址空间分配受到限制。不仅如此,使用这条查表指令的时候还需要进行偏移量计算,即MOVC A,@ A + PC指令所在地址与表格存放首地址间的距离字节数的计算,并且需要用一条加法指令进行地址调整。

偏移量计算公式如下：

偏移量 = 表首地址—(MOVC指令所在地址 + 1)

如MOVC指令所在地址(PC)=1FF0H,表首地址为2000H,则偏移量=2000H-(1FF0H+1)=0FH。

例3.13 若要根据累加器A的内容找出由伪指令DB所定义的4个值中的一个。可用下

列程序：

```
2100：     ADD   A，#01H
2100+2：   MOVC  A，@A+PC
2100+3：   RET
2100+4：   START：    DB    66H
                      DB    77H
                      DB    88H
                      DB    99H
```

指令基址寄存器为数据指针 DPTR，表格常数可设置在 64 KB 程序存储器的任何地址空间，而不必像 MOVC A,@A+PC 指令只设在 PC 值以下的 256 个单元中。其缺点是若 DPTR 已有它用，在赋表首地址之前必须保护现场，执行完查表后再予以恢复。

例 3.14　请计算 30H 中数的平方根（30H 中数的取值范围为 1～7），并将结果存入 40H 中。

```
MOV  DPTR，#TABLE
MOV  A，30H
MOVC A，@A+DPTR
MOV  40H，A
TABLE：DB 0,1,4,9,16,25,36,49
```

程序执行过程：设 30H 中的数为 3，送入 A 中，而 DPTR 中的值为表格 TABLE 的首地址，则最终确定的 ROM 单元的地址就是 TABLE+3，也就是到这个单元中去取数，并将取到的结果 9 存入 40H，显然它是 3 的平方根。其他数据也可以类推。

4）数据交换指令（5 条）

数据交换指令有以下形式：

（1）字节交换指令

```
XCH  A，Rn          ；A 的内容与 Rn 的内容交换
XCH  A，@Ri         ；A 的内容与（Ri）的内容交换
XCH  A，direct      ；A 的内容与（direct）的内容交换
```

例 3.15　请判断以下指令是否正确。

①XCH A，R4

②XCH R4，A

③XCH A，#34H

④XCH A，34H

解：

①正确，满足格式 XCH A，Rn。

②错误，字节交换指令只能以 A 作为目的操作数。

③错误，参与字节交换指令运算的目的操作数及源操作数在空间上应为对等的，字节交换指令基于两个存储空间来进行，不能与立即数交换。

④正确，满足格式 XCH A，direct。

例 3.16　设（R0）=20H，（A）=3FH，（20H）=75H，执行指令

XCH　A，@R0

将使(A) =75H,(20H) =3FH,实现了累加器 A 和内部 RAM 20H 单元内容的互换。

(2)低半字节交换指令

XCHD　A，@Ri　　;将累加器 A 的低 4 位与间接地址的低 4 位互换,高四位保持不变

例3.17　设 R1 的内容为 30H,A 的内容为 67H,内部 RAM 中 30H 的内容为 84H,执行指令

XCHD　A，@R1

结果:(A) =64H,(30H) =87H。

(3)累加器 A 的高、低半字节交换指令

SWAP　A　　;A 的低四位与高四位互换

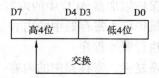

它的功能是将累加器 A 的高 4 位和低 4 位内容交换,并且不影响标志位。这条指令主要用于有关 BCD 码数的转换操作中,例如,当 A 的内容为 36H 时,执行 SWAP　A 后 A 的内容为 63H。

例3.18　设单片机内 RAM(R0) =30H,(30H) =4AH,(A) =28H,则分别执行如下指令后的结果:

XCH　A，@R0　　　;执行完这条指令后,(A) =4AH,((R0)) =(30H) =28H

XCHD　A，@R0　　;执行完这条指令后,(A) =2AH,((R0)) =(30H) =48H

SWAP　A　　　　　;执行完这条指令后,(A) =82H

例3.19　试用交换指令使片内 20H 单元的高 4 位与 21H 单元的低 4 位交换。

程序如下:　　　MOV　A,20H

　　　　　　　　SWAP　A

　　　　　　　　MOV　R1,#21H

　　　　　　　　XCHD　A,@R1

　　　　　　　　SWAP　A

　　　　　　　　XCH　A,20H

5)堆栈操作指令(2 条)

MCS-51 系列单片机片内 RAM 中可以设定一个后进先出(LIFO – Last In First Out)、先进后出的区域称作堆栈。堆栈操作指令一般用于中断处理过程中,若需要保护现场数据(如内部 RAM 单元的内容),可使用入栈指令,中断处理过程执行完后,再使用出栈指令恢复现场数据。堆栈由栈区和栈顶指针组成,堆栈有两种操作——压栈(进栈)和弹栈(出栈),它们均只能在栈顶进行,共有 2 条:

PUSH　　　direct　　　　;SP←(SP) +1(先指针加 1)

　　　　　　　　　　　　;(SP)←(direct)(再压栈)

POP　　　　direct　　　　;(SP)←(direct)(先弹出)

　　　　　　　　　　　　;SP←(SP) –1(再指针减 1)

这两条指令均为直接寻址方式。PUSH 指令是入栈(或称压栈或进栈)指令,就是将 direct 中的内容送入堆栈中。指令规则是先将 SP 中的值加 1,然后把 SP 中的值当作地址,指向新的栈顶单元,再把 direct 中的值送到以 SP 中的值为地址的 RAM 单元中去。压栈指令会改变堆栈区中的数据。

POP 是出栈(或称弹出)指令,其功能是先将堆栈指针 SP 所指示的单元内容弹出到直接寻址 direct 单元中,然后将 SP 的内容减 1,SP 始终指向栈顶,其操作过程恰巧和入栈指令相反。无论是入栈指令还是出栈指令,请大家记住,SP 当中的内容是堆栈的地址。一般 SP 的值可以设置为 1FH 以上的片内 RAM 单元。注:由于复位后,SP 的值为 07H,这就会出现堆栈区与工作寄存器区两者重叠。为此,必须在程序的开头部分通过指令重新定义堆栈区域。如 MOV SP,#70H。堆栈操作过程不影响任何标志位。

例如:PUSH   ACC   ;保护累加器 ACC 中的内容
       PUSH   PSW   ;保护标志寄存器中的内容
                          ;执行服务程序
       POP   PSW   ;恢复标志寄存器中的内容
       POP   ACC   ;恢复累加器 ACC 中的内容

该程序执行后,累加器 ACC 和 PSW 寄存器中的内容可得到正确的恢复。

若为:PUSH   ACC
       PUSH   PSW
       POP   ACC
       POP   PSW

则执行后,将使得 ACC 和 PSW 中的内容互换。

在数据传送类操作中应注意以下几点:

①除了用 POP 或 MOV 指令将数据传送到 PSW 外,传送操作一般不影响标志位。

②执行传送类指令时,把源地址单元的内容送到目的地址单元后,源地址单元中的内容不变。

③对特殊功能寄存器 SFR 的操作必须使用直接寻址,也就是说,直接寻址是访问 SFR 的唯一方式。

④对于 8052 单片机内部 RAM 的 80H ~ FFH 单元只能使用 @Ri 间接寻址方式访问。

⑤将累加器 ACC 压入堆栈或弹出堆栈时,应使用 PUSH   ACC 和 POP   ACC 指令,不能使用 PUSH   A 和 POP   A 指令。否则,程序编译会出错。

例 3.20

①当(SP) = 60H,(A) = 30H,(B) = 70H 时,执行下列指令:

PUSH   A   ;SP←(SP) + 1 = 61H,61H←(A)
PUSH   B   ;SP←(SP) + 1 = 62H,62H←(B)

执行后的结果:(61H) = 30H,(62H) = 70H,(SP) = 62H。

②当(SP) = 62H,(62H) = 70H,(61H) = 30H 时,执行下列指令:

POP   DPH   ;DPH←((SP)),SP←(SP)—1
POP   DPL   ;DPL←((SP)),SP←(SP)—1

执行后的结果:(DPTR) = 7030H,(SP) = 60H。

3.3.2　算术运算类指令(24 条)

1. 算术运算类指令特点

MCS-51 系列单片机算数运算类指令一共有 24 条,该类指令主要完成加、减、乘、除四则运算,以及加 1、减 1 和十进制调整操作。这类指令只针对 8 位的无符号数,若要进行带符号数或者多字节数运算,只有通过编程的方法实现。在这 24 条指令中,除了加 1 和减 1 指令外,其余指令在算术运算过程中,都会对 PSW 的进位标志、奇偶标志和溢出标志等产生影响。

算术运算类指令用到的助记符有 ADD、ADDC、SUBB、INC、DEC、DA、MUL 和 DIV 8 种。

注:由于执行算术运算指令时可影响程序状态字 PSW 中的 Cy,而在这之前形成的 Cy 的值与本指令运算无关,因此必须在操作指令之前将 Cy 置 0。

2. 加法指令

加法指令的运算结果会影响溢出 OV,进位 Cy,辅助进位 AC 和奇偶标志 P。

(1)不带进位的加法指令(4 条)

```
ADD  A,  #data    ;A←(A) + #data      立即寻址
ADD  A,  direct   ;A←(A) + (direct)   直接寻址
ADD  A,  Rn       ;A←(A) + (Rn)       寄存器寻址
ADD  A,  @Ri      ;A←(A) + ((Ri))     寄存器间接寻址
```

ADD 指令的功能就是把源字节变量与累加器 A 的内容相加,结果存放在累加器 A 中。通常,8 位数据可以用 D7D6D5D4D3D2D1D0 来表示。请大家特别注意使用 ADD 指令后会出现的如下几种情况:

①当和的 D7 有向更高位进位时,则 PSW 中的 Cy 被置 1,否则 Cy 的值为 0。

②当和的 D3 有向高位 D4 位进位时,则 PSW 中的 AC 被置 1,否则 AC 的值为 0。

③当无符号数相加时,若 Cy 位为 1,说明有溢出(大于 255),在默认条件下,单片机只能进行二进制数运算,但由于日常需要进行十进制数或负数运算,则可根据标志位的变化通过软件换算出结果。通常,把一个 8 位带符号数的最高位看成符号位,这样它只有 7 位有效数字,两个带符号数相加是否产生溢出,取决于和的第 D7 位或第 D6 位的进位情况。当和的第 D7 位或第 D6 位只有一个有进位时,OV = 1(即 OV = D7⊕D6),此时表示有溢出(运算结果超过数值所允许的范围 − 128 ~ + 127)。

另外,也可以通过如下的规律来判断 OV 的值。即如果两个带符号数相加,可能出现两个负数相加得到正数,或者两个正数相加得到负数的情况时,OV = 1。

④当累加器 A 中有奇数个 1 时,P = 1,若是有偶数个 1,则 P = 0。

例 3.21　已知(A) = 53H,(R0) = 0FCH,执行指令:

$$ADD \qquad A,R0$$

结果为:(A) = 4FH,Cy = 1,Ac = 0,OV = 0,P = 1。

注意:上面的运算中,由于位 6 和位 7 同时有进位,所以标志位 OV = 0。

例 3.22　已知(A) = 85H,(R0) = 20H,(20H) = 0AFH,执行指令:

$$ADD \qquad A,@R0$$

结果为:(A) = 34H,Cy = 1,Ac = 1,OV = 1,P = 1。

注意:由于位 7 有进位,而位 6 无进位,所以标志位 OV = 1。

例 3.23 设(A) = 32H,(30H) = 3FH。请给出执行如下指令后的结果。

    MOV   A, #32H
    MOV   30H, #3FH
    MOV   R0, #30H
    ADD   A, @ R0

运算过程如下:

$$
\begin{array}{r}
0\ 0\ 1\ 1\ 0\ 0\ 1\ 0\ (A) = 32H \\
+\ 0\ 0\ 1\ 1\ 1\ 1\ 1\ 1\ (30H) = 3FH \\
\hline
0\ 1\ 1\ 1\ 0\ 0\ 0\ 1\ (A) = 71H
\end{array}
$$

执行结果:(A) = 71H,Ac = 1,Cy = 0,OV = 0,P = 0。

(2)带进位加法指令(4 条)

带进位加法指令有以下形式:

ADDC   A,   Rn   ;A←(A) + (Rn) + (Cy)

ADDC   A,   @ Ri   ;A←(A) + ((Ri)) + (Cy)

ADDC   A,   direct ;A←(A) + (direct) + (Cy)

ADDC   A,   #data ;A←(A) + #data + (Cy)

ADDC 指令的功能:将指令中指出的源操作数与 A 的内容及进位标志位 Cy 的值相加,结果存放在 A 中。该指令运算过程同样会对 PSW 中的标志位有所影响,影响过程与 ADD 指令完全相同。此类指令常用于多字节加法运算中,多字节数相加必须使用该指令,以保证低位字节的进位加到高位字节中。

例 3.24 设累加器 A 内容为 0AAH,R0 内容为 55H,C 内容为 1,执行指令:

$$ADDC \quad A, \quad R0$$

结果为:(A) = 00H   AC = 1,CY = 1,OV = 0。

例 3.25 设累加器 A 内容为 35H,P1 口的内容为 48H,C = 0 则执行指令:

$$ADDC \quad A, \quad P1$$

结果为:(A) = 7DH   AC = 0,CY = 0,OV = 0,这和执行指令:ADD   A,   P1 的结果是相同的。

例 3.26 已知(A) = 0C3H,(R0) = 0AAH,Cy = 1,执行指令:ADDC   A,   R0

    (A)11000011   ;看成带符号数位 - 3DH(100H - 0C3H),此为补码运算
     (R0)10101010   ;看成带符号数为 - 56H(100H - 0AAH)
    + (C)   1   ;低位送来的进位为 1 或 C 的内容为 1
     ────────────
     1   01101110   ;规定带符号数的最高位不是数,而是符号"负"

结果为:(A) = 6EH,Cy = 1,OV = 1 或看成带符号运算 - 3DH + (- 56H) + 1 = - 92H。

本例中,若操作数为无符号数,则结果为 366(十六进制数为 16EH),若是带符号数参与运算,因最高位为符号位,则结果为 - 146(- 92H,补码是 16EH),超过了 8 位带符号数表示范围。注意:由负数的补码参与运算,结果也是补码,负数补码的最高位是 1,可看成符号位。

例 3.27 利用 ADDC 指令可以进行多字节加法运算,设双字节加法中:被加数放 20H,21H 单元,加数放 30H,31H 单元,和存放在 40H,41H 单元,若高字节相加有进位则转 OVER

处执行,可编程序如下:

```
ADD1：    MOV  A，20H        ;取低字节被加数
          ADD  A，30H        ;低位字节相加
          MOV  40H，A        ;结果送40H单元
          MOV  A，21H        ;取高字节被加数
          ADDC A，31H        ;加高字节和低位来的进位
          MOV  41H，A        ;结果送41H单元
          JC   OVER          ;有进位去OVER处执行
OVER：    ……
```

(3)加1指令(5条)

```
INC  A              ;A←(A)+1,A的内容自加1
INC  Rn             ;Rn←(Rn)+1,Rn的内容自加1
INC  direct         ;direct←(direct)+1,地址为direct单元的内容自加1
INC  @Ri            ;(Ri)←((Ri))+1,Ri的内容为地址单元的内容加1
INC  DPTR           ;DPTR←(DPTR)+1,16位数据指针的内容加1
```

INC 指令的功能:把操作数指定的单元或寄存器的内容加1。

INC 指令把所指出的变量加1,结果仍送回原地址单元,原来若为 0FFH,加1后将变成 00H,运算结果不影响任何标志位。

其中只有第 5 条指令执行的是 16 位的无符号数加法。在执行时,先对数据指针的低 8 位 DPL 内容加1,当有溢出时,再把 DPH 内容加1。这是唯一的一条 16 位寄存器加1指令。

例3.28　设(R0)=7EH,(7EH)=0FFH,(7FH)=38H,(DPTR)=10FEH。试逐条分析执行下列指令后各单元的内容。

```
INC  @R0            ;(7EH)=00H
INC  R0             ;(R0)=7FH
INC  @R0            ;(7FH)=39H
INC  DPTR           ;(DPTR)=10FFH
INC  DPTR           ;(DPTR)=1100H
INC  DPTR           ;(DPTR)=1101H
```

例3.29　编写程序将片内 RAM 30H 与 31H 内的内容相加后将结果存到片内 RAM 32H 中。

```
程序如下:START:MOV  R0，#30H
               MOV  A，@R0
               INC  R0
               ADD  A，@R0
               MOV  32H，A
```

(4)十进制调整指令(1条)

十进制调整指令有以下唯一形式:

```
DA   A              ;A←(A)(BCD码调整)
```

指令的功能:将存放在 A 中的两个 BCD 码(十进制数)相加的和进行十进制调整,使 A 中

71

的结果为正确的 BCD 码数。

因为单片机运算指令是按二进制加法设计的,8 位二进制运算之后,其结果(累加器 A 中的 8 位二进制数)可以看成两位十六进制数,如 11:0000 1011B(二进制)对应的 BCD 码为 11H(0001 0001B);又如 19:0001 0011B(二进制)对应的 BCD 码为 13H(0001 0011B)。而我们日常生活中用的都是十进制数,当把两个十进制数送入单片机进行十六进制运算,"DA A"指令就是为了把十六进制运算的结果再转化为十进制数这样一个前提下而出现的。

①BCD 码是一种具有十进制权的二进制编码,以二进制形式出现的,但逢十进位。

②两个十进制数的和应在 0~9 之间时,单片机中结果却是在 0~F 之间。

所以"DA A"指令的功能就是对累加器 A 中的 BCD 码加法运算后的结果进行二–十进制调整。当两个压缩的 BCD 码按二进制加法(ADD 或 ADDC)运算后,对其结果(累加器 A 中的 8 位二进制数)必须经过该指令的调整,才能获得压缩的 BCD 码(一个字节存放两位 BCD 码)和数。那有人可能要问,为什么一定要经过这条指令的调整才可以呢? 原因是二进制数的加法运算原则并不能适用于十进制数的加法运算,有时会产生错误结果。例如:

①3 + 6 = 9   0011 + 0101 = 1001   运算结果正确

②7 + 8 = 15   0111 + 1000 = 1111   运算结果不正确

③9 + 8 = 17   1001 + 1000 = 00001 C = 1   结果不正确

上面几个运算出错的原因是 BCD 码只用了二进制其中的 10 个,还有 6 个没用到的编码,即(1010,1011,1100,1101,1110,1111)为无效码。凡结果进入或者跳过无效码编码区时,其结果就是错误的。

调整的方法是把结果加 6 调整,即所谓十进制调整修正。

修正方法如下:

①累加器低 4 位大于 9 或辅助进位位 Ac = 1,则进行低 4 位加 6 修正。

②累加器高 4 位大于 9 或进位位 Cy = 1,则进行高 4 位加 6 修正。

③累加器高 4 位为 9,低 4 位大于 9,则高 4 位和低 4 位分别加 6 修正。

具体是通过执行指令:DA A 来自动实现的。

例 3.30 若有 BCD 码:A = 56H,R5 = 67H,两数相加仍用 BCD 码的两位数表示,结果为 23H。执行指令:

ADD A, R5   ; A←56H + 67H,即(A) = 0BDH

DA A   ; A←23H

由于高、低 4 位分别大于 9,所以要分别加 6 进行十进制调整对结果进行修正。

结果为:(A) = 23H,Cy = 1。

注意:DA A 指令只能用在加法指令(ADD、ADDC 或 INC)之后,DA A 指令影响 Cy,不影响 OV。

例 3.31 六位 BCD 码加法。

设被加数存在内部 RAM 中 32H、31H、30H 单元,加数存于 42H、41H、40H 单元,相加之和存于 52H、51H、50H 单元,若相加有进位(溢出)时转符号地址 OVER 处执行,可编程序如下:

BCDADD: MOV A, 30H   ;第一字节加

ADD A, 40H

DA A

```
        MOV  50H，A          ;存第一字节和(BCD 码)
        MOV  A，31H          ;第二字节加
        ADDC  A，41H
        DA  A
        MOV  51H，A          ;存第二字节和(BCD 码)
        MOV  A，32H          ;第三字节加
        ADDC  A，42H
        DA  A
        MOV  52H，A          ;存第三字节和(BCD 码)
        JC  OVER            ;有进位转 OVER 处执行
```

以上 4 组指令全部都是目的操作数为累加器 A 的加法指令,下面将系统地介绍和减法有关的指令 SUBB 和 DEC。

3.减法指令

(1)带借位减法指令(4 条)

带借位的减法指令的目的操作数都是累加器 A,有以下形式:

```
SUBB  A，Rn          ;A←(A)-(Rn)-(Cy)
SUBB  A，@Ri         ;A←(A)-((Ri))-(Cy)
SUBB  A，direct      ;A←(A)-(direct)-(Cy)
SUBB  A，#data       ;A←(A)-data-(Cy)
```

SUBB 指令的功能:从累加器 A 中减去源操作数指定的内容和标志位 Cy 的内容,结果存入累加器 A 中。从累加器 A 中的内容减去指定的变量和进位标志 Cy 的值,结果存在累加器 A 中。如果位 7 需借位则置"1"Cy,否则将 Cy 位清"0";如果位 3 需借位则置"1"AC,否则将 AC 位清"0";如果位 6 需借位而位 7 不需要借位,或者位 7 需借位,位 6 不需借位,则置"1"溢出标志位 OV(即 OV = C7 ⊕ C6),否则将 OV 位清"0"。

例 3.32　(A) = 0C9H,(R2) = 54H,Cy = 1,执行指令:

SUBB A，R2

结果为:(A) = 74H,Cy = 0,Ac = 0,OV = 1(位 6 向位 7 借位)。

由于减法指令只有一组带借位减法指令,而没有不带借位的减法指令。若要进行不带借位的减法操作,则在减法之前要先用指令使 Cy 清零,即使得 Cy = 0,然后再相减。所用的指令为:

CLR C　　　;Cy←0

它属于布尔操作类指令,这里先拿来用一下。

对于带符号整数作减法运算时,在判断是否溢出时,则有如下判断的规则:

①正数减正数或负数减负数都不可能溢出;

②若一个正数减负数,差为负数(符号位为 1),则一定溢出,使 OV = 1;

③若一个负数减正数,差为正数(符号位为 0),则也一定溢出,使 OV = 1。

例 3.33　已知(A) = 52H,(R0) = 0B4H,分析执行如下指令后的结果:

CLR C

SUBB A，R0

结果为:(A)=9EH,Cy=1,Ac=1,OV=1,P=1。

例3.34 两字节数相减,设被减数放20H,21H单元,减数放30H,31H单元,差放在40H,41H单元,若高字节有借位则转OVER处执行,可编程序如下:

```
SUB1:  CLR   C                ;低字节减无借位 Cy 清 0
       MOV   A，20H           ;初减数送 A
       SUBB  A，30H           ;低位字节相减
       MOV   40H，A           ;结果送 40H 单元
       MOV   A，21H           ;被减数高字节送 A
       SUBB  A，31H           ;高字节相减
       MOV   41H，A           ;结果送 41H 单元
       JC OVER                ;高字节减有借位转 OVER 处执行
       ……
OVER:  ……
       ……
```

(2)减1指令(4条)

减1指令有以下形式:

```
DEC   A          ;A←(A)-1   累加器的值自减 1
DEC   Rn         ;Rn←(Rn)-1  寄存器的值自减 1
DEC   @Ri        ;(Ri)←((Ri))-1  寄存器 Ri 的内容为地址的单元的值自减 1
DEC   direct     ;(direct)←(direct)-1  直接寻址单元的值自减 1
```

DEC指令的功能:减1指令与加1指令的功能恰巧相反,将操作数指定的内容减1,结果还存放在原指定字节中。若操作数为00H,则减1后下溢为0FFH,不影响标志位,只有DEC A影响标志位P。

当DEC指令用来修改端口P0~P1内容时,操作情况与INC指令相同。

例3.35 请判断以下指令是否正确。

① DEC   DPTR

② DEC   #2FH

③ DEC   P0

④ DEC   @R0

解:

① 错误,这类指令中没有对DPTR减1的操作;

② 错误,这类指令不能对立即数进行操作;

③ 正确,符合格式DEC direct;

④ 正确,符合格式DEC @Ri。

例3.36 已知(R0)=7FH,在内部RAM中,(7EH)=00H,(7FH)=60H,分析执行如下指令后的结果:

```
DEC   @R0        ;(7FH)←(7FH)-1=60H-1=5FH
DEC   R0         ;(R0)←(R0)-1=7FH-1=7EH
DEC   @R0        ;(7EH)←(7EH)-1=00H-1=0FFH
```

```
DEC   7EH              ;(7EH)←(7EH)－1 = 0FFH－1 = 0FEH
```

结果为:(R0)=7EH,(7EH)=0FEH,(7FH)=5FH。

例 3.37　执行下述程序:

```
MOV   R1,  #7FH        ;(R1) ← #7FH
MOV   7EH, #00H        ;(7EH) ← #00H
MOV   7FH, #40H        ;(7FH) ← #40H
DEC   @R1              ;(7FH) ← 3FH
DEC   R1               ;(R1) ← 7EH
DEC   @R1              ;(7EH) ← 0FFH
```

结果:(R1)=7EH,(7EH)=0FFH,(7FH)=3FH。

4.乘法指令(1 条)

$$
\text{MUL}\quad\text{AB}\qquad;\text{累加器 A 乘以寄存器 B}:(A)\times(B)=\begin{cases}(A)_{\text{低8位}}\\(B)_{\text{高8位}}\end{cases}
$$

乘法指令为一字节指令,执行时需 4 个机器周期,相当于执行 4 条加法指令的时间。MUL 指令的功能是把累加器 A 和寄存器 B 中的两个 8 位无符号数相乘,16 位乘积又送回 A、B 内, A 中存放低位字节,B 中存放高位字节。

乘法指令执行后会影响 3 个标志位:Cy、OV 和 P。执行乘法指令后,进位标志一定被清除,即 Cy 一定为零,如果乘积大于 255(0FFH),则溢出标志位置 1,否则清 0,奇偶标志仍按 A 中 1 的奇偶性来确定。

例 3.38　已知(A)=50H,(B)=0A0H,分析执行如下指令后的结果:

```
                    MUL   AB          ;BA←A×B
```

结果为:(A)×(B)=3200H,(B)=32H,(A)=00H,(OV)=1,(C)=0,B 中存放运算结果的高 8 位 32H,A 中存放运算结果的低 8 位 00H。

例 3.39　已知两个 8 位无符号乘数分别放在 30H 和 31H 单元中,试编出令它们相乘并把积的低 8 位放入 32H 单元和积的高 8 位放入 33H 单元的程序。

解:这是一个 8 位无符号单字节乘法,故可直接利用乘法指令来实现。相应程序为:

```
        ORG   0100H
        MOV   R0,  #30H       ;R0 - 第一个乘数地址
        MOV   A,   @R0        ;A - 第一个乘数
        INC   R0             ;修改乘数地址
        MOV   B,   @R0        ;B - 第二个乘数
        MUL   AB             ;A×B = BA
        INC   R0             ;修改目标单元地址
        MOV   @R0, A         ;积的低 8 位放入 32H
        INC   R0             ;修改目标单元地址
        MOV   @R0, B         ;积的高 8 位放入 33H
        SJMP  $              ;停机
        END
```

例 3.40　设 6 位被乘数依次存放于(MULTH)=38H、(MULT)=D3H、(MULTL)=C3H,2

75

位乘数存放于(MULT1) = 3FH,求执行以下程序后的结果。

			MULTH	MULT	MULTL
	×				MULT1
				VALUEB	VALUEA
			VALUED	VALUEC	
	+	VALUEF	VALUEE		
		VALUE4	VALUE3	VALUE2	VALUE1

```
START:  MOV    MULTH,#38H        ;被乘数的高位的值为38H
        MOV    MULT,#0D3H        ;被乘数的次高位的值为D3H
        MOV    MULTL,#0C3H       ;被乘数的最低位的值为C3H
        MOV    MULT1,#3FH        ;乘数的值为3FH


        MOV    A,MULTL           ;把被乘数的最低位送给累加器A
        MOV    B,MULT1           ;把乘数送给累加器B
        MUL    AB
        MOV    VALUE1,A          ;把积的低8位送给VALUE1
        MOV    VALUE2,B          ;把积的高8位送给VALUE2


        MOV    A,MULT            ;把被乘数的次高位送给累加器A
        MOV    B,MULT1           ;把乘数送给累加器B
        MUL    AB
        MOV    PSW,#00H          ;清零进位标志位Cy,因为程序此前运行过程中产
                                  生的C的值与本程序无关
        ADD    A,VALUE2          ;把被乘数的最低位相乘产生的高位与被乘数次高
                                  位相乘产生的低位相加
        MOV    VALUE2,A          ;将相加的结果送到VALUE2
        MOV    A,B               ;被乘数次高位相乘产生的高位送给A
        ADDC   A,#00H            ;把A的值与进位相加
        MOV    VALUE3,A          ;将相加结果送给VALUE3


        MOV    A,MULTH           ;把被乘数的最高位送给累加器A
        MOV    B,MULT1           ;把乘数送给累加器B
        MUL    AB
        MOV    PSW,#00H          ;清零进位标志位Cy,因为程序此前运行过程中产
                                  生的C的值与本程序无关
        ADD    A,VALUE3          ;把被乘数的次高位相乘产生的高位与被乘数最高
                                  位相乘产生的低位相加
        MOV    VALUE3,A          ;将相加的结果送到VALUE3
        MOV    A,B               ;被乘数最高位相乘产生的高位送给A
```

```
        ADDC    A,#00H          ;把 A 的值与进位相加
        MOV     VALUE4,A        ;将相加结果送给 VALUE4
```

程序执行结果：

（VALUE1）= FDH，（VALUE2）= 1CH，（VALUE1）= FCH，（VALUE1）= 0DH。

5. 除法指令（1 条）

$$\text{DIV}\quad\text{AB}\qquad;累加器 A 除以寄存器 B：(A)/(B) = \begin{cases} (A)_{商} \\ (B)_{余数} \end{cases}$$

除法指令也是一字节 4 周期指令，按两个无符号数进行相除。DIV 指令的功能：被除数置于累加器 A，除数则置于寄存器 B，把 A 中的 8 位无符号数除以 B 中的 8 位无符号数，相除之后，商存放在 A 中，余数存放在 B 中。

除法指令同样也影响 Cy、OV 和 P 标志。相除之后，Cy 也一定为零。而溢出标志只是在 B 的内容为"0"（即除数为"0"）时才被置 1，因为除数为零时的除法没有意义，故存放结果的累加器 A、寄存器 B 中的内容不定，溢出标志位 OV 被置"1"。其他情况下 OV 都清零。奇偶标志 P 仍按一般规则确定。

例 3.41　设累加器内容为 135（87H），B 寄存器内容为 12（0CH），则执行命令：DIV　AB 将使（A）= 0BH，（B）= 03H，OV = 0，CY = 0

例 3.42　已知被除数和除数分别存放在 R7 和 R6 中，试编程求其商，商存入 R7，余数存入 R6。

```
    MOV  A,   R7
    MOV  B,   R6
    DIV  AB
    MOV  R7,  A
    MOV  R6,  B
```

上述例题说明：

①MCS-51 系列单片机的乘法指令和除法指令都仅适用于 8 位二进制数乘法，若要进行多字节的乘、除运算，还需编写相应的程序；

②乘除法指令需要 4 个周期；

③指令中必须使用 AB。

例 3.43　假设（30H）= DFH，请编写程序分开 30H 内值的个位、十位与百位，并存入 31H ~ 33H 中。

程序如下：

```
START：  MOV  30H,  #0DFH       ;令(30H) = DFH,即(30H) = 223
    MOV  B,   #64H             ;令(B) = 100
    MOV  A,   30H              ;把待拆分数据送给 A
    DIV  AB                    ;因为(B) = 100,故 A 中除得的商的值为百位
    MOV  33H,  A              ;把百位结果放入 33H
    MOV  A,   B               ;把待拆分数据送给 A
    MOV  B,   #0AH            ;令(B) = 10
    DIV  AB                   ;因为(B) = 10,故 A 中除得的商的值为十位
```

```
    MOV   32H，A                    ;把十位结果放入32H
    MOV   31H，B                    ;把个位结果放入31H
```

程序运行结果：

(31H) = 3，(32H) = 2，(33H) = 2。

3.3.3　逻辑运算类指令(24条)

逻辑运算类指令一共有 24 条,所有指令均对 8 位二进制数按位进行逻辑运算,包括对累加器 A 的清零和求反逻辑操作指令,对字节变量的逻辑与、逻辑或、异或操作指令,这些指令一共有 20 条,另外还有 4 条带进位与不带进位循环移位指令。前面所介绍过的高低位互换指令 SWAP 也可以归为此类。在这类指令中,除了以累加器 A 为目标寄存器的指令外,其余指令均不会影响 PSW 标志位。

属于这一类的助记符有 ANL,ORL,XRL,CPL,CLR,RL,RLC,RR,RRC,SWAP,共 10 种。

1. 双操作数逻辑运算指令

(1)逻辑与运算指令(6条)

```
ANL   A，   Rn          ;A←(A)∧(Rn),累加器与寄存器
ANL   A，   @Ri         ;A←(A)∧((Ri)),累加器与寄存器 Ri 的内容为地址的单元
ANL   A，   #data       ;A←(A)∧data,累加器与立即数
ANL   A，   direct      ;A←(A)∧(direct),累加器与直接寻址单元
ANL   direct，  A       ;A←(direct)∧(A),直接寻址单元与累加器
ANL   direct，  #data   ;A←(direct)∧data,直接寻址单元与立即数
```

ANL 指令的功能:将源操作数和目的操作数按对应位进行逻辑与运算,并将结果存入目的地址(前 4 条指令为 A,后 2 条指令为直接寻址的 direct 单元)中。

与运算规则是:与"0"相与,本位为"0"(即屏蔽);与"1"相与,本位不变。

例 3.44　已知(P1) = 0C5H,执行完如下操作后,请分析结果。

$$ANL\quad P1，\quad \#0FH$$

分析：

	(P1)	0C5H	1100 0101B
ANL	立即数	0FH	0000 1111B
	(P1)	05H	0000 0101B

结果:(P1) = 05H。

归纳:逻辑"与"指令常用于屏蔽(置0)字节中某些位。若要清除某位,则用"0"与该位相与;若要保留某位不变,则用"1"和该位相与。

(2)逻辑或运算指令(6条)

```
ORL   A，   Rn          ;A←(A)∨(Rn),累加器或寄存器
ORL   A，   @Ri         ;A←(A)∨((Ri)),累加器或寄存器 Ri 的内容为地址的单元
ORL   A，   #data       ;A←(A)∨data,累加器或立即数
ORL   A，   direct      ;A←(A)∨(direct),累加器或直接寻址单元
ORL   direct，  A       ;A←(direct)∨(A),直接寻址单元或累加器
```

ORL   direct,   #data   ;A←(direct)∨data,直接寻址单元或立即数

ORL 指令的功能:将源操作数和目的操作数按对应位进行逻辑或运算,并将结果存入目的地址(前 4 条指令为 A,后 2 条指令为直接寻址的 direct 单元)中。

或运算规则是:与"1"相或,本位为"1";与"0"相或,本位不变。

例 3.45   已知(A) =0C0H,(R0) =3FH,(3FH) =0FH,执行完如下操作后,请分析结果。

$$ORL \quad A, \quad @R0$$

分析:

	(A)	0C0H	1100 0000B
ORL	((R0))	0FH	0000 1111B
	(A)	0C0H	1100 1111B

结果:(P1) =0CFH。

归纳:逻辑"或"指令常用于使字节中某些位置"1",而其他位保持不变。若欲某位置 1,则用"1"与其相或;若要保留某位不变,则用"0"与其相或。

例 3.46   试将累加器 A 中的低 3 位内容传送到 P1 口,并保持 P1 口的高 5 位的数据不变。

ANL   A,   #07H   ;屏蔽 A 中的高 5 位

ANL   A,   #0F8H   ;保持 P1 口的高 5 位

ORL   P1,   A   ; A 中的低 3 位和 P1 口的高 5 位数据组合

(3)逻辑异或运算指令(6 条)

XRL   A,   Rn   ;A←(A)⊕(Rn)   累加器异或寄存器

XRL   A,   @Ri   ;A←(A)⊕((Ri))   累加器异或内部 RAM 单元

XRL   A,   direct   ;A←(A)⊕(direct)   累加器异或直接寻址单元

XRL   A,   #data   ;A←(A)⊕data   累加器异或立即数

XRL   direct,   A   ;(direct)←(direct)⊕(A)   直接寻址单元异或累加器

XRL   direct,   #data   ;(direct)←(direct)⊕data   直接寻址单元异或立即数

XRL 指令的功能是:将源操作数和目的操作数按对应位进行逻辑异或运算,结果存放在目的操作数当中(前 4 条指令为 A,后 2 条指令为直接寻址的 direct 单元)中。

异或运算的运算规则是:与"1"异或,本位为非(即求反);与"0"异或,本位不变。

逻辑与、或、异或三种基本操作指令格式和寻址方式都是一样的。

前 4 条完成累加器 A 与立即数、内部存储器之间的逻辑操作,后 2 条完成直接地址单元(内部 RAM、SFR)与累加器 A、立即数之间的逻辑操作。

例 3.47   已知(A) =0B5H,执行完如下操作后,请分析结果。

XRL   A,   #0F0H   ;累加器 A 的高 4 位取反,低 4 位不变,(A) =01000101B =45H

MOV   30H,   A   ;(30H) =(A) =45H

XRL   A,   30H   ;自身异或使 A 内容清零

归纳:逻辑"异或"指令常用来对字节中某些位进行取反操作,其他位保持不变。若欲对某位取反,则用"1"与其相异或;若要保留某位不变,则用"0"与其相异或。若利用异或指令对

某个单元自身进行异或即实现清零操作。

例 3.48 假设(A) = F6H,R0 = 30H,(30H) = 5DH,求执行以下程序后累加器 A 中的值。

```
MOV   A,  #0F6H
MOV   R0,  #30H
MOV   30H,  #5DH
XRL   A,  @R0
```

分析:

$$
\begin{array}{rl}
1\,1\,1\,1\,0\,1\,1\,0 & (A) \\
\oplus\quad 0\,1\,0\,1\,1\,1\,0\,1 & ((R0)) \\
\hline
1\,0\,1\,0\,1\,0\,1\,1 & (A)
\end{array}
$$

执行结果:(A) = ABH。

例 3.49 设 A 的内容为 0C3H,R0 为 0AAH,执行命令(ANL、ORL、XRL)后,结果如下:

```
ANL   A,  R0   ;(A) = 82H
ORL   A,  R0   ;(A) = 0EBH
XRL   A,  R0   ;(A) = 69H
```

例 3.50 设 P1 内容为 0AAH,A 中内容为 15H,则执行:

```
ANL   P1,  #0F0H   ;(P1) = 0A0H
ORL   P1,  #0FH   ;(P1) = 0AFH
XRL   P1,  A   ;(P1) = 0BFH
```

注意:当用逻辑与、或、异或指令修改一个并行 I/O 口输出内容时,则原始值将从该输出口的锁存器中读取,而不是从该输出口的引脚上读取。

2. 单操作数逻辑运算指令(2 条)

单操作数逻辑运算指令有以下形式:

(1)累加器 A 清 0 指令

```
CLR   A   ;A←0  累加器 A 清零
```

(2)累加器 A 求反指令

```
CPL   A   ;A←将 A 的内容取反  累加器 A 取反
```

上述的这两条指令全部是按位操作的,且均不影响标志位。其中,取反指令还常用于对某个存储单元或某个存储区域中带符号数的求补。

例 3.51 已知(A) = 31H,执行完 CLR A 指令之后,结果(A) = 00H。

例 3.52 已知(A) = 5CH = 0101 1100B,执行完 CPL A 指令之后,结果(A) = 0A3H = 1010 0011B。

例 3.53 已知 40H 单元中有一个负数 M,试编程实现对 M 求补。

解:一个带符号的二进制数的补码定义为"反码加'1'",因此,程序为:

```
MOV   A,  40H       ;A←M
CPL   A            ;对累加器 A 中的数取反
INC   A            ;得到 M 的补码
MOV   40H,  A       ;将 M 的补码送回到 40H 单元中
```

80

3. 带进位与不带进位循环移位运算指令(4条)

带进位与不带进位循环移位运算仅有一位操作数,且仅可为累加器A。

(1)不带进位位Cy的累加器A循环移位指令

RL　　A　　　　　　　;累加器A向左循环移位,A的各位依次左移一位,A.0←A.7

该指令为累加器A向左循环移位,移出的最高位A7送给最低位A0。移位过程可用图3-2表示。

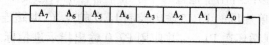

图3-2　累加器A向左循环移位图

RR　　A　　　　　　　;累加器A右循环移位,A的各位依次右移一位,A.7←A.0

该指令为累加器A向右循环移位,移出的最低位A0送给最高位A7。移位过程可用图3-3表示。

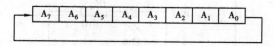

图3-3　累加器A向右循环移位图

该组指令不影响标志位。

当A的最高位(D7)为0时,执行一次RL指令相当于对A进行一次乘2操作。

当A的最低位(D0)为0时,执行一次RR指令相当于对A进行一次除2操作。

例:MOV　　A,　#01H　　　;01H送累加器A

　　RL　　A　　　　　　;02H送A

　　RL　　A　　　　　　;04H送A

　　RL　　A　　　　　　;08H送A

右移一位相当于除2,上述累加器(A)=08H,执行指令:

　　RR　　A　　　　　　;(A)←04H

　　RR　　A　　　　　　;(A)←02H

　　RR　　A　　　　　　;(A)←01H

将使累加器内容又变为1。

(2)带进位位Cy的累加器A循环移位指令

RLC　A　　　;累加器A带进位标志左循环移位,A的各位依次左移一位,Cy←A.7,

　　　　　　　A.0←Cy

该指令为带进位标志累加器A向左循环移位,移出的最高位A7送给Cy,Cy的内容送给最低位A0。移位过程可用图3-4表示。

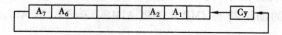

图3-4　累加器A带进位标志左循环移位图

RRC　A　　　;累加器A带进位标志右循环移位,A的各位依次右移一位,Cy←A.0,

　　　　　　　A.7←Cy

81

该指令为累加器 A 带进位标志右循环移位,移出的最低位 A0 送给 Cy,Cy 的内容送给最高位 A7。移位过程可用图 3-5 表示。

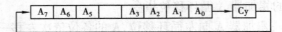

图 3-5　累加器 A 带进位标志右循环移位图

通过进位标志 Cy 的移位可用于检查一个字节中各位的状态或用于逐位输出的情况。

例 3.54　利用 8051 单片机的 P1 口输出控制 LED 的发光,电路连接如图 3-6 所示。编程实现使累加器 A 中的数据循环送 P1 口,并使用 P2.0 输出指示进位标志。

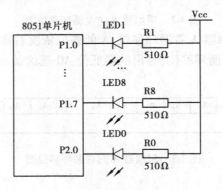

图 3-6　"跑马灯"电路

```
LOOP：  RRC    A          ;通过 C 右移一位
        MOV    P1，  A
        MOV    P2.0， C    ;该位输出到 P2.0
        RET               ;返回
```

该程序逐位将 A 中的最低位移入进位位 Cy,并由 P2.0 输出。如果反复调用该程序,并且在每次调用之间加上一定的延时,就会形成"跑马灯"的效果。

3.3.4　控制转移类指令(17 条)

程序的顺序执行是由程序计数器 PC 自动加 1 实现的。当要改变程序的执行顺序,实现程序的分支转向、前后跳转时,就应当通过适当地改变 PC 值的方法来实现。这就是程序控制转移类指令的基本功能。利用控制转移指令,可以使 PC 有条件地,或者无条件地,或者通过其他方式,从当前的位置转移到另外一个指令的地址单元去,从而改变程序的执行方向。

任何指令系统都有控制转移指令。MCS-51 系列单片机有比较丰富的控制转移指令,它包括无条件转移指令、条件转移指令、比较转移指令、循环转移指令、子程序调用指令、返回指令及空操作。属于这一类的助记符有 JMP,LJMP,AJMP,LCALL,ACALL,SJMP,JZ,JNZ,DJNZ,CJNE,NOP。

1. 无条件转移指令(4 条)

不受任何条件限制的转移指令称为无条件转移指令。MCS-51 系列单片机有 4 条无条件转移指令,提供了不同的转移范围和方式。

（1）长转移指令

长转移指令有以下唯一形式：

LJMP　addr16　　　　; PC←（PC）+3; PC←addr16

该指令功能:指令提供16位目标地址,将指令中第二、第三字节地址码分别装入PC的高8位和低8位中,程序无条件转向指定的目标地址去执行,允许转移的目标地址在整个64KB的程序存储器空间。

例如:在程序存储器0000H单元存放一条指令

LJMP　　2030H

则上电复位后程序将跳到2030H单元去执行,这样就可以避开0003～0023H的中断服务程序入口的保留单元。

（2）绝对转移指令

绝对转移指令有以下唯一形式：

AJMP　addr11　　　　　　　; PC←（PC）+2

　　　　　　　　　　　　　; PC10～0←addr10～0,PC15～11不变

该指令功能:把PC当前值(加2修改后的值,由于AJMP为双字节指令,当程序真正转移时PC值已加2了)的高5位与指令中的11位地址拼接在一起,共同形成16位目标地址送给PC,从而使程序转移。

第二字节存放的是低8位地址,第一字节5、6、7位存放着高3位地址a8～a10。指令执行时分别把高3位和低8位地址值取出送入程序计数器PC的低11位,维持PC的高5位((PC)+2后的)地址值不变,实现2 KB范围内的程序转移。

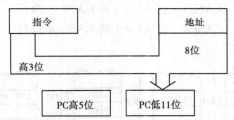

（3）相对转移指令(亦称短转移指令)

相对转移指令有以下唯一形式：

SJMP　rel　　　　　　　; PC←（PC）+2+rel

其中,rel为相对偏移量,是一个8位带符号的数,因而转向地址可以在这条指令首地址的前128字节到后127字节之间。

该指令的功能:根据指令中给出的相对偏移量rel(相对于当前PC=(PC)+2),计算出程序将要转移的目标地址(PC)+2+rel,把该目标地址送给PC。

如果程序中使用:

HARE:　SJMP　HARE

或SJMP $　将会造成单指令的无限循环。

（4）间接长转移指令(相对长转移指令)

间接长转移指令有以下唯一形式：

JMP　@A+DPTR　　　　　　; PC←（A）+（DPTR）

该指令也称散转指令,其功能是把累加器 A 中 8 位无符号数与数据指针 DPTR 的 16 位数相加,结果作为下一条指令地址送入 PC,指令执行后不改变 A 和 DPTR 中的内容,也不影响标志位。

这是一条极其有用的多分支选择转移指令,其转移地址不是汇编或编程时确定的,而是在程序运行时动态决定的,这也是和前三条指令的主要区别。正由于此,可在 DPTR 中装入多分支转移程序的首地址,而由累加器 A 的内容来动态选择其中的某一个分支予以转移,这就可用一条指令代替众多转移指令,实现以 DPTR 内容为起始的 256 个字节范围的选择转移。

例如:要求当(A) = 0 转处理程序 CASE_0

当(A) = 1 转处理程序 CASE_1

当(A) = 2 转处理程序 CASE_2

当(A) = 3 转处理程序 CASE_3

当(A) = 4 转处理程序 CASE_4

程序代码如下:

```
MOV    DPTR,  #JUMP_TABLE   ;表首址送入 DPTR 中
MOV    A,   INDEX_NUMBER    ;取得跳转索引号
RL   A                      ;将索引号乘以 2(由于 AJMP 指令是 2 字节指令)
JMP    @A + DPTR            ;以 A 中内容为偏移量
JUMP_TABLE: AJMP    CASE0   ;(A) = 0 转 CASE_0 执行
           AJMP    CASE1    ;(A) = 1 转 CASE_1 执行
           AJMP    CASE2    ;(A) = 2 转 CASE_2 执行
           AJMP    CASE3    ;(A) = 3 转 CASE_3 执行
           AJMP    CASE4    ;(A) = 4 转 CASE_4 执行
```

无条件转移指令归纳:

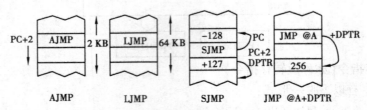

在实际应用中,由于 AJMP 和 SJMP 指令的跳转范围有限,而 LJMP(长转移指令)不受跳转范围的限制,因此一般情况下可以使用 LJMP 指令代替 AJMP 和 SJMP 指令。

在实际应用中,一般在偏移量(rel)或者跳转地址(addr16 或 addr11)的位置写入欲跳转到的标号地址,由汇编程序自动进行计算。

2. 条件转移指令(8 条)

所谓条件转移指令是指根据指令中给定的判断条件决定程序是否转移。当条件满足时,就按指令给定的相对偏移量进行转移;否则,程序顺序执行。指令执行后不影响标志位。该类指令共有 8 条,分为累加器 A 判零转移指令、比较不相等指令和减 1 不为 0 转移指令三类。

(1)累加器 A 判零转移指令

```
JZ      rel                 ;若(A) = 0,则 PC←(PC) + 2 + rel
                            ;若(A) ≠0,则 PC←(PC) + 2
```

JNZ　　rel　　　　　　　　　　;若(A) = 0,则 PC←(PC) + 2

　　　　　　　　　　　　　　　;若(A)≠0,则 PC←(PC) + 2 + rel

这两条指令均是双字节、双周期指令,当累加器 A 中的值满足所判条件时,程序跳转到目标地址去执行,不满足条件时,程序顺序执行。

第一条指令又称判零指令,累加器 A 为零转移,执行过程分以下两步:

①(PC)←(PC) + 2;②$\begin{cases} A = 00H \text{ 时,则 } PC = (PC) + rel \\ A \neq 00H \text{ 时,则程序顺序执行} \end{cases}$

第二条指令又称判非零指令,累加器 A 非零转移,执行过程分以下两步:

①(PC)←(PC) + 2;②$\begin{cases} A \neq 00H \text{ 时,则 } PC = (PC) + rel \\ A = 00H \text{ 时,则程序顺序执行} \end{cases}$

例如执行程序:

```
MOV  A,  #01H          ;01 送累加器 A
JZ  BRAN1             ;A 非零不转,继续执行
DEC  A               ;A 减 1 内容为 0
JZ  BRAN2            ;A 为 0 转 BRAN2 执行
```

或执行:

```
CLR  A               ;A 清 0
JNZ  BRAN1           ;A 为 0 继续执行
INC  A               ;A 内容加 1
JNZ  BRAN2           ;A 内容非零转 BRAN2 执行
```

程序都转移到 BRAN2 去执行。

例 3.55　已知:外部 RAM 中 DATA1 为始址的数据块以零为结束标志,试编程将之传送到以 DATA2 为始址的内部 RAM 区。

相应程序为:

```
        ORG  2000H
        MOV  R0,  #DATA1      ;外部 RAM 数据块始址送 R0
        MOV  R1,  #DATA2      ;内部 RAM 数据块始址送 R1
LOOP:MOVX  A,  @R0           ;外部 RAM 取数送 A
        JZ  DONE             ;若 A = 0,则转 DONE
        MOV  @R1,  A         ;若 A≠0,则给内部 RAM 送数
        INC  R0              ;改外部 RAM 地址指针
        INC  R1              ;修改内部 RAM 地址指针
        SJMP  LOOP           ;循环
DONE:SJMP  MYM              ;结束
        END
```

(2)比较不相等转移指令

比较不相等转移指令是三字节、双周期指令,助记符"CJNE"是 Compare Jump Not Equal 的英文缩写,即比较不相等转移指令。指令功能是用目的操作数和源操作数进行比较,如果两者相等,就顺序执行(即执行本指令的下一条指令),如果不相等就转移,执行指令后会影响标志

位。比较存在以下三种情况：

①当目的操作数大于源操作数，则转移，且 Cy = 0；

②当目的操作数小于源操作数，则转移，且 Cy = 1；

③当目的操作数等于源操作数，则程序顺序执行。

此类指令可使用累加器 A、工作寄存器 Rn 与间接地址@ Ri 作为目地操作数，有下列 4 条指令：

CJNE　A，　#data，　rel　　　;若(A) = data,则 PC←(PC) +3,Cy←0
　　　　　　　　　　　　　　;若(A) > data,则 PC←(PC) +3 + rel,Cy←0
　　　　　　　　　　　　　　;若(A) < data,则 PC←(PC) +3 + rel,Cy←1

CJNE　A，　direct，　rel　　;若(A) = (direct),则 PC←(PC) +3,Cy←0
　　　　　　　　　　　　　　;若(A) > (direct),则 PC←(PC) +3 + rel,Cy←0
　　　　　　　　　　　　　　;若(A) < (direct),则 PC←(PC) +3 + rel,Cy←1

CJNE　Rn，　#data，　rel　　;若(Rn) = data,则 PC←(PC) +3,Cy←0
　　　　　　　　　　　　　　;若(Rn) > data,则 PC←(PC) +3 + rel,Cy←0
　　　　　　　　　　　　　　;若(Rn) < data,则 PC←(PC) +3 + rel,Cy←1

CJNE　@ Ri，　#data，　rel　;若((Ri)) = data,则 PC←(PC) +3,Cy←0
　　　　　　　　　　　　　　;若((Ri)) > data,则 PC←(PC) +3 + rel,Cy←0
　　　　　　　　　　　　　　;若((Ri)) < data,则 PC←(PC) +3 + rel,Cy←1

第一条指令以 A 作目的操作数,以立即数作为源操作数,跳转偏移量为 rel,累加器与立即数不等转移,执行过程分以下两步：

$$①(PC)←(PC) +3;② \begin{cases} (A) > data\ 时,则(PC) = (PC) + rel,且\ Cy = 0 \\ (A) < data\ 时,则(PC) = (PC) + rel,且\ Cy = 1 \\ (A) = data\ 时,则程序顺序执行 \end{cases}$$

第二条指令以 A 作目的操作数,以直接寻址单元 direct 作为源操作数,跳转偏移量为 rel,累加器与直接寻址单元不等转移,执行过程分以下两步：

$$①(PC)←(PC) +3;② \begin{cases} (A) > (direct)时,则(PC) = (PC) + rel,且\ Cy = 0 \\ (A) < (direct)时,则(PC) = (PC) + rel,且\ Cy = 1 \\ (A) = (direct)时,则程序顺序执行 \end{cases}$$

第三条指令以工作寄存器 Rn 作目的操作数,以立即数作为源操作数,跳转偏移量为 rel,寄存器与立即数不等转移,执行过程分以下两步：

$$①(PC)←(PC) +3;② \begin{cases} (Rn) > data\ 时,则(PC) = (PC) + rel,且\ Cy = 0 \\ (Rn) < data\ 时,则(PC) = (PC) + rel,且\ Cy = 1 \\ (Rn) = data\ 时,则程序顺序执行 \end{cases}$$

第四条指令以间接地址@ Ri 作目的操作数,以立即数作为源操作数,跳转偏移量为 rel,RAM 单元与立即数不等转移,执行过程分以下两步：

$$①(PC)←(PC) +3;② \begin{cases} ((Ri)) > data\ 时,则(PC) = (PC) + rel,且\ Cy = 0 \\ ((Ri)) < data\ 时,则(PC) = (PC) + rel,且\ Cy = 1 \\ ((Ri)) = data\ 时,则程序顺序执行 \end{cases}$$

CJNE 指令具有比较和判断转移两种功能。通常利用 CJNE 指令的比较操作和它对标志位 C 的影响来实现程序的分支结构。另外,对两个操作数不等这一分支,又可以根据 C 的状态来实现第二次分支,如图 3-7 所示。

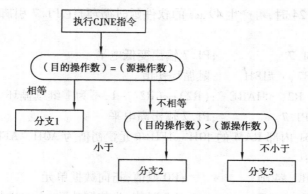

图 3-7　用 CJNE 指令实现程序分支结构图

例 3.56　设(R7)=56H,执行下列指令

```
CJNE  R7,  #60H,  K1        ;由于(R7)<60H,转 K1,且(Cy)←1
…
K1：JC  K3                  ;因为(Cy)=1,判出(R7)<60H,转 K3 执行
…
K3：…
```

例 3.57　设 P1 口 P1.0～P1.3 为准备就绪信号输入端,当该 4 位输入全"1"说明各项工作已准备好,单片机可顺序执行主程序,否则循环等待。程序片断如下:

```
L0：MOV  A,  P1             ;P1 口内容送 A
    ANL  A,  #0FH          ;屏蔽高 4 位
    CJNE  A,  #0FH,  L0    ;该 4 位不全 1,返回 L0,否则继续执行
MAIN1：…
```

(3)减 1 不为 0 转移指令(循环转移指令)

减 1 条件转移指令的操作码是 DJNZ,DJNZ 能够实现字节的内容减 1 之后如果不等于零,则循环转移的功能,否则顺序执行。如果字节变量值原为 00H,则下溢得 0FFH,不影响任何标志。减 1 不为 0 转移指令有以下形式:

```
DJNZ  Rn,  rel             ;若(Rn)−1≠0,则 PC←(PC)+2+rel
                           ;若(Rn)−1=0,则 PC←(PC)+2
DJNZ  direct,  rel         ;若(direct)−1≠0,则 PC←(PC)+3+rel
                           ;若(direct)−1=0,则 PC←(PC)+3
```

该组指令中第一条指令为两字节指令,第二条指令为三字节指令。

这类指令常常用于循环程序中,对循环次数计数器每次减 1,若计数值不等于零则继续循环,若计数值等于零则结束循环。因此,这类指令也就叫作循环控制指令。使用此类指令之前,要将计数值预置在工作寄存器中或片内 RAM 直接地址单元中,然后再执行某段程序和减 1 判零指令。

例 3.58　软件延时。

利用 DJNZ 指令可在一段程序中插入某些指令来实现软件延时。DJNZ 指令执行时间为 2 个机器周期,这样循环一次可产生 2 个机器周期延时。下例在程序段中插入 2 条指令,当主频 12 MHz,循环次数为 24 时,可产生 49 μs 的软件延时循环,在 P1.7 引脚上输出一个 50 μs 的脉冲。

```
        CLR    P1.7              ;P1.7 输出变低电平
        MOV    R2, #18H          ;赋循环初值
HARE :  DJNZ   R2,  HARE         ;(R2)←(R2)-1,不为零继续循环
        SETB   P1.7              ;P1.7 输出高电平
```

例 3.59 将 8051 内部 RAM 的 40H~4FH 单元置初值为 A0H~AFH。

解:参考程序为:

```
START: MOV   R0,#40H            ;R0 赋值,指向数据单元
       MOV   R2,#10H            ;R2 赋值,为传字节数,十六进制数
       MOV   A,#0A0H            ;给 A 赋值
LOOP:  MOV   @R0,  A            ;开始传送
       INC   R0                 ;修改地址指针,准备传下一数地址
       INC   A                  ;修改传送数据值
       DJNZ  R2,  LOOP          ;如果未传送完,则继续循环传送
       RET                      ;当 R2 的值减为 0 时,则传送结束
```

例 3.60 将 20H 开始的 32 个单元全部清零。

```
MOV   A,  #00H
MOV   R0,  #20H
MOV   R7,  #20H
LP1 : MOV   @R0,  A
INC   R0
DJNZ  R7,  LP1
```

3. 空操作指令(1 条)

空操作指令有以下唯一形式:

```
NOP            ;PC←(PC)+1,空操作
```

空操作指令是唯一的一条不使 CPU 产生任何操作控制的指令,NOP 指令的功能是执行 (PC)+1→PC 操作使程序计数器 PC 加 1,在执行时间上消耗 12 个时钟周期即一个机器周期时间,常用于精确延时或等待,有时也为程序预留存储空间。

例 3.61 利用 NOP 指令产生方波。

```
LOOP:   CLR    P2.7             ;P2.7 清 0 输出
        NOP                     ;空操作
        NOP
        NOP
        NOP
        SETB   P2.7             ;置位 P2.7 高电平
        NOP
```

```
            NOP
            NOP
            NOP
            LJMP   LOOP
```

4.子程序调用与返回指令（4 条）

在程序设计的实践中，经常会遇到在不同的程序中或在同一程序不同的地方，要求实现某些相同的操作，如延时、代码转换、数制转换、检索与排序、函数计算以及对某些外设的实时控制等。为了简化程序设计、缩短程序设计的周期及程序长度，便于软件交流即共享软件资源，就把那些使用比较频繁的基本操作编写成相对独立的程序段——子程序。子程序是指能被其他程序调用，在实现某种功能后能自动返回到调用程序去的程序。如果需要某种操作，人们只要"调用相应的子程序"即可，不需要重复浪费时间和精力再去多次编写它们，免去了编写程序的冗长及杂乱。

子程序执行的完整过程包括调用子程序和返回主程序两个过程。调用指令在主程序中使用，而返回指令则是子程序的最后一条指令，这样才能保证子程序运行结束后重新返回到调用它的程序中去。为了保证正确返回，在调用子程序过程中需要解决以下方面的问题：

①保护断点。所谓断点是指子程序调用指令的下一条指令的第一个字节地址。每次调用子程序时自动将下一条指令地址保存到堆栈中，返回时按先入后出，后入先出的原则把地址弹出，送到 PC 中，执行完返回指令之后，程序将返回主程序断点处继续执行。

②建立子程序入口。子程序入口是指子程序中第一条指令的第一个字节地址，即子程序调用指令给出的目标地址。

③保护现场。所谓保护现场是指在执行子程序前，需要保存程序中正在使用的存储单元和寄存器的内容。

有时候在执行子程序的过程中，发现它还需要调用其他子程序才能完成时，这一过程称为子程序的嵌套。如图 3-8、图 3-9 分别所示的是两层子程序调用过程和堆栈中断点地址存放的情况。MCS-51 单片机的堆栈是向上（高地址）生长的，断点地址存放的原则是断点低位存放低地址，断点高位存放高地址。

主程序

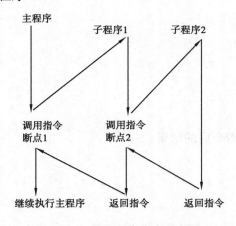

图 3-8　二级子程序嵌套示意图

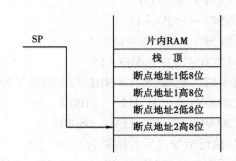

图 3-9　转入子程序 2 时的堆栈

89

有两条调用指令 LCALL(长调用)及 ACALL(绝对调用)和一条与之配对的子程序返回指令 RET。

LCALL 和 ACALL 指令类似于转移指令 LJMP 和 AJMP,不同之处在于它们在转移前,要把执行完该指令后 PC 的内容自动压入堆栈,才做 addr16(或 addr11)→PC 的工作(其中 addr16 或 addr11 是子程序的首地址或称子程序入口地址)。这样设计是为了便于当子程序执行完后,CPU 可以找到(返回)原出发点处。

RET 指令是子程序返回指令,执行时,从堆栈中把原出发地址弹回 PC,让 CPU 返回执行原主程序。

MCS-51 子程序调用与返回指令有以下形式:

(1)绝对调用指令

ACALL   addrl1

其功能是:首先保护断点,将 PC 的值压栈保护(先压低位,后压高位),接着将指令中的 11 位目标地址(addr11)送入 PC 的低 11 位与 PC 的高 5 位子程序的入口地址。执行后不影响任何标志位。子程序的入口地址距调用指令在 2 KB 范围内。

执行过程分以下几步:

① $(PC) \leftarrow (PC) + 2$

② $(SP) \leftarrow (SP) + 1$

③ $((SP)) \leftarrow (PC0 \sim 7)$

④ $(SP) \leftarrow (SP) + 1$

⑤ $((SP)) \leftarrow (PC8 \sim 15)$

⑥ $(PC0 \sim 10) \leftarrow addr0 \sim 10$、$(PC11 \sim 15)$ 不变

(2)长调用指令

LCALL   addr16

其功能是:首先保护断点,将 PC 的值压栈保护(先压低位,后压高位),接着将指令中的 16 位目标地址(addr16)送入 PC,即子程序入口地址,从而转去执行被调用的子程序。执行后不影响任何标志位。LCALL 指令可调用 64 KB 范围内程序存储器中的任何一个子程序。

执行过程分以下几步:

① $(PC) \leftarrow (PC) + 3$

② $(SP) \leftarrow (SP) + 1$

③ $((SP)) \leftarrow (PC0 \sim 7)$

④ $(SP) \leftarrow (SP) + 1$

⑤ $((SP)) \leftarrow (PC8 \sim 15)$

⑥ $(PC0 \sim 15) \leftarrow addr0 \sim 15$

例 3.62   已知(SP)=60H,写出执行下列指令后的结果。

①2000H: ACALL   100H

②2000H: LCALL   0800H

解:执行指令之后的结果为:

①(SP)+1=61H,((SP))=(61H)=02H,

   (SP)+1=62H,((SP))=(62H)=20H,PC=2100H;

②(SP) +1 =61H,((SP)) =(61H) =03H,

　(SP) +1 =62H,((SP)) =(62H) =20H,PC =0800H。

(3)一般子程序返回指令

RET

当程序执行到本指令时,自动从堆栈中取出断点地址送给 PC,程序返回断点的下一条指令处,继续往下执行。

执行过程分以下几步:

①(PC8 ~ 15)←((SP))

②(SP)←(SP) – 1

③(PC0 ~ 7)←((SP))

④(SP)←(SP) – 1

例 3.63　设(SP) =55H,RAM 中(54H) =03H,(55H) =20H,
则执行 RET 后,使:

$$(SP) =53H　(PC) =2003H$$

程序由 2003H 开始继续执行。

(4)中断子程序返回指令

RETI

该指令除具有 RET 指令的功能外,RETI 在返回断点的同时,还要释放中断逻辑以接受新的中断请求。中断服务程序(中断子程序)必须用 RETI 返回。

执行过程分以下几步:

①(PC8 ~ 15)←((SP))

②(SP)←(SP) – 1

③(PC0 ~ 7)←((SP))

④(SP)←(SP) – 1

RET 和 RETI 这两条指令的功能基本相同,都是从堆栈中取出 16 位断点地址送入 PC,使程序能够返回主程序继续执行,它们都不会影响中断标志。只是 RET 用于子程序返回,而 RETI 用于中断返回,请不要混淆。RET 指令总是安排在子程序的出口处,而 RETI 指令总是安排在中断程序的出口处。另外它们之间另一个不同处在于:RETI 指令清除了中断响应时被置 1 的内部中断优先级寄存器的中断优先级状态。即 RETI 指令除了把栈顶的断点弹出送 PC 以外,同时还释放中断逻辑使之能接受同级的另一个中断请求。如果在执行 RETI 指令的时候,有一个较低级的或者同级的中断已经挂起,则 CPU 要在至少执行了中断返回指令之后的下一条指令才能去响应被挂起的中断服务程序。

3.3.5　布尔变量操作指令(位操作类指令)(17 条)

MCS-51 系列单片机有一个布尔指令子集,它是构成布尔处理器的一部分,用于完成单片机的位操作。布尔指令子集是由布尔处理器的硬件逻辑执行的。布尔变量操作指令(位操作类指令)指令共有 17 条,包括位传送、条件转移、位运算(置位、清零、取反、逻辑或、逻辑与等)。所有的位操作指令均采用位(直接)寻址方式。

MCS-51 系列单片机位寻址的空间分为两部分。MCS-51 内部 RAM 中地址为 20H ~ 2FH 的 16 个字节,其中每个字节的每位都可以寻址,它们的位地址为 00H ~ 7FH,共 128 个位地址。专用寄存器中可位寻址的字节地址的低 3 位均为 000B,即地址能被 8 整除的字节。特殊功能寄存器中有 11 个可位寻址的寄存器,实际定义了 83 个可寻址位,位地址在 80H ~ FFH。

MCS-51 中的位地址,有以下几种表示方法:

①直接使用位地址,即从 00H ~ FFH。

②位寄存器定义名,如 C,OV,F0 等。

③用字节寄存器名后加位数表示,如 PSW.1,P0.5,ACC.2(寻址累加器中的位必须用 ACC.0 ~ ACC.7)等。

④用字节地址和位数表示,如位 0 到位 7 可写成 20H.0 ~ 20H.7,位 08H 到位 0FH 可以写成 21H.0 ~ 21H.7。译成机器码时都只能是直接位地址。指令 CLR E1H 和 CLR ACC.1 及 CLR E0H.1 的机器码都是 C2E1H。

1. 位传送指令(2 条)

MOV C, bit

MOV C, /bit

这两条指令都是把第二操作数指定的位变量的值送到第一操作数指定的单元中。其中一个操作数必须是进位标志位 C,另一个可以是任何直接寻址位,且不影响任何其他寄存器和标志位。

例 3.64 将位地址 50H 的内容送到位地址 30H 中,这样的传送须通过进位标志 C 来进行,本处要求设法保留 C 的值。

解:参考程序段为:

```
MOV  10H,  C      ;暂存 C 的内容
MOV  C,  50H      ;C←(50H)
MOV  30H,  C      ;(30H)←C
MOV  C,  10H      ;恢复 C 的值
```

例 3.65 编程实现位地址 04H 中的内容和 6FH 中的内容相交换。

解:参考程序段为:

```
MOV  C,  04H      ;C←(04H)
MOV  05H,  C      ;把 04H 位的内容暂存于 05H 位中
MOV  C,  6FH      ;C←(6FH)
MOV  04H,  C      ;(04H)←C←(6FH)
MOV  C,  05H      ;04H 的原内容送入 C
MOV  6FH,  C      ;存入 6FH 位
```

2. 位状态控制指令(6 条)

(1)位清零指令

CLR bit

CLR C

该指令功能:CLR 将指定的位清 0,它可对进位标志或任何直接寻址位进行操作,不影响其他标志位。

（2）位置位指令

SETB　bit

SETB　C

该指令功能：将指定的位置1，它对进位标志或任何直接寻址位进行操作，不影响其他标志位。

（3）位取反指令

CPL　bit

CPL　C

该指令功能：将指定的位取反，即位的内容原来为1则变为0，原来为0则变为1。它也能对进位标志或任何直接寻址位进行操作，不影响其他标志位。

例3.66 设P1口原来的数据为0000 1111B，执行下列程序：

```
CLR     C           ;C 清 0
MOV     P1.0 , C     ;P1.0 位清 0
SETB    C           ;C 置位
```

结果使P1的内容0000 1110B。

例3.67 编程通过P1.0端口线连续输出256个宽度为5个机器周期长的方波。每次循环占时5个机器周期，输出电平也发生变化。

解：参考程序如下：

```
        MOV     R0,  #00H        ;置循环计数器初值，共256次循环
        CLR     P1.0            ;P1.0 清零
LOOP:   CPL     P1.0            ;P1.0 取反，并延时1个机器周期。形成方波
        NOP                     ;空操作延时1个机器周期
        NOP                     ;空操作延时1个机器周期
        DJNZ    R0,  LOOP       ;判断是否到循环256次，并延时两个机器周期
```

3．位逻辑操作指令（4条）

（1）位逻辑与运算操作指令

ANL　C,　bit

ANL　C,　/bit

这两条指令的功能是将源位的布尔值或它的逻辑非值（/bit）与进位标志的内容进行逻辑与操作，如果源位的布尔值是逻辑0，则进位标志清0；否则进位标志保持不变。该操作不影响源位本身，也不影响别的标志位。源位可以是一个直接位或它的逻辑非（/bit）。

（2）位逻辑或运算操作指令

ORL　C,　bit

ORL　C,　/bit

这两条指令为位逻辑或运算操作指令，它们的功能是将源位的布尔值或逻辑非值（/bit）与进位标志C的内容进行逻辑或操作。如果源位的布尔值为逻辑1，则置位进位标志；否则进位C保持原来状态。该操作不影响源位本身，也不影响其他标志位。源位也可以是一个直接位或它的逻辑非（/bit）。

例3.68 当P1.0=1，ACC.7=1且OV=0时，请分析执行下列程序之后的结果。

```
        MOV   C,  P1.0              ;C 置 1
        ANL   C,  ACC.7            ;C 值不变,仍为 1
        ANL   C,  /OV              ;C 值还是 1
```

例 3.69 使用软件实现如图 3-10 所示的 P1 端口 P1.0 ~ P1.3 之间的逻辑运算。

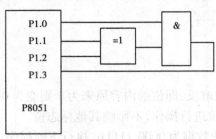

图 3-10 P1 端口 P1.0 ~ P1.3 之间的逻辑运算示意图

解:参考程序如下:

```
        MOV   C,  P1.1             ;(C)←(P1.1)∨
        ORL   C,  P1.2             ;(C)←(P1.1)(P1.2)
        ANL   C,  P1.0             ;(C)←[(P1.1)∨(P1.2)]∧(P1.0)
        MOV   P1.3,  C             ;(P1.3)←(C)
```

例 3.70 设 M、N、K 都代表位地址,试编写程序完成 M,N 内容的异或操作,结果于 K,即 $K = /M \cdot N + M \cdot /N$。

解:参考程序如下:

```
        MOV   C,  N               ;Cy←N
        ANL   C,  /M              ;Cy←/M · N
        MOV   K,  C               ;K←Cy(暂存 K 位中)
        MOV   C,  M               ;Cy←M
        MOV   C,  /N              ;Cy←M∧/N
        ORL   C,  K               ;Cy←/M · N + M · /N
        MOV   K,  C               ;K←Cy
```

从以上可知,利用位逻辑运算指令,可用软件方法实现组合电路的逻辑功能。

例 3.71 设 X,Y,Z 都代表位地址,编程实现 X,Y 中内容的异或操作,即:$Z = /(X) \wedge (Y) + (X) \wedge /(Y)$,其中/( )表示取反操作。

解:由于位操作指令中没有位异或指令,所以只有用位与、或指令来实现。

```
        MOV   C,  Y               ;Cy←(Y)
        ANL   C,  /X              ;Cy←/(X)∧(Y)
        MOV   Z,  C               ;C 中的内容暂存于 Z 中
        MOV   C,  X               ;Cy←(X)
        ANL   C,  /Y              ;Cy←(X)∧/(Y)
        ORL   C,  Z               ;Cy←/(X)∧(Y)+(X)∧/(Y)
        MOV   Z,  C               ;将结果存入 Z 中
```

4. 位条件转移指令(5 条)

布尔条件转移指令有 5 条,分别对布尔变量 C(PSW 中的进位标志)和直接寻址位进行测试,并根据其状态执行转移。

(1)位累加器 Cy 状态判断转移指令

```
JC    rel              ;若 Cy = 1,则 PC←(PC) + 2 + rel
                       ;若 Cy = 0,则 PC←(PC) + 2,顺序执行
JNC   rel              ;若 Cy = 0,则 PC←(PC) + 2 + rel
                       ;若 Cy = 1,则 PC←(PC) + 2,顺序执行
```

可以看出这两条指令都是用来判断进位标志位 Cy(位累加器)的值,然后发生转移的。其中 JC 指令判断进位标志 Cy 的值为 1 时转移;而 JNC 判断进位标志位的值为 0 时发生转移(可理解为不为 1 转移),否则将顺序执行下一条指令。程序转移的地址为当前 PC 值加 2(本指令为 2 字节),再加上 rel 的值,不影响任何标志。这两条指令是相对转移指令,它们常常与比较转移指令 CJNE 连用,根据 CJNE 执行过程中对 Cy 的影响来决定程序的流向。

例 3.72 已知寄存器 R2 和 R3 中各有一个无符号 8 位二进制数,编程比较它们的大小,并把较小的数送到 R0 单元中。

解:参考程序如下:

```
          MOV   A,   R2              ;A←R2
          CJNE  A,   R3,  LOOP       ;若 A≠R3,则 LOOP,并形成 Cy 标志
LOOP:     JC    LOOP1                ;若 A < R3,则转向 LOOP1
          MOV   A,   R3              ;若 A ≥ R3,则 A←R3
LOOP1:    MOV   R0,  A               ;R0←较小的数
          END
```

例 3.73 比较内部 RAM 的 30H 和 40H 单元中的两个无符号数的大小,将大数存入 20H,小数存入单元,若两数相等则使内部 RAM 可寻址位 75H 置1。

解:参考程序为:

```
START:    MOV   A,   30H             ;A←(30H)
          CJNE  A,   40H,  LOOP1     ;(30H) = (40H)? 不相等转移到 Loop1
          SETB  75H                  ;相等,使 75H 位置 1
          RET                        ;返回
LOOP1:    JC    LOOP2                ;若(30H)小于(40H),则转移 LOOP2
          MOV   20H,  A              ;当(30H)大于(40H)时(20H)←(30H)
          MOV   20H,  40H            ;(21H)←(40H),(40H)中为较小数
          RET
LOOP2:    MOV   20H,  40H            ;较大数(40H)存 20 单元 H
          MOV   21H,  A              ;较小数(30H)存 21H 单元
          RET                        ;返回
```

本例利用 CJNE 和 JC 指令实现了前面图 3-7 所示的程序三分支结构。

(2)位状态判断转移指令

```
JB    bit,  rel                ;若(bit) = 1,则 PC←(PC) + 3 + rel
```

                                    ;若(bit) = 0,则 PC←(PC) +3,顺序执行

JNB   bit, rel   ;若(bit) =0,则 PC←(PC) +3 + rel

                                    ;若(bit) = 1,则 PC←(PC) +3,顺序执行

JBC   bit, rel   ;若(bit) =1,则 PC←(PC) +3 + rel,且 bit←0

                                    ;若(bit) = 0,则 PC←(PC) +3,顺序执行

以上三条指令与 JC、JNC 指令相类似,都是判断指定位的值是否满足条件,满足则转移,不满足则顺序执行下一条指令。不同的是 JC、JNC 指令是针对进位标志位 C 来判断的,而上述三条指令则是对任意的位地址而言,不存在局限性。它们转移的地址是 PC 当前值加 3(本处指令都是 3 字节),再加上 rel 的值形成的,不影响任何标志位。对于操作 JBC,还多一项操作,即不论何种情况,均将该位清 0。助记符中的 B 表示位地址(Bit)。一般跳转指令中都用到字母"J"表示转移(Jump),N 为"不"(No)的意思。

例 3.74   试判断累加器中数的正负,若为正数,存入 20H 单元;若为负数则存入 21H 单元。

解:参考程序如下:

```
        START: JB   ACC.7,  LOOP        ;累加器符号为1,跳转至 LOOP
        MOV  20H,  A                     ;否则为正数,存入20H 单元
        RET                              ;返回
LOOP:   MOV  21H,  A                     ;负数存入21H 单元
        RET                              ;返回
```

当然,同一个问题也可用不同的编程方法完成任务,如下面参考程序所示:

```
START: MOV  R0,  A                   ;累加器的值送 R0
       ANL  A,  #80H                  ;保留符号位的值
       JNZ  LOOP1                     ;符号位不为零,则为负数
LOOP:  MOV  20H,  R0                  ;符号位为零,则为正数存 20H
       SJMP  LOOP2
LOOP1: MOV  21H,  R0                  ;存负数
LOOP2: RET
```

例 3.75   已知从外部 RAM 的 4000H 单元开始有一个输入数据缓冲区,缓冲区的数据以回车符 CR(ASCII 码 0DH)为结束标志,编程实现把正数送入内部 RAM40H 单元开始的存储区。

解:参考程序如下:

```
       MOV  DPTR,  #4000H            ;缓冲区起始地址送 DPTR
       MOV  R0,  #40H                ;正数存储区指针送 R0
NEXT:  MOVX  A,  @DPTR               ;从外部 RAM 中读取数据
       CJNE  A,  #0DH,  COMP         ;若 A≠0DH,则转 COMP
       SJMP  DONE                    ;若 A =0DH,则转 DONE
COMP:  JNB  ACC.7,  LOOP             ;若为正数,则转 LOOP
       JB  ACC.7,  DONE              ;若为负数,则转 DONE
       SJMP  NEXT                    ;循环
```

```
LOOP：   MOV  @ R0，A                    ;正数送存储区
         INC  R0                         ;修改正数存储区指针
         INC  DPTR                       ;修改缓冲区指针
         SJMP NEXT                       ;循环
DONE：   RET                             ;返回
```

例 3.76 多字节无符号数减法,R0 作为被减数地址指针,R1 作为减数地址指针,R3 记录字节数,从低位开始减,结果存于 R0 指示的地址中,当 C = 0,结果为正;C = 1,结果为负(补码)。程序如下:

```
START：CLR  07H                          ;设正负标志
       MOV  A，R0                        ;保存地址指针 R2
       MOV  R2，A
       MOV  A，R3                        ;保存字节数 R7
       MOV  R7，A
       CLR  C                            ;先清借位标志 C
LOOP0：MOV  A，@ R0                       ;相减
       SUBB A，@ R1
       MOV  @ R0，A
       INC  R0                           ;指向下一个字节
       INC  R1
       DJNZ R7，LOOP0                     ;所有字节没减完转 LOP0
       JNC  LOOP1                         ;减完则设置正负标志
       SET  07H
LOOP1：MOV  A，R2                         ;恢复首地址 R0
       MOV  R0，A
       RET
```

3.4 汇编语言程序设计基础

单片机汇编语言程序实际上就是单片机所支持的能完成指定功能的指令系列。构成汇编语言程序的是汇编语句。

在单片机中,汇编是将单片机的汇编语言助记符指令(汇编程序)翻译成单片机能识别执行的二进制机器指令(目标程序)。

汇编语言是一种采用助记符表示的机器语言。汇编语言与高级语言(如 C、C + +)相比有以下特点:

①在功能相同的条件下,汇编语言生成的目标程序,所占用的存储单元比较少,而且执行的速度也比较快。

②由于单片机应用的许多场合主要是输入/输出、检测及控制,而汇编语言具有直接针对

输入/输出端口的操作指令,便于自控系统及检测系统中数据的采集与发送。

1. 汇编语言程序的组成

一般来说,在汇编语言源程序中用 MSC-51 指令助记符编写的程序,都可以一一对应地产生目标程序。但还有一些指令,例如指定目标程序或数据存放的起始地址,给一些指定的标号赋值,在内存中预留工作单元,表示源程序结束等。这些指令并不产生目标程序即不被汇编成机器代码,不影响程序的执行,不控制机器的操作,仅仅用于告诉汇编程序如何进行汇编的指令,以便在汇编时执行一些特殊操作,称之为伪指令。

汇编语言语句可分为:指令性语句(即汇编指令)和指示性语句(即伪指令)。

(1)指令性语句

指令性语句(可简称指令)是进行汇编语言程序设计的可执行语句,每条指令都产生相应的机器语言的目标代码。

源程序的主要功能是由指令性语句去完成的。

(2)指示性语句

指示性语句(伪指令)又称汇编控制指令。它是控制汇编(翻译)过程的一些命令,程序员通过伪指令要求汇编程序在进行汇编时的一些操作。因此,伪指令不产生机器语言的目标代码,是汇编语言程序中的不可执行语句。

伪指令主要用于指定源程序存放的起始地址、定义符号、指定暂存数据的存储区以及将数据存入存储器、结束汇编等。

注意:汇编过程和程序的执行过程是两个不同的概念。汇编过程是将源程序翻译成机器语言的目标代码,此代码按照伪指令的安排存入存储器中。程序的执行过程是由 CPU 从存储器中逐条取出目标代码并逐条执行,完成程序设计的主要功能。

2. 伪指令

MCS-51 系列单片机汇编语言中常用的伪指令如下:

(1)ORG(汇编起始地址)

格式:ORG　16 位地址　　　　　　;定位地址,程序开头,定义起始位置或程序入口

功能:规定紧跟在该伪指令后的源程序经汇编后产生的目标程序在程序存储器中存放的起始地址。

例如:

ORG　2000H

MOV　A,　20H

　　　⋮

表示后续目标程序从 2000H 单元开始存放。一般要求 ORG 定义空间地址由小到大,且不能重叠。

ORG 伪指令总是出现在每段源程序或数据块的开始。它可使程序员把程序、子程序或数据块存放在存储器的任何位置。

(2)END(结束汇编)

格式:END　　　　　　　　　;END 程序结束语句

或　:END　　标号

功能:汇编语言源程序的结束标志,即通知汇编程序不再继续往下汇编。

END 语句是一个结束标志,它告诉汇编程序,该程序段已结束。因此,该语句必须放在整个程序(包括伪指令)之后。若 END 语句出现在代码块中间,则汇编程序将不汇编 END 后面的语句。

(3)EQU(等值)

格式:符号名　EQU　数或汇编符号

功能:EQU 指令用于将一个数值或寄存器名赋给一个指定符号名,经过 EQU 指令赋值的符号可在程序的其他地方使用,以代替其赋值,且只能赋值一次。

例如:

MAX　EQU　2000H

即给标号 MAX 赋以地址值 2000,则在程序的其他地方出现 MAX,就用 2000H 代替。

需要注意的是,在同一程序中,用 EQU 伪指令对标号赋值后,该标号的值在整个程序中不能再改变。

(4)DB(定义字节)

格式:[标号:]　DB　项或项表

功能:将项或项表中的字节(8 位)数据依次存入标号所指示的存储单元中。

其中项或项表是指一个字节,数或字符串,或以引号括起来的 ASCII 码字符串(一个字符用 ASCII 码表示,相当于一个字节)。

例如:

ORG　1000H

hsp1:　DB　53H,　74H,　78H,'1','2'

hsp2:　DB　23H,'DAY'

则:(1000H)=53H

　　(1001H)=74H

　　(1002H)=78H

　　(1003H)=31H　　数字 1 的 ASCII 码

　　(1004H)=32H　　数字 2 的 ASCII 码

　　(1005H)=23H

　　(1006H)=44H

　　(1007H)=41H　　'DAY' 的 ASCII 码

　　(1008H)=59H

(5)DW(定义字)

格式:[标号:]　DW　项或项表

功能:将项或项表中的字(16 位)数据依次存入标号所指示的存储单元中。

在执行汇编程序时,机器会自动按高位字节在前,低位字节在后的格式排列(与程序中的地址规定一致)。

例:

hzh:　DW　1234H,　08H

hzh:　DB　12H,　34H,　00H,　08H

上两条指令是等价的。

（6）DS（定义存储单元）

格式：标号：　DS　数字

功能：从标号所指示的单元开始，根据数字的值保留一定数量的字节存储单元，留给以后存储数据用。

例如：　ORG　2000H

　　　　DS　0FH

　　　　DB　55H，11H，0F1H　　；从 200FH 开始存放 55H、11H、0F1H

注：DB、DW、DS 只能用于程序存储器，而不能用于数据存储器。

（7）BIT（地址符号命令）

格式：标识符　BIT　位地址

功能：将位地址赋以标识符（注意，不是标号）。

例如：

　hsy　BIT　P2.5

经定义后，允许在指令中用 hsy 代替 P2.5。

3. 程序设计步骤及技术

（1）程序设计步骤

汇编语言程序设计一般经过以下几个步骤：

①分析项目任务需求，确定算法或解题思路；

②根据算法或思路画出流程图；

③根据流程图编写程序；

④上机对源程序进行汇编、调试，进而确定源程序，最终下载到程序存储器。

（2）程序设计技术

三种基本程序结构：顺序结构、分支结构、循环结构。

为了编写高质量的单片机程序，编写单片机汇编语言程序时需要做到以下几点：

①程序占用存储空间尽量少；

②运行时间短；

③程序的编制、调试及排错所需时间短；

④结构清晰，可读性好、易于移植。

（3）MCS-51 系列单片机汇编语言程序的设计框架

```
ORG     0000H
LJMP    MAIN        ;跳转到主程序
ORG     0003H
LJMP    INT0        ;外部中断 0 入口
ORG     000BH
LJMP    TIMER0      ;定时器 0 中断入口
ORG     0013H
LJMP    INT1        ;外部中断 1 入口
ORG     001BH
LJMP    TIMER1      ;定时器 1 中断入口
```

```
        ORG     0023H
        LJMP    SERIAL              ;串行通讯中断入口
        ORG     0100H
MAIN:MOV  SP,  #70H
        ……                          ;初始化内存区域内容
        ……                          ;初始化外设
        ……                          ;设置特殊功能寄存器(SFR)的控制字
        ……                          ;开放相应的中断控制
        ……                          ;进入主程序循环
;下面是各个中断服务子程序的入口
INT0：……                           ;外部中断 0 服务子程序
        ……                          ;根据需要填入适当的内容
                RETI
INT1：          ……                  ;外部中断 1 服务子程序
                ……                  ;根据需要填入适当的内容
                RETI
TIMER0：        ……                  ;定时器 0 中断服务子程序
                ……                  ;根据需要填入适当的内容
                RETI
TIMER1：        ……                  ;定时器 1 中断服务子程序
                ……                  ;根据需要填入适当的内容
                RETI
SERIAL：        ……                  ;串行通讯中断服务子程序
                ……                  ;根据需要填入适当的内容
                RETI
;下面可以编写其他子程序或者定义程序中所用的常数
                END
```

3.5　程序设计实例

1. 汇编语言基本程序设计

（1）简单程序

简单程序是按照程序编写的顺序逐条依次执行的,是程序的最基本的结构。

例 3.77　将片内 RAM 的 30H 和 31H 的内容相加,结果存入 32H。假设整个程序存放在存储器中以 2000H 为起始地址的单元。

程序如下:

```
ORG   2000H
```

```
MOV    A,   30H              ;取第一个操作数
ADD    A,   31H              ;两个操作数相加
MOV    32H,  A               ;存放结果
END
```

本程序采用直接寻址方式传送数据进行两个操作数相加运算。

（2）分支程序

分支程序是根据程序中给定的条件进行判断,然后根据条件的"真"与"假"决定程序是否转移。

例 3.78　把片外 RAM 的首地址为 10H 开始存放的数据块,传送给片内 RAM 首地址为 20H 开始的数据块中去,如果数据为"0",就停止传送。

程序如下:

```
        ORG   2000H
        MOV   R0,  #10H
        MOV   R1,  #20H
LOOP:   MOVX  A,  @R0        ;A←片外 RAM 数据
HERE:   JZ   HERE            ;数据 =0 终止,程序原地踏步
        MOV  @R1,  A         ;片内 RAM←A
        INC   R0
        INC   R1
        SJMP  LOOP           ;循环传送
        END
```

（3）循环程序

在程序执行过程中,当需要多次反复执行某段程序时,可采用循环程序。

循环程序一般由三部分组成:

①初始化;

②循环体;

③循环控制。

例 3.79　有 20 个数存放在内部 RAM 从 41H 开始的连续单元中,试求其和并将结果存放在 40H 单元(和数是一个 8 位二进制数,不考虑进位问题)。

程序如下:

```
ORG   2000H
MOV   A,  #00H              ; 清累加器 A
MOV   R7,  #14H             ;建立循环计数器 R7 初值
MOV   R0,  #41H             ;建立内存数据指针
LOOP:  ADD  A,  @R0         ;累加
INC   R0                    ;指向下一个内存单元
DJNZ  R7,  LOOP             ;修改循环计数器,判循环结束条件
MOV   40H,  A               ;存累加结果于 40H
SJMP   $
```

END

2. 延时程序设计

例 3.80　较长时间的延时子程序,可以采用多重循环来实现。

利用 CPU 中每执行一条指令都有固定的时序这一特征,令其重复执行某些指令从而达到延时的目的。

子程序如下:

源程序			机器周期数
DELAY:	MOV	R7, #0FFH	1
LOOP1:	MOV	R6, #0FFH	1
LOOP2:	NOP		1
	NOP		1
	DJNZ	R6, LOOP2	2
	DJNZ	R7, LOOP1	2
	RET		2

3. 代码转换程序设计

例 3.81　编写一子程序,将 8 位二进制数转换为 BCD 码。

设要转换的二进制数在累加器 A 中,子程序的入口地址为 BCD1,转换结果存入 R0 所指示的 RAM 中。

程序如下:

```
BCD1:MOV   B,  #100
     DIV    AB              ;A←百位数,B←余数
     MOV   @R0, A           ;(R0)←百位数
     INC    R0
     MOV    A, #10
     XCH    A, B
     DIV    AB              ;A←十位数,B←个位数
     SWAP   A
     ADD    A, B            ;十位数和个位数组合到 A
     MOV   @R0, A           ;存入(R0)
     RET
```

4. 查表程序设计

查表是程序设计中使用的基本方法。只要适当地组织表格,就可以十分方便地利用表格进行多种代码转换和算术运算等。

例 3.82　利用表格计算内部 RAM 的 40H 单元中一位 BCD 数的平方值,并将结果存入 41H 单元。首先组织平方表,且把它作为程序的一部分。

程序如下:

```
     ORG    2000H
     MOV    A, 40H
     MOV    DPTR, #SQTAB
```

103

```
        MOVC   A，  @ A + DPTR
        MOV   41H，  A
        SJMP   $
SQTAB： DB 0, 1, 4, 9, 16, 25, 36, 49, 64, 81
```

5. 运算程序设计

例 3.83 编写一子程序,实现多字节加法。

两个多字节数分别存放在起始地址为 FIRST 和 SECOND 的连续单元中(从低位字节开始存放),两个数的字节数存放在 NUMBER 单元中,最后求得的和存放在 FIRST 开始的区域中。使用 MCS-51 字节加法指令进行多字节的加法运算,可用循环程序来实现。

```
SUBAD：MOV   R0，  #FIRST
        MOV   R1，  #SECOND      ;置起始地址
        MOV   R2，  NUMBER       ;置计数初值
        CLR   C                 ;清 Cy
LOOP：  MOV   A，  @ R0
        ADDC   A，  @ R1         ;进行一次加法运算
        MOV   @ R0,A            ;存结果
        INC   R0
        INC   R1                ;修改地址指针
        DJNZ   R2，  LOOP        ;计数及循环控制
        RET
```

6. 排序程序设计

例 3.84 设 N 个数据依次存放在内部 RAM 以 BLOCK 开始的存储单元中,编写程序实现 N 个数据按升序次序排序,结果仍存放在原存储单元中。

冒泡排序法的基本算法是:N 个数排序,从数据存放单元的一端(如起始单元)开始,将相邻两个数依次进行比较,如果相邻两个数的大小次序和排序要求一致,则不改变它们的存放次序,否则相互交换两数位置,使其符合排序要求,这样逐次比较,直至将最小(降序)或最大(升序)的数移至最后。然后,再将 n - 1 个数继续比较,重复上面操作,直至比较完毕。

程序如下:

```
        ORG   1000H
        BLOCK   EQU   20H       ;设 BLOCK 为 20H 单元
        N   EQU   10
        MOV   R7，  #N - 1       ;设置外循环计数器
NEXT：  MOV   A，  R7
        MOV   80H，  A
        MOV   R6，  A           ;设置外循环计数器
        MOV   R0，  #20H         ;设置数据指针
COMP：  MOV   A，  @ R0
        MOV   R2，  A
        INC   R0
```

104

```
            CLR   C
            SUBB  A，@R0
            JC  LESS
            MOV  A，R2
            XCH  A，@R0
            DEC   R0
            MOV  @R0，A
            INC  R0
LESS：       DJNZ R6，COMP           ;(R6)-1 不等于 0,转 COMP 继续内循环
            MOV  R0，#20H
            DEC  80H
            MOV  R6，80h
            DJNZ R7，COMP
            RET
            END
```

7. 输入输出程序设计

例 3.85　编写一数据输入程序,每当 P0.0 由高电平变为低电平时,由 P1 口读入 1 个数据,连续读入 N 次。读入数据分别存入内部 RAM 以 BLOCK 开始的存储单元中。

程序如下:

```
            ORG   1000H
            BLOCK  EQU  20H
            N   EQU  10
            MOV  R2，#8H
            MOV  R0，#BLOCK
LOOP：       MOV  P1，#0FFH
            JNB  P0.0,$
            JB   P0.0,$
            MOV  A,P1
            MOV  @R0,A
            INC   R0
            DJNZ R2，LOOP
            RET
            END
```

8. 数字滤波程序设计

例 3.86　限幅滤波子程序可以有效地抑制尖脉冲干扰。

设 D1、D2 为内部 RAM 单元,分别存放有某一输入口在相邻时刻采样的两个数据,如果它们的差值过大,超出了允许相邻采样值之差的最大变化范围 M,则认为发生了干扰,此次输入数据予以剔除,则用 D1 单元的数据取代 D2。

滤波程序如下：

```
        ORG   1000H
PT:     MOV   A, D2
        CLR   C
        SUBB  A, D1
        JNC   PT1
        CPL   A
        INC   A
PT1:    CJNE  A, #M, PT2
        AJMP  DONE
PT2:    JC DONE
        MOV   D2, D1
ONE:    RET
        END
```

习　题

1. MCS-51 有哪几种寻址方式？举例说明它们是怎样寻址的。

2. 位寻址和字节寻址如何区分？在使用时有何不同？

3. 要访问专用寄存器和片外数据寄存器，应采用什么寻址方式？举例说明。

4. 什么是堆栈？其主要作用是什么？

5. 编程将内部 RAM 的 20H 单元的内容传送给外部 RAM 的 2000H 单元。

6. 编程将内部数据存储器 20H～30H 单元内容清零。

7. 编程查找内部 RAM 的 32H～41H 单元中是否有 0AAH 这个数据，若有这一数据，则将 50H 单元置为 0FFH，否则清 50H 单元为 0。

8. 查找 20H～4FH 单元中出现 00H 的次数，并将查找结果存入 50H 单元。

9. 已知 A = 83H，R0 = 17H，(17H) = 34H，写出下列程序段执行完后的 A 中的内容。

10. 已知单片机的 f_{osc} = 12 MHz，分别设计延时 0.1 s、1 s、1 min 的子程序。

11. MCS-51 汇编语言中有哪些常用的伪指令？各起什么作用？

12. 比较下列各题中的两条指令有什么异同。

①MOV　A, R1；　　MOV　0E0H, R1

②MOV　A, P0；　　MOV　A, 80H

③LOOP:SJMP　LOOP；　SJMP　$

13. 下列程序段汇编后，从 3000H 开始各有关存储单元的内容是什么？

```
        ORG    3000H
TAB1:   EQU    1234H
```

TAB2:　　EQU　　　5678H

　　　　　DB　　　　65,13,"abcABC"

　　　　　DW　　　　TAB1,TAB2,9ABCH

14.为了提高汇编语言程序的效率,在编写时应注意哪些问题?

15.试编写 8 字节外部数据存储器到内部数据存储器的数据块传送程序,外部数据存储器地址范围为 40H ~ 47H,内部数据存储器地址范围为 30H ~ 37H。

16.试编写 8 字节外部程序存储器到内部数据 RAM 的传送程序,外部程序存储器地址为 2040H ~ 2047H,内部 RAM 地址为 30H ~ 37H。

17.试编程使内部 RAM 的 20H ~ 4FH 单元的数据块按降序排列。

18.内部 RAM 的 20H 单元开始有一个数据块,以 0DH 为结束标志,试统计该数据块长度,将该数据块传送到外部数据存储器 7E01H 开始的单元,并将长度存入 7E00H 单元。

19.试编写一个用查表法查 0 ~ 9 字形 7 段码(假设表的首地址为 TABLE)的子程序,调用子程序前,待查表的数据存放在累加器 A 中,子程序返回后,查表的结果也存放在累加器 A 中。

20.内部 RAM 的 DATA 开始的区域中存放着 10 个单字节十进制数,求其累加和,并将结果存入 SUM 和 SUM + 1 单元。

21.内部 RAM 的 DATA1 和 DATA2 单元开始存放着两个等长的数据块,数据块的长度在 LEN 单元中。请编程检查这两个数据是否相等,若相等,将 0FFH 写入 RESULT 单元,否则将 0 写入 RESULT 单元。

22.有一输入设备,其端口地址为 20H,要求在 1 s 时间内连续采样 10 次读取该端口数据,求其算术平均值,结果存放在内部 RAM 区 20H 单元。

23.编写子程序,将内部 RAM 区以 30H 为起始地址的连续 10 个存储单元中的数据,按照从小到大的顺序排序,排序结果仍存放在原数据区。

提示:可采用冒泡法排序,冒泡排序法的基本算法:N 个数排序,从数据存放单元的一端(如起始单元)开始,将相邻二个数依次进行比较,如果相邻两个数的大小次序和排序要求一致,则不改变它们的存放次序,否则相互交换两数位置,使其符合排序要求,这样逐次比较,直至将最小(降序)或最大(升序)的数移至最后。然后,再将 $n-1$ 个数继续比较,重复上面操作,直至比较完毕。

可采用双重循环实现冒泡法排序,外循环控制进行比较的次数,内循环实现依次比较交换数据。

第4章　MCS-51 单片机的中断系统

中断系统在微型计算机系统中起着十分重要的作用。一个功能强大的中断系统,能大大提高计算机处理事件的能力,提高效率,增强实时性。

MCS-51 单片机中断是通过硬件来改变 CPU 运行方向的。单片机在执行主程序的过程中,当出现某种紧急情况时,由服务对象向 CPU 发出中断请求信号,要求 CPU 暂时中断当前主程序的执行而转去执行相应的服务处理程序,待服务处理程序执行完毕后,再继续执行原来被中断的主程序。这种程序在执行过程中由于外界的原因而被中间打断的情况称为"中断"。

现代计算机中引入中断有以下优点:

1. 可以提高 CPU 的工作效率

CPU 有了中断功能就可以通过分时操作启动多个外设同时工作,并能对它们进行统一管理。CPU 执行人们在主程序中安排的有关指令可以令外设与它们并行工作,而且任何一个外设在工作完成后都可以通过中断得到满意的服务。因此,CPU 在与外设交换信息时通过中断就可以避免不必要的等待和查询,从而大大地提高它的工作效率。

2. 可以提高实时数据的处理时效

在实时控制系统中,被控系统的实时参量、越限数据和故障信息等必须为计算机及时采集、处理和分析判断,以便对系统实施正确的调节和控制。因此,计算机对实时数据的处理时效常常是被控系统的生命,是影响产品质量和系统安全的关键。CPU 有了中断功能,系统的失常和故障就都可以通过中断立刻告知 CPU,使它可以迅速采集实时数据和故障信息,并对系统做出应急处理。

MCS-51 系列单片机的中断系统是 8 位单片微机中功能较强的一种,它具有 5(或 6)个中断请求源,2 级中断优先级,可实现 2 级中断嵌套。用户可以很方便地通过软件设置实现对中断系统的控制。

4.1　中断概述

早期计算机中主机和外设交换信息只能采用程序控制传送方式。由于是 CPU 主动要求传送数据,而它又不能控制外设的工作速度,因此 CPU 只能用等待的方式来解决速度的匹配问题,计算机的效率得不到提高。所以为了解决快速的 CPU 和慢速的外设之间的矛盾,产生了中断的概念。

在日常生活中,"中断"现象也极其普遍。例如,我正在做某事,突然电话铃响了,我立即"中断"正在做的事,去接电话,接完电话,回头继续做我的事。如果不接电话,就不能及时甚至贻误紧急事情的处理。微型计算机系统中的"中断",其含义完全一样,是把社会的这一经验移植到了计算机系统。

可见,"中断"是处理事件的一个"过程",这一过程一般是由计算机内部或外部某种紧急事件引起并向 CPU 发出请求处理的信号,CPU 在允许的情况下响应请求,暂停正在执行的程序,保存好"断点"处的现场,转去执行中断处理程序,处理完后自动返回到原来断点处,继续执行原程序。这一处理过程就称为"中断"。

CPU 处理上述事件的过程,称为 CPU 的中断响应过程,如图 4-1 所示。对事件的整个处理过程,称为中断处理(或中断服务)。

能实现中断处理的功能部件称为中断系统;产生中断的请求部件称为中断请求源(或中断源);中断源向 CPU 提出的处理请求,称为中断请求(或中断申请)。

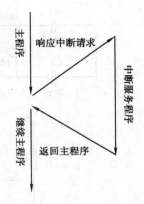

图 4-1　中断响应过程

当 CPU 暂时中止正在执行的程序,转去执行中断服务程序时,除了单片机硬件自动把断点地址(16 位程序计数器 PC 的值,即 PC 当前值)压入堆栈之外,用户还应该保护有关的工作寄存器、累加器、标志位等信息,这个过程称为现场保护。在完成中断服务程序后,恢复有关工作寄存器、累加器、标志位的内容,这个称为现场恢复。最后执行中断返回指令 RETI,从堆栈中自动弹出断点地址到 PC,继续执行被中断的程序,这称为中断返回。

在实际应用中应注意:

①由于中断的发生是随机的,因而使得由中断驱动的中断服务程序难于把握、检测和调试,这就要求在设计中断和中断服务程序时应特别谨慎,力求正确。

②在输入/输出的数据处理频率很高或实时处理要求很高时,不宜采用中断方式。

通过上面的文字叙述,对中断系统有了一定的了解,但不够具体,下面再通过一个实例来再次说明什么是中断,硬件电路图如图 4-2 所示,在图中除了单片机最小系统,有两个发光二极管与单片机的 P0.0 和 P0.1 相连,在 P3.3 引脚上连接了一个按钮 S。P3.3 除了是一个普通的 I/O 口外,它还有第二功能(外部中断 1 的信号输入端 $\overline{INT_1}$)。即当外部有中断信号时可以通过 P3.3 送入单片机,告知单片机的 CPU。该电路通过按钮 S,当 S 按下,P3.3 为低电平,外部中断产生。

完成了硬件系统的分析,下面再来看程序是如何控制外部中断的。

```
        ORG   0000H
        LJMP   START
START: MOV   IE, #84H        ;使能中断,即开对应的中断
GREEN: CLR   P0.0
        JMP   GREEN
;接下来是中断服务子程序,熄灭发光二极管 D1,点亮 D2
        OGR   0013H              ;0013H 为外部中断 1 的入口地址
INT1:  SETB   P0.0
        CLR   P0.1
D1:     MOV   R2, #250
D2:     MOV   R3, #220
        DJNZ   R3,$
```

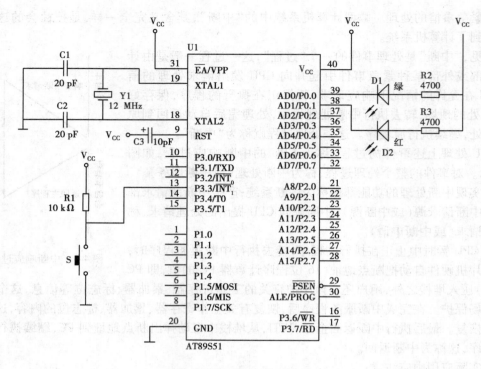

图 4-2 外部中断实例

```
DJNZ    R2,D2
SETB    P0. 1
RETI
END
```

以上是单片机对外部中断 1 的响应和处理机制,从中可以看到单片机响应并处理一个中断的要素有如下几点:

- 通过中断使能寄存器 IE 使相应的中断使能。
- 中断发生的条件之一是外部有请求信号,如按钮 S 的按下。
- 中断服务子程序,如"INT1"程序段。

所以,可以给单片机的中断再下一个定义:中断,是一个是单片机无条件立即暂停正在执行的程序,而转去执行另一段服务子程序的内部或外部事件。

4.2 MCS-51 单片机的中断系统结构

MCS-51 单片机的中断系统,是 8 位单片微机中功能较强的一种,它提供 5 个或 6 个中断源,具有 2 个中断优先级,可由软件设定,可实现两级中断嵌套,用户可以通过软件来屏蔽或接受所有的中断请求。

4.2.1　MCS-51 的中断源

8051 单片机提供 5 个中断源,而 8052 单片机为 6 个中断源,比 8051 多一个定时/计数器。8051 单片机 5 个中断源其中 2 个为外部中断源、3 个为单片机内部中断源。它们分别是:

①$\overline{INT_0}$:外部中断请求 0,中断请求信号由 P3.2 引脚输入。

②$\overline{INT_1}$:外部中断请求 1,中断请求信号由 P3.3 引脚输入。

③定时/计数器 T0 计数溢出中断请求,计数时计数脉冲信号由 P3.4 引脚输入。

④定时/计数器 T1 计数溢出中断请求,计数时计数脉冲信号由 P3.5 引脚输入。

⑤串行通信接收和发送中断请求。

4.2.2　MCS-51 中断系统的总体结构

MCS-51 中断系统结构示意图如图 4-3 所示。由图可知,8051 单片机有 5 个中断源,提供两个中断优先级,可实现二级中断服务程序嵌套(在一个中断服务子程序执行过程中,还可以产生中断)。每一个中断源可通过软件控制为高优先级中断或低优先级中断,可以用软件独立地控制为允许中断或关闭中断状态,中断级别均可以通过软件设置相关寄存器来实现。

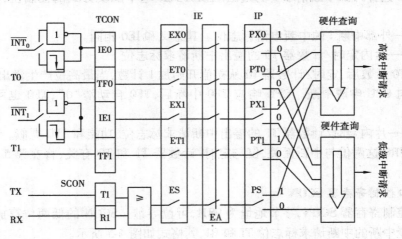

图 4-3　8051 单片机中断系统结构示意图

4.2.3　中断控制

1. 定时/计数器控制寄存器 TCON

定时/计数器控制寄存器 TCON,字节地址为 80H,可位寻址。该寄存器中即包括了定时/计数器 T0 和 T1 溢出中断请求标志位 TF0 和 TF1,也包括了两个外部中断请求的标志位 IE0 和 IE1。除此之外还包括了外部中断请求信号的触发方式的选择位 IT0 和 IT1。寄存器 TCON 的格式如图 4-4 所示。

	D7	D6	D5	D4	D3	D2	D1	D0
TCON	TF1	TR1	TF0	TR0	IE1	IT1	IE0	IE1
位地址	8FH	——	8DH	——	8BH	8AH	89H	88H

图 4-4　TCON 寄存器的格式

TCON 寄存器中与中断系统有关的各标志位的功能如下：

● IT0——选择外部中断请求 0 为边沿触发方式还是电平触发方式。

IT0 = 0，为电平触发方式，加到引脚$\overline{INT_0}$（P3.2）上的中断请求信号为低电平有效。

IT0 = 1，为边沿触发方式，加到引脚$\overline{INT_0}$（P3.2）上的中断请求信号为电平从高电平到低电平的负跳变有效。

● IE0——外部中断请求 0 的中断申请标志位。

当 IT0 = 0 时，外部中断请求 0 被设置为低电平触发，CPU 在指令的每个机器周期的 S5P2 采样$\overline{INT_0}$引脚，若$\overline{INT_0}$脚为低电平，则 IE0 置"1"，IE0 = 1 说明外部中断 0 向 CPU 有中断请求，否则 IE0 清"0"。

当 IT0 = 1 时，外部中断请求 0 设置为下降沿触发，若第一个机器周期采样到$\overline{INT_0}$为高电平，第二个机器周期采样到$\overline{INT_0}$为低电平时，则 IE0 置"1"。IE0 为 1 表示外部中断 0 正在向 CPU 申请中断。否则 IE0 清"0"。

● IT1——选择外部中断请求 1 为边沿触发方式或电平触发方式的控制位，其作用和 IT0 类似。

● IE1——外部中断 1 的中断申请标志位。其意义和 IE0 相同。

● TF0——片内定时/计数器 T0 的溢出中断请求标志位。

当启动 T0 计数后，定时/计数器 T0 从初值开始加 1 计数，当最高位产生溢出时，由硬件使 TF0 置"1"，向 CPU 申请中断。CPU 响应 TF0 中断后，TF0 自动清"0"，TF0 也可以由软件清"0"。

● TF1——片内定时/计数器 T1 的溢出中断请求标志位，功能和 TF0 类似。

TR1 和 TR0 这两位与中断无关，仅与定时/计数器 T1 和 T0 有关，将在第 5 章定时/计数器中介绍。

2. 串行口控制寄存器 SCON

串行口控制寄存器 SCON，字节地址为 98H，可位寻址。SCON 的低两位存放串行口的发送中断和接受中断的中断请求标志位 TI 和 RI，其格式如图 4-5 所示。

	D7	D6	D5	D4	D3	D2	D1	D0
SCON	– –	– –	– –	– –	– –	– –	TI	RI
位地址	– –	– –	– –	–	– –	– –	99H	98H

图 4-5　SCON 寄存器的格式

SCON 中各标志位的功能如下：

①TI——串行口发送中断请求标志位。CPU 将一个字节的数据写入发送缓冲器 SBUF 时，就启动一帧串行数据的发送，每发送完一帧数据后，硬件使 TI 自动置"1"。CPU 响应串行口发送中断时，并不清除 TI 中断请求标志位，TI 标志位必须在中断服务程序中用指令去清"0"。

②RI——串行口接受中断请求标志位。在串行口接受完一帧数据，硬件自动使 RI 中断请求标志位置"1"。CPU 在响应串行口接受中断时，RI 标志位并不清"0"，必须在中断服务程序中用指令去清"0"。

3. 中断允许寄存器 IE

MCS-51 的中断属于可屏蔽中断,是由片内的中断允许寄存器 IE 控制的,IE 的字节地址为 A8H,可位寻址,其格式如图 4-6 所示。

IE	D7	D6	D5	D4	D3	D2	D1	D0
IE	EA	– –	ET2	ES	ET1	EX1	ET0	EX0
位地址	AFH	– –	ADH	ACH	ABH	AAH	A9H	A8H

图 4-6　IE 寄存器的格式

IE 寄存器各位功能说明如下:

①EA——允许/禁止全部中断。当 EA = 0,则禁止所有中断的响应;当 EA = 1,则各中断源的响应与否取决于各自的中断控制位的状态。

② – –——保留位,无意义。

③ET_2——定时计数器 2(8052 型单片微机)的计满回 0 溢出或捕获中断响应控制位。

④ES——串行通信接收/发送中断响应控制位。ES = 0,禁止中断响应;ES = 1,允许中断响应。

⑤ET_1——定时/计数器 1 计满回 0 溢出中断响应控制位。ET_1 = 0,禁止中断响应;ET_1 = 1,允许中断响应。

⑥EX_1——外部中断 1($\overline{INT_1}$)中断响应控制位。EX_1 = 0,禁止中断响应;EX_1 = 1 则允许中断响应。

⑦ET_0——定时/计数器 0 的计满回 0 溢出中断响应控制位。ET_0 = 0,禁止中断响应;ET0 = 1 则允许中断响应。

⑧EX_0——外部中断 0($\overline{INT_0}$)中断响应控制位。EX_0 = 0,禁止中断响应;EX_0 = 1 则允许中断响应。

由上可见,MCS-51 的中断响应为两级控制,EA 为总的中断响应控制位,各中断源还有相应的中断响应控制位。

4. 中断优先级寄存器 IP

MCS-51 单片机的中断设有两级优先级。每一个中断源均可通过软件对中断优先级寄存器 IP 中相应位进行设置,编程为两级优先级中的任一级——高优先级或低优先级,置"1"为高优先级;清"0"为低优先级。正在执行的低优先级中断服务可以被高优先级的中断源所中断,但不能被同级或低优先级的中断源所中断;正在执行的高优先级的中断服务程序不能被任何中断源所中断。两个以上同时请求的中断,CPU 只响应优先级高的中断请求。由于有两级优先级,所以 8051 单片机有两级中断嵌套,两级中断嵌套的过程如图 4-7 所示。

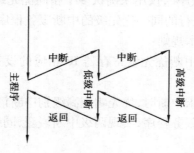

图 4-7　两级中断嵌套的过程

8051 片内有一个中断优先级寄存器 IP,其字节地址为 B8H,可位寻址。IP 寄存器的格式如图 4-8 所示。

	D7	D6	D5	D4	D3	D2	D1	D0
IP	– –	– –	– –	PS	PT1	PX1	PT0	PX0
位地址	– –	– –	– –	BCH	BBH	BAH	B9H	B8H

图 4-8 IP 寄存器的格式

IP 寄存器各位功能说明如下:

①IP.5、IP.6 和 IP.7——保留位,无定义。

②PS——串行通信中断优先级设置位。软件设置 PS = 1,则定义为高优先级中断;设置 PS = 0,则定义为低优先级中断。

③PT1——定时/计数器 T1 中断优先级设置位。软件设置 PT1 = 1,则定义为高优先级中断;设置 PT1 = 0,则定义为低优先级中断。

④PX1——外部中断($\overline{INT_1}$)1 中断优先级设置位。软件设置 PX1 = 1,则定义为高优先级中断;设置 PX1 = 0,则定义为低优先级中断。

⑤PT0——定时/计数器 T0 中断优先级设置位。软件设置 PT0 = 1,则定义为高优先级中断;设置 PT0 = 0,则定义为低优先级中断。

⑥PX0——外部中断 0($\overline{INT_0}$)中断优先级设置位。软件设置 PX0 = 1,则定义为高优先级中断;设置 PX0 = 0,则定义为低优先级中断。

当同时有两个或两个以上优先级相同的中断请求时,则由内部按查询优先顺序来确定该响应的中断请求,其优先顺序由高到低顺序排列。其优先顺序排列如表 4-1 所示。

表 4-1 中断优先顺序查询排列

中断请求标志	中断源	优先顺序
IE0	外部中断 0	最高 ↓ 最低
TF0	定时/计数器 0 溢出中断	
IE1	外部中断 1	
TF1	定时/计数器 1 溢出中断	
RI + TI	串行通信中断	

这种"同级内的中断优先顺序",仅用来确认多个相同优先级中断源同时请求中断时优先响应的顺序,而不能中断正在执行的同一优先级的中断服务程序。

以上所述可归纳为如下基本规则:

①任一中断源均可通过对中断优先级寄存器 IP 相应的设置,使其成为高优先级或低优先级。

②不同级别中断源同时请求中断时,优先响应高级别中断请求;高级别中断源中断请求可中断正在执行中的低级别中断服务程序,实现两级中断嵌套,同级或低优先级中断源请求不能实现中断嵌套。

③同一级别的多个中断源同时请求中断时按优先顺序查询确定,优先响应顺序高的。

4.3　中断处理过程

通过 4.1 节的学习,不难发现微型计算机的中断过程可以分为三个阶段:中断响应、中断处理、中断返回,单片机也是如此。下面对 8051 单片机的中断处理过程进行说明。

4.3.1　中断响应

1. 中断响应条件

CPU 并不是对查询到的所有中断请求都立即响应,中断响应的条件如下:

- 有中断源发出中断请求。
- 中断全局允许位 EA = 1(CPU 开中断)。
- 提出中断的中断源没有被屏蔽,即中断源对应的中断允许位为 1。
- 此时 CPU 并未执行同级或更高级中断服务程序。
- 现行指令执行完毕,即当前的指令周期已结束。
- 若现行指令为 RETI 或者是访问 IE、IP 的指令时,则必须在该指令以及紧跟其后的下一条指令已经执行完后给予响应。

在系统中,CPU 对满足了上述条件的中断请求给予响应。同时 CPU 对中断请求信号还有所制约。例如,CPU 对外部中断信号是每个机器周期采样一次,为此,引脚输入的高电平或低电平必须保持 12 个时钟周期,即最少保持一个机器周期以确保能被 CPU 采样到。

2. 中断响应操作过程

从中断请求产生到被响应,再从中断响应到中断服务程序的执行是一个复杂的过程,这整个过程都是在 CPU 的控制下有序进行的。8051 单片机中断响应操作过程有下面 3 种操作。

(1)中断采样

对于外部中断请求信号,中断采样是唯一可行的办法。CPU 在每个机器周期的 S5P2(第 5 个状态第 2 节拍)对 8051 单片机引脚 P3.2 和 P3.3 进行采样,并根据采样结果来确定 TCON 寄存器中响应标志位 IE0 和 IE1 的状态。正是因为采样是直接对中断请求信号进行的,所以对中断请求信号就有一定要求。

- 对于电平触发方式的外部中断,其请求信号的电平至少需要保持 12 个时钟周期,才能确保中断请求被系统接收到。
- 对于边沿触发方式的外部中断,若在两个相邻机器周期采样到的是先为高电平,后为低电平,则中断请求有效,且此低电平保持的时间也应至少为 12 个时钟周期,才能使电平的负跳变被 CPU 采样到。

(2)中断查询

系统所有中断源的中断请求都汇集在控制寄存器 TCON 和 SCON 中。对于外部中断是通过采样方式来锁定于控制寄存器 TCON 中,而定时/计数器的溢出中断和串行口中断的中断请求都发生在芯片内,CPU 是通过查询方式检测控制寄存器 TCON 和 SCON 中各标志位的状态,以确定有没有中断请求发生,以及是哪一个中断请求。中断查询与中断采样一样有严格的时序要求。8051 单片机是在每个机器周期的最后一个状态(S6),按中断优先级顺序对中断请求标志位进行查询。因为中断请求是随机产生的,CPU 无法预知,故在程序执行过程中,中断查询要在指令执行的每一个机器周期中不停地进行。

(3)中断响应

中断响应的主要内容是由硬件自动生成一条长调用指令 LCALL。指令格式为 LCALL ADDR16,其中 ADDR16 是程序存储器中相应的中断服务程序的入口地址。在 8051 单片机中,各中断源中断服务程序的入口地址(又称矢量地址)已由系统设定好了。两相邻中断源中断服务程序的入口地址相距只有 8byte 单元。一般的中断服务程序是容纳不下的,通常在相应的中断服务程序入口地址单元开始放置一条长跳转指令 LJMP,这样就可以转到 64K 程序存储器的任何可用区域中。例如用户的外中断 0($\overline{INT_0}$)的服务程序首地址为 INTVS,则在外中断$\overline{INT_0}$的入口地址 0003H 单元应放一条跳转指令 LJMP INTVS。程序如下:

```
            ORG        0000H
            LJMP       MAIN
            ORG        0003H
            LJMP       INTVS
            ……
            ORG        0030H
MAIN:       ……                    ;主程序
            ……
INTVS:      ……                    ;中断服务子程序
            ……
            RETI
```

必须注意以下几点:

● 在 0000H 单元放一条跳转到主程序的跳转指令。这是因为 MCS-51 单片机在复位后,其 PC 的内容被强迫置成 0000H,所以上电一启动,就执行 0000H 这条指令。

● 在中断服务程序的末尾,必须安排一条返回指令 RETI,CPU 执行完这条指令后,清"0"响应中断时所置位的优先级状态触发器,然后从堆栈中弹出栈顶中的断点(两个字节),送到程序计数器 PC,使 CPU 从原来的断点处重新执行被中断的程序。

● 由于在中断响应时,CPU 只自动地保护断点(压栈),所以 CPU 的其他现场,如寄存器 A、B、状态字 PSW、通用寄存器 R0、R1 等的保护和恢复由用户在中断服务程序中安排。

各中断源中断服务程序的入口地址如表 4-2 所示。

表 4-2 中断源中断服务程序入口地址

中断源	中断服务程序入口地址
外部中断 0	0003H
定时/计数器 0 溢出中断	000BH
外部中断 1	0013H
定时/计数器 1 溢出中断	001BH
串行通信中断	0023H

3. 中断响应时间

中断响应时间是指从中断源发出中断请求有效(标志位置 1)到 CPU 响应中断转向中断服务程序开始处所需要时间(用机器周期表示)。对于不同的中断源,CPU 响应中断的时间不一样。51 系列单片机的最短响应时间为 3 个机器周期,其中中断请求标志位查询占 1 个机器周期,因 CPU 在每个机器周期的 S5P2 期间进行查询,所以这个机器周期又恰好是指令的最后一个机器周期。这个机器周期结束后,中断即响应,产生长调用指令 LCALL,而执行这条指令需要 2 个机器周期。由此可知,这时该中断响应需要一个查询机器周期和两个 LCALL 指令执行机器周期,合计 3 个机器周期。

当遇到中断受阻的情况,中断响应时间会更长,最长的中断响应时间为 8 个机器周期。该情况发生在中断标志位查询时,CPU 正好是开始执行 RET、RETI 或者是访问 IE、IP 指令,这些指令最长需执行 2 个机器周期。若跟在后面再执行的一条指令恰巧是 MUL 或 DIV 指令,则又要用 4 个机器周期,再加上执行长调用指令 LCALL 需要 2 个机器周期,这样就需要 8 个机器周期的响应时间。

一般情况下,中断响应时间为 3～8 个机器周期。实际应用中,中断响应时间只有在精确定时的应用时,才需要知道中断响应时间,以实现精确定时控制。

4.3.2 中断处理

CPU 中断响应后,开始转入中断服务程序的入口执行中断服务程序,从中断服务程序的第一条指令开始到 RETI 指令结束,这个过程称为中断处理或中断服务。因各中断源要求服务的内容不同,中断处理过程也不同。8051 中断处理过程包含 3 部分:一是现场保护和现场恢复,二是开中断和关中断,三是中断服务。

现场是指 CPU 在响应中断时单片机各存储单元的数据或状态。这些数据或状态是在中断返回后,继续执行主程序时需要使用的,因此要把它们保存在堆栈区,这就是现场保护。现场保护一定要放置于中断处理程序的前面。当 CPU 执行完中断服务程序,需要把保存在堆栈区的现场数据或状态从堆栈中弹出,以恢复那些存储单元原有内容,这就是现场恢复。现场恢复一定要位于中断处理程序的后面。

单片机中的现场保护用 PUSH direct 指令来实现,现场恢复用 POP direct 指令来完成。至于需要保护哪些内容,应该由用户根据中断处理程序的情况来决定。

若在执行当前中断程序时要禁止更高优先级中断,则采用软件关闭或屏蔽高优先级中断源中断,在中断返回前再将刚屏蔽的高优先级中断开放。

中断服务是中断的具体目的,是中断处理的核心。CPU 针对中断源的要求进行相应的处理。

4.3.3 中断返回

对于系统的每一个中断源来说,其中断服务程序的最后一条指令必须是 RETI。CPU 执行这条指令时,一方面自动清除中断响应时所置位的"优先级生效"触发器的内容,另一方面从当前栈顶弹出断点地址送入程序计数器 PC,从而返回到断点处重新执行被中断的主程序。若用户在中断服务程序中进行了压栈操作,则在 RETI 指令执行前应进行相应的出栈操作,以便使堆栈指针 SP 指向断点地址所存放的单元。即在中断服务程序中,PUSH 指令与 POP 指令必须成对使用,否则不能正确地返回到断点处。

4.4　中断响应后中断请求的撤销

中断源提出中断申请,在 CPU 响应此中断请求后,应及时将控制寄存器 TCON 或 SCON 中的中断请求标志位清除(撤销)。否则就意味着中断请求仍然存在,容易造成对中断的重复响应。因此,8051 单片机中断响应后中断请求的撤销问题就显得重要了。

- 定时/计数器中断请求的撤销

定时/计数中断响应后,由硬件自动把相应标志位(TF0 或 TF1)清 0,因而定时/计数中断请求信号是自动撤销的,用户无需考虑。

- 边沿触发方式下外部中断请求的撤销

对外部中断的撤销包含两部分:中断标志位的清 0 和外部中断请求信号的撤销。其中标志位(IE0 或 IE1)清 0 同定时/计数中断一样,也是在中断响应后由硬件自动完成的。而中断请求信号的撤销,由于边沿触发信号的下跳沿产生后就会自动消失,所以该中断请求信号也是自动撤销的。

- 电平触发方式下外部中断请求的撤销

电平触发方式时外部中断的中断标志位也是自动撤销的。而在中断响应后,中断请求信号的低电平可能还存在,故必要时还需在信号引脚外添加辅助电路,以便在中断响应后强制将中断请求信号引脚的低电平变为高电平。

- 串行通信中断软件撤销

串行通信中断的标志位 TI 和 RI 被硬件置 1,响应中断后是不会被硬件自动清 0 的,所以串行通信中断请求的撤销应使用软件方法,应由用户在中断服务程序中完成。

4.5　MCS-51 单片机的中断应用举例

本节,首先介绍中断系统的中断程序编写方法,然后再介绍中断程序的应用实例。

4.5.1　怎样编写中断服务程序

中断程序的结构及内容与 CPU 对中断的处理过程密不可分,它通常分为两大部分。

1. 主程序

(1)设置主程序起始地址

51 系列单片机复位后,PC = 0000H,因 0000H ~ 0002H 只有 3 个字节单元,无法写主程序,所以编程时应在 0000H 处写一条转移指令,使 CPU 在执行程序时,从 0000H 跳过各中断源的入口地址,跳转到主程序入口(即复位也相当于一个最高级的中断源,其入口地址为 0000H)。主程序是以跳转到的目的地址为起始地址开始编写的,一般可从 0100H 开始。

（2）初始化内容

初始化是对将要用到的单片机内部设备或扩展芯片进行初始工作状态设置。当51单片机复位后，中断控制寄存器IE和中断优先级寄存器IP的内容均为00H，所以应对IE、IP进行初始化编程，以开放中断和设优先级，即允许某些中断源中断和设置中断优先级。

2. 中断服务程序

（1）中断服务程序的起始地址

当CPU接收到中断请求信号并给予响应后，CPU把断点处的PC内容（PC当前值）压入栈中保存，之后转入相应的中断服务程序入口处执行。8051单片机的中断系统中5个中断源的入口地址彼此相距很近，仅为8个字节，如果中断服务程序很短，且少于等于8个字节，则可从系统规定的中断服务程序入口地址开始直接编写中断服务程序。通常中断服务程序的容量远远大于8字节，那么应采取与主程序相同的方法，只在对应的入口地址处写一条转移指令，并以转移指令的目的地址为中断服务程序的起始地址进行中断程序编写，当然该目的地址不应落在主程序存储空间中。

（2）中断服务程序编写中的注意事项

首先，需要进行现场保护；其次，要及时清除那些不能被硬件自动清除的中断请求标志位，以避免产生错误的中断；然后，在中断服务程序中，PUSH指令与POP指令必须成对使用，否则不能正确地返回断点处；最后，需注意主程序和中断服务程序之间的参数传递与主程序和子程序的参数传递方式相同。

4.5.2 中断应用举例

1. 外部一个中断实例

例4.1 如图4-9所示的中断加查询的外部中断源电路，可实现系统的故障显示。将P1口的P1.0～P1.3作为外部中断源的输入信号脚，P1.4～P1.7作为输出信号脚以驱动LED显示。该电路要求系统各部分正常工作时，LED不显示。而当有某部分出现故障时，相应的输入由低电平变为高电平，而对应的LED灯将显示（对应关系是P1.0对P1.4，其他类推）。

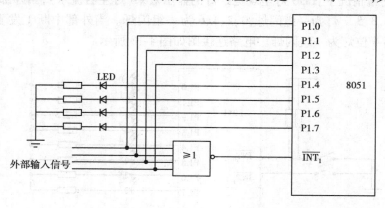

图4-9 中断加查询电路

解：当图中某部分出现故障时，该相应的输入由低电平变为高电平，经或非门送到$\overline{INT_1}$引脚端，以产生向8051单片机的中断请求信号（负跳变），设8051单片机外部中断1为边沿触发方式。

在中断服务程序中,应先将各故障信号读入后进行查询,再做出相应的显示。整个程序如下:

```
            ORG    0000H       ;接下来的程序从 0000H 开始存放
            LJMP   MAIN        ;系统上电,执行主程序
            ORG    0013H       ;外部中断 1 入口地址
            LJMP   LOOP        ;转移到中断服务程序
MAIN：      MOV    P1,#00H     ;P1 口复位,清中断和显示
            SETB   EX1         ;允许INT₁中断
            SETB   IT1         ;INT₁中断选用边沿触发方式
            SETB   EA          ;CPU 开中断
HALT：      SJMP   HALT        ;等待中断
LOOP：      JNB    P1.0,L1     ;查询中断源,若 P1.0 = 0,则转移到 L1
            SETB   P1.4        ;当 P1.0 = 1,则置 P1.4 = 1,使相应的 LED 灯显示
L1：        JNB    P1.1,L2     ;查询中断源,若 P1.1 = 0,则转移到 L2
            SETB   P1.5        ;当 P1.1 = 1,则置 P1.5 = 1,使相应的 LED 灯显示
L2：        JNB    P1.2,L3     ;查询中断源,若 P1.2 = 0,则转移到 L3
            SETB   P1.6        ;当 P1.2 = 1,则置 P1.6 = 1,使相应的 LED 灯显示
L3：        JNB    P1.3,L4     ;查询中断源,若 P1.3 = 0,则转移到 L4
            SETB   P1.7        ;当 P1.3 = 1,则置 P1.7 = 1,使相应的 LED 灯显示
L4：        RETI               ;中断返回
            END
```

2. 外部两个中断同时存在实例

练习编写两个外部中断同时存在的实例程序。掌握两个中断同时存在的编写技巧和一个中断相似。

例 4.2   正常情况下,LED 灯呈现霓虹灯的显示效果(灯左右流水),当外部中断 0 发生时(键按下),第 1、3、5、7 灯为一组闪烁,0、2、4、6 为一组闪烁。当外部中断 1 发生时,低 4 位灯为一组闪烁,高 4 位灯为一组闪烁。电路连接图如图 4-10 所示。

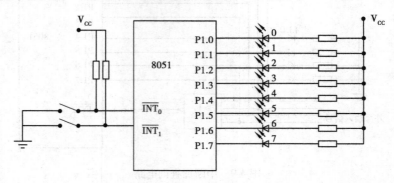

图 4-10 霓虹灯电路图

程序如下:

```
            ORG    0000H
```

120

```
            LJMP   MAIN
            ORG    0003H
            LJMP   EXT0
            ORG    0013H
            LJMP   EXT1
MAIN：  MOV   IE，#85H                    ;主程序
            MOV   IP，#01H
            CLR   C
            MOV   P1，#0FFH
            MOV   R1，#08
            MOV   R2，#07
MAIN1： MOV   A，#0FFH
LOOP1： RLC   A                             ;左移
            MOV   P1，A
            LCALL   DELAY1
            DJNZ   R1，LOOP1
LOOP2： RRC    A                             ;右移
            MOV    P1，A
            LCALL DELAY1
            DJNZ   R2，LOOP2
LOOP3： MOV  DPTR，#TAB              ;霓虹灯开始
LOOP4： CLR   A
LOOP5： MOVC  A，@ A + DPTR
LOOP6： MOV   P1，A
            LCALL   DELAY4
            INC   DPTR
            CJNE   A，#00H，LOOP4
            AJMP   MAIN

EXT0：  PUSH   ACC                        ;外部中断0的中断服务程序
            PUSH   PSW
            CLR   RS1
            SETB   RS0
            MOV   A，#55H
            MOV   58H，#10
LOOP11：MOV   P1，A
            LCALL   DELAY1
            CPL    A
            DJNZ   58H，LOOP11
```

121

```
            POP    PSW
            POP    ACC
            RETI

    EXT1:   PUSH   ACC                              ;外部中断 1 的中断服务程序
            PUSH   PSW
            SETB   RS1
            SETB   RS0
            MOV    A,#0F0H
            MOV    59H, #10
    LOOP12: MOV    P1,A
            LCALL    DELAY1
            CPL    A
            DJNZ   59H,LOOP12
            POP    PSW
            POP    ACC
            RETI

    DELAY1:MOV     40H,#20                          ;延时 200ms 子程序
       D2:MOV      41H,#20
       D3:MOV      42H,# 248
          DJNZ     42H,$
          DJNZ     41H,D3
          DJNZ     40H,D2
          RET

    DELAY4:MOV     50H,#10                          ;延时 100ms 子程序
       D5:MOV      51H,#20
       D6:MOV      52H,# 248
          DJNZ     52H,$
          DJNZ     51H,D6
          DJNZ     50H,D5
          RET

    TAB:    DB   11111111B,11111110B,11111100B,11111000B      ;霓虹灯数据表
            DB   11110000B,11100000B,11000000B,10000000B
            DB   10000000B,11000000B,11100000B,11110000B
            DB   11110000B,11111100B,11111110B,11111111B
            DB   0CFH,0F3H, 3FH,0FCH
```

```
DB    0FEH,0FDH,0FBH,0F7H,0EFH,0DFH,0BFH,7FH
DB    7EH,7DH,7BH,77H,6FH,5FH,3FH,3EH,3DH,3BH
DB    37H,2FH,1FH,1EH,1DH,1BH,17H,0FH,0EH,0DH
DB    0BH,07H,06H,05H,03H,02H,01H,01H
DB    01H,03H
DB    07H,0FH,00H
```

4.6　外部中断源扩展

MCS-51 有两个外部中请求输入端$\overline{INT_0}$和$\overline{INT_1}$。但在实际应用系统中,若系统所需的外部中断源有两个以上时,就需要扩展外部中断源,下面讨论扩展中断源的两种方法。

4.6.1　利用定时器扩展外部中断源

在 8051 单片机的应用中,若需要的外部中断源是两个以上,且定时/计数器尚有多余时,可利用定时/计数器以计数工作方式实现外部中断。每当 P3.4(T0) 和 P3.5(T1) 引脚上发生负跳变时,T0 和 T1 的计数器加 1。利用这个特性,可以把 P3.4 和 P3.5 引脚作为外部中断请求源,而定时器的溢出中断作为外部中断请求标志,具体参照第 5 章例 5.4。

例如,设 T0 为模式 2 外部计数方式,时间常数为 0FFH,允许中断。其初始化程序为:

```
MOV    TMOD,#06H        ;设 T0 为模式 2,计数器方式工作
MOV    TL0,#0FFH        ;时间常数 0FFH 分别送入 TL0 和 TH0
MOV    TH0,#0FFH
MOV    IE,#82H          ;允许 T0 中断
SETB   TR0              ;启动 T0 计数
```

当接到 P3.4 引脚上的外部中断请求输入发生负跳变时,TL0 加 1 溢出,TF0 被置位,向 CPU 提出中断申请。同时 TH0 的内容自动送入 TL0,使 TL0 恢复初值 0FFH。这样,每当 P3.4 引脚上有一次负跳变时,就向 CPU 提出中断申请,这样 P3.4 引脚就相当于边沿触发的外部中断源。P3.5 引脚同理。

4.6.2　中断加查询扩展外部中断源

在所需的外部中断源超过两个以上时,还可以利用 8051 单片机的两个外部中断输入引脚线。每一根输入线可以通过 OC 门"线与"实现扩展多个外部中断源的目的。具体电路如图 4-11 所示。

图 4-11 中 4 个中断源通过集电极开路的 OC 门构成"线与"的关系,各中断源的中断请求信号均由$\overline{INT_0}$引脚输入后送给 CPU。无论哪一个外设提出中断请求,都会使$\overline{INT_0}$引脚电平变低,CPU 中断响应后转到程序存储器的 0003H 地址单元执行中断服务程序。通常在中断服务

程序中首先要进行所扩展中断源的查询,即通过查询 P1.0 ~ P1.3 的逻辑电平来确定是哪个中断源发出中断申请。查询的顺序根据扩展外部中断源的优先级顺序设置,中断源 1 的优先级最高,中断源 4 的优先级最低。

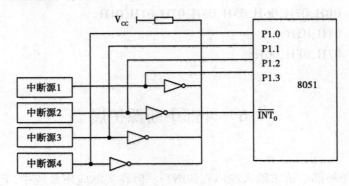

图 4-11　多个外部中断源的连线图

有关图 4-11 的中断服务程序的片段如下:

```
          ORG       0003H
          LJMP      INTR0
INTR0：   PUSH      PSW          ;保护现场
          PUSH      ACC
          JB        P1.3，DV1    ;转到中断源 1 的中断服务程序
          JB        P1.2，DV2    ;转到中断源 2 的中断服务程序
          JB        P1.1，DV3    ;转到中断源 3 的中断服务程序
          JB        P1.0，DV4    ;转到中断源 4 的中断服务程序
EXIT：    POP       ACC          ;恢复现场
          POP       PSW
          RETI
```

习　题

1. 什么是中断、中断源和中断系统?在单片机中,中断能实现哪些功能?

2. 说明外部中断请求的查询和响应过程。如何进行外部中断源的扩展?

3. 中断响应的条件是什么?

4. 8051 单片机有哪些中断源?分成几个优先级?对其中断请求如何进行控制?

5. 8051 单片机中断响应时间是否固定?说明为什么。

6. 中断服务子程序返回指令 RETI 和普通子程序返回指令 RET 有什么区别?

7. 在 MCS-51 中,哪些中断可以随着中断被响应而自动撤除?哪些中断需要用户来撤除?撤除的方法是什么?

8.下面说法正确的是：

(1)同一时间同一级别的多中断请求,将形成阻塞,系统将无法响应。

(2)同一级别的中断请求按时间的先后顺序来响应。

(3)低优先级的中断请求不能中断高优先级的中断请求,但是高优先级的中断请求能中断低优先级的中断请求。

(4)同级别的中断不能嵌套。

9.8051 单片机有哪几种扩展外部中断源的方法？各有什么特点？

10.编写中断服务程序时应该注意哪些问题？

第 5 章 MCS-51 单片机的定时/计数器

典型的微型计算机,其定时/计数是由专用的集成芯片提供的。MCS-51 系列单片机打破了典型微型计算机按逻辑功能划分集成芯片的体系结构,把定时/计数功能集成到单片机内部,从而充分体现出单片微机的结构特点。

由于单片机面向测控系统,因此常要求单片机提供实时功能,以实现定时、延时或实时时钟功能,也常要求有计数功能,以实现对外部事件进行计数。为此,MCS-51 单片机内部有两个16 位定时/计数器,简称定时器 0(T0)和定时器 1(T1)。它们均可以用作定时器或计数器,除此之外还可作为串行接口的波特率发生器,这些功能都可以通过设置相关寄存器来实现。本章主要介绍 8051 单片机内部的定时/计数器的结构、工作原理和应用。

5.1 定时/计数器概述

5.1.1 MCS-51 定时/计数器的结构

MCS-51 单片机的定时/计数器组成的核心是一个 16 位的加 1 计数器,提供给计数器实现加 1 的信号脉冲有两个来源:一是由外部事件提供的计数脉冲通过引脚 Tx(x = 0,1)端口送加1 计数器,由于送入信号的频率不固定,此时称之为计数器;另一个则由单片机内部的时钟脉冲经 12 分频(机器周期)后送加 1 计数器。这时送入的信号频率固定,此时称之为定时器。

定时/计数器的基本结构如图 5-1 所示。

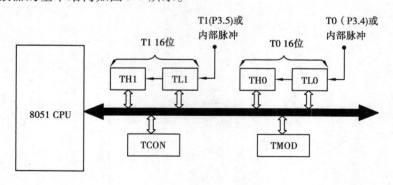

图 5-1 定时/计数器的基本结构

5.1.2　MCS-51 定时/计数器的基本原理

计数功能是指对外部事件进行计数。外部事件的发生是以输入脉冲形式来表示的,因而计数功能的实质是对外来脉冲的计数。当 T0(P3.4)和 T1(P3.5)的引脚上有负跳变的脉冲信号输入时,其对应的计数器进行加 1 计数。CPU 在每个机器周期的 S5P2 节拍对外来脉冲信号进行采样,若为有效计数脉冲,则在下一个周期的 S3P1 节拍进行计数。由此可见,对外部事件计一次数至少需要 2 个机器周期,所以在应用时,必须注意外来脉冲的频率不能大于振荡脉冲频率的 1/24。例如晶振频率为 12 MHz,则输入 T0 或 T1 口的信号频率应小于 500 kHz。如果外部事件发生的频率高于这个限制,单片机就会来不及“感知”而导致事件计数的遗漏。另外,计数器对外部事件信号的占空比没什么限制,但是为了安全起见,确保外部事件的电平信号在跳变前至少被采样一次,则该电平至少要保持 1 个机器周期。

定时功能也是通过计数器的计数来实现的。它的计数脉冲与计数方式不同,是将单片机的每个机器周期为计数脉冲,也就是每过一个机器周期,计数器进行加 1 计数。由于一个机器周期是固定地等于 12 个振荡脉冲周期,即在定时方式下,计数频率为振荡脉冲频率的 1/12。

初值的加载在定时/计数器的应用中是个关键,由于加法计数器是加 1 计数并且计满溢出时才申请中断,所以在给计数器赋初值时不能直接输入所需的计数值,而应输入计数器计数的最大值与你需要的计数值的差值。设最大计数值为 M,你需要的计数值为 N,初值设为 X,其中 M 在 8051 单片机中有三种选择,分别为 FFFH、FFFF、FFH。则 X 的计算方法如下:

计数工作方式时的初值:$X = M - N$。

定时工作方式时的初值:$X = M -$ 定时时间$/T$;其中 $T = 12 \times$ 振荡周期,其中定时时间$/T$就是转成所需的对固定脉冲的计数值 N。

5.1.3　MCS-51 定时/计数器实现延时

在具体讲述 MCS-51 单片机定时/计数器的原理之前,先通过一个实例再来理解什么是定时/计数器。在前面的章节中用到过延时子程序 DELAY 作为发光二极管闪烁的延时控制。延时子程序 DELAY 的实质是基于指令执行时需要一定的时间,结合利用 DJNZ 指令对工作寄存器进行减 1,并与 0 比较判断控制跳转的原理来实现的。既然这里讲到定时,那它就一定能实现延时子程序 DELAY 相似的功能。利用定时/计数器进行延时的例子如下:

```
T_DELAY:  SETB  TR0           ;TR0 =1,启动定时器 0
    S1:   MOV TL0, #0E0H      ;送定时器初值
          MOV TH0, #0B1H
    LOOP1: JBC  TF0, LOOP2    ;判断定时器定时是否完成
           JMP  LOOP1
    LOOP2: CLR  TR0           ;关闭定时器
           RET
```

上面程序是利用单片机的定时/计数器实现了延时功能的子程序,该程序从 T_DELAY 开始,到 RET 结束。其中 S1、LOOP1、LOOP2 三个标号将子程序分成了 4 段。下面初步分析下每断的功能。

- T_DELAY 段:SETB　TR0

TR0 是定时/计数器控制寄存器 TCON 中的一位,本条指令是将 TR0 位置成 1,以启动定时/计数器开始工作。

- S1 段:MOV TL0,#0E0H

　　　　MOV TH0,#0B1H

这两条指令是将立即数 B1E0H 分别装入定时/计数器 0 的低位 TL0 和高位 TH0 中,装载完计数初值后,定时/计数器 0 就自动开始从 B1E0 计数。一直计数到计数最大值 FFFFH 之后溢出。

- LOOP1 段:JBC　TF0,LOOP2

　　　　　JMP　LOOP1

定时/计数器 0 开始计数之后,每过 1 个机器周期计数值增加 1,直到最大值 65 535 之后再增加 1 就会发生定时/计数器 0 的溢出,定时/计数器 0 的控制寄存器 TCON 中的 TF0 位将会被硬件置 1,以表示计数完成,或者说定时完成。所以指令"JBC　TF0,LOOP2"就是用于检查 TF0 位是否为 1,若为 1,定时/计数器 0 定时完成,程序则跳到 LOOP2。若为 0,说明定时/计数器 0 还没有完成,则执行下一条指令"JMP　LOOP1"跳回本段继续判断 TF0 位,直到定时/计数器 0 完成计数为止。

- LOOP2 段:CLR　TR0

　　　　　RET

当定时/计数器 0 完成计数,TF0 为 1,则程序跳转到 LOOP2 段,该段指令"CLR　TR0"完成对定时/计数器 0 关闭作用,RET 指令是返回主程序。

5.2　定时/计数器的控制

8051 单片机设有两个特殊功能寄存器 TMOD 和 TCON(对 8052 而言,还有一个用于定时/计数器 2 的 T2CON 寄存器)用来定义定时/计数器的工作方式及其控制功能的实现。每当执行一条改变上述特殊功能寄存器内容的指令时,其改变内容将锁存于特殊功能寄存器中,在下一条指令的第一个机器周期的 S1P1 生效。

5.2.1　定时/计数器的工作模式控制寄存器 TMOD

工作模式寄存器 TMOD 用于定义定时/计数器的操作方式及工作模式,其地址为 89H,不能位寻址。其格式如图 5-2 所示。其中高 4 位用于定时/计数器 T1,低 4 位用于定时/计数器 T0,对应的功能相同。

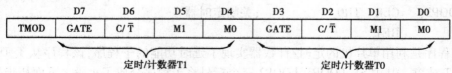

	D7	D6	D5	D4	D3	D2	D1	D0
TMOD	GATE	C/$\overline{T}$	M1	M0	GATE	C/$\overline{T}$	M1	M0

定时/计数器T1　　　　　　　　　定时/计数器T0

图 5-2　TMOD 寄存器的格式

TMOD 中各位的含义如下:

- M1、M0:工作模式控制位。这两位可组合成 4 种编码,对应 4 种工作模式详见表5-1。

表 5-1　M1、M0 控制的 4 种工作模式

M1	M0	工作模式	功能说明
0	0	模式 0	13 位定时/计数器,TH 8 位和 TL 中的低 5 位
0	1	模式 1	16 位定时/计数器
1	0	模式 2	自动装载计数初值的 8 位定时/计数器
1	1	模式 3	T0 分成两个独立的 8 位计数器,T1 没有此模式

- $C/\overline{T}$:计数方式或定时方式选择控制位。

$C/\overline{T} = 0$,将定时/计数器设置为定时方式,即对机器周期进行计数。

$C/\overline{T} = 1$,将定时/计数器设置为计数方式,即对 T0(P3.4)或 T1(P3.5)引脚输入的脉冲进行计数。

- GATE:定时/计数器门控位。

GATE = 1,只有 P3.2 引脚$\overline{INT_0}$(或 P3.3 引脚$\overline{INT_1}$)为高电平并且 TR0(或 TR1)置 1 时,相应的定时/计数器 T0(或 T1)才能启动工作。也就是说 T0(或 T1)需要两个信号来启动,可以理解为软硬件同时满足条件才能启动,这点可以参考 5.3 节的各工作模式电路图。

GATE = 0,只要用软件将 TR0(或 TR1)置 1,T0(或 T1)就被选通,便启动了定时/计数器,可以理解为只要软件控制就能启动。

5.2.2　定时/计数器的控制寄存器 TCON

定时/计数器控制寄存器 TCON,字节地址为 88H,除了可字节寻址外,各位还可位寻址,寄存器 TCON 的格式如图 5-3 所示。

	D7	D6	D5	D4	D3	D2	D1	D0
TCON	TF1	TR1	TF0	TR0	IE1	IT1	IE0	IT0
位地址	8FH	8EH	8DH	8CH	8BH	8AH	89H	88H

图 5-3　寄存器 TCON 的格式

①TF1:定时/计数器 1 溢出中断请求标志位。当定时/计数器 1 计数回 0 并产生溢出信号由内部硬件置位 TF1(TF1 = 1),向 CPU 请求中断;当 CPU 响应中断转向该中断服务程序执行时,由内部硬件自动清"0"(TF1 = 0)。

②TR1:定时/计数器 1 启/停控制位。由软件置位/复位控制定时/计数器 1 的启动/停止运行。

③TF0:定时/计数器 0 溢出中断请求标志位。当定时/计数器 0 计数回 0 并产生溢出信号由内部硬件置位 TF0,向 CPU 请求中断;当 CPU 响应中断转向该中断服务程序执行时,由内部硬件自动清"0"。

④TR0:定时/计数器 0 启/停控制位。由软件置位/复位控制定时/计数器 0 的启动/停止运行。

TCON 的其余 4 位与外部中断有关,在前一章已经介绍了。

5.3　定时/计数器的工作模式及应用

8051 单片机的定时/计数器 T0 有 4 种工作模式,定时/计数器 T1 有 3 种工作模式,其模式的选择是由特殊功能寄存器 TMOD 中的 M1 和 M0 位控制,并且定时/计数器 T1 的 3 种工作模式和定时/计数器 T0 的前 3 种工作模式是完全相同的。本节模式的介绍以定时/计数器 0 为例。

5.3.1　工作模式 0 及应用

1. 工作模式 0 介绍

模式 0 采用 13 位计数器方式,之所以称之为 13 位,是因为它是由 TL0 寄存器的低 5 位 (TL0 的高 3 位保留不用)和 TH0 寄存器的 8 位共同构成 13 位定时/计数器。其逻辑结构如图 5-4 所示。在这种模式下,当 TL0 的低 5 位溢出时,向 TH0 进位;TH0 溢出时,向中断标志位 TF0 进位(硬件置位 TF0),并申请中断。

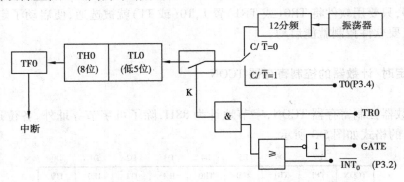

图 5-4　定时/计数器 T0 的工作模式 0 逻辑结构图

在图 5-4 中,当 $C/\bar{T} = 0$ 时,控制开关接通振荡器 12 分频输出端,T0 对机器周期计数,即这是 T0 工作在定时方式。其定时时间为:

$$t = (2^{13} - T0 \text{ 初始值}) \times \text{振荡周期} \times 12$$

当 $C/\bar{T} = 1$ 时,内部控制开关使外部引脚 P3.4(T0)与 13 位计数器相连,外部计数脉冲由引脚 P3.4(T0)输入,当外部信号电平发生由 1 到 0 的跳变时,计数器就加 1。这时,T0 工作在对外部事件计数方式,即工作在计数方式。其计数最大长度为 $2^{13} = 8\,192$ 个外部脉冲。

控制定时/计数器启动、停止的信号主要是门控位 GATE 和运行控制位 TR0。

当 GATE = 0 时,图 5-4 中或门输出总是 1,这样封锁了引脚 $\overline{\text{INT}}_0$(P3.2)的信号。若 TR0 = 1,与门输出为 1,控制开关 K 闭合,定时/计数器从 T0 中的初值开始计数,直到溢出。若 TR = 0,则封锁与门,控制开关 K 断开,定时/计数器无计数脉冲,停止工作。

当 GATE = 1 时,则或门输出状态由 $\overline{\text{INT}}_0$ 控制,当 $\overline{\text{INT}}_0 = 1$ 时,或门输出为 1,若 TR0 = 1,与

门输出为 1,控制开关 K 闭合,定时/计数器从 T0 中的初值开始计数,直到溢出。若 TR = 0,则封锁与门,控制开关 K 断开,定时/计数器无计数脉冲,停止工作。当 $\overline{INT_0}$ = 0 是,或门输出为 0,此时无论 TR0 为何状态,与门输出一直为 0,控制开关 K 断开,定时/计数器停止工作。

2. 工作模式 0 的应用

例 5.1 利用定时/计数器 T0 以工作模式 0 产生周期 2 ms 的连续方波信号,采用中断方式控制并由引脚 P1.0 口输出,设单片机的晶振频率为 12 MHz。

采用中断方式能提高 CPU 的效率。

(1)求定时器的初值

由于要产生 2 ms 的方波并由 P1.0 口输出,即要使引脚 P1.0 每隔 1 ms 改变电平,故定时时间为 1 ms。由定时时间公式

$$t = (2^{13} - T0\ 初值) \times 振荡周期 \times 12$$

其中 t = 1 ms,振荡周期 = 1/12 MHz = 1/12 μs,代入上式 1 000 = (8 196 − T0 初值) × 1/12 × 12 得出 T0 初值 = 7192D = 11100000 11000B,则 TH0 = 11100000B = E0H,TL0 的高三位默认为 000,故 TL0 = 00011000B = 18H。

(2)定时/计数器的初始化

根据题目要求使用 T0 工作模式 0 作定时器用,故设置 TMOD 中 T0 对应的 M1M0 = 00,$C/\overline{T}$ = 0,GATE = 0 定时/计数器 T0 的启动停止控制由 TR0 控制,由于 T1 没有用,所对应的 4 位设为 0000,故 TMOD = 00H。

采用中断方式,还要开 T1 的中断,设置 T1 中断允许标志位 ET0 = 1 并允许全局中断允许 EA = 1,故 IE = 82H。

(3)程序编写如下

```
            ORG      0000H
            AJMP     MAIN
            ORG      000BH          ;T0 中断入口
            LJMP     T0INT
            ORG      0200H
MAIN：      MOV      TMOD, #00H     ;定时器 T0 初始化为模式 0
            MOV      TL0, #18H      ;送定时初值
            MOV      TH0, #0E0H
            MOV      IE, #82H       ;T0 开中断 EA = 1,ET0 = 1
            SETB     TR0            ;启动定时器 0
LOOP：      SJMP     LOOP           ;等 T0 定时器中断
            ORG      0300H          ;真正的中断服务程序入口
T0INT：     CPL      P1.0
            MOV      TL0, #18H      ;给 T0 重新赋初值
            MOV      TH0, #0E0H
            RETI
            END
```

5.3.2 工作模式 1 及应用

1. 工作模式 1 介绍

定时/计数器模式 1 采用 16 位计数方式,如图 5-5 所示,其结构与操作几乎与模式 0 完全相同,唯一的差别是:在模式 1 中,寄存器 TH0 和 TL0 是以全部 16 位参与工作。这样,8051 单片机的模式 1 能完成模式 0 的所有工作。而 MCS-51 单片机中还设有模式 0,这是因为考虑到要向下(MCS-48 单片机)兼容。因为 MCS-48 单片机的定时/计数器是 13 位的。

模式 1 用于定时工作时,定时时间为

$$t = (2^{16} - \text{T0 初始值}) \times 振荡周期 \times 12$$

模式 1 用于计数工作时,计数最大长度为 $2^{16} = 65\,536$ 个外部脉冲。

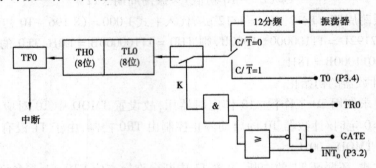

图 5-5　定时/计数器 T0 的工作模式 1 逻辑结构图

2. 工作模式 1 的应用

例 5.2　利用定时/计数器 T1 产生 25 Hz 的方波,由引脚 P1.1 口输出,设单片机的晶振频率为 12 MHz,要求采用中断方式和查询方式两种。

(1)求定时器的初值

无任是采用中断方式还是采用查询方式,根据题目要求是要产生 25 Hz 的方波,得周期为 1/25 Hz = 40 ms,两种方式都是要采用定时器定时 20 ms,而 40 ms 的方波即每隔 20 ms 改变一下引脚 P1.1 的电平即可得到 25 Hz 的方波。根据工作模式 1 的求初值的公式

$$t = (2^{16} - \text{T0 初始值}) \times 振荡周期 \times 12$$

其中 t = 20 ms,振荡周期 = 1/12 MHz = 1/12 μs,代入上式 20 000 = (65 536 − T1 初值) × 1/12 × 12 得出 T1 初值 = 45 536 D = B1E0H。

(2)定时/计数器的初始化

根据题目要求使用 T1 工作模式 1 作定时器用,故设置 TMOD 中 T1 对应的 M1M0 = 01,$C/\overline{T} = 0$,GATE = 0 定时/计数器 T1 的启动停止控制由 TR1 控制,由于 T0 没有用,所对应的 4 位设为 0000,故 TMOD = 10H。

采用中断方式时,还要开 T1 的中断,设置 T1 中断允许标志位 ET1 = 1 并允许全局中断允许 EA = 1,故 IE = 88H。

采用查询方式就无需设置中断允许寄存器了。

(3)程序编写

采用中断方式

```
        ORG     0000H
        AJMP    MAIN
        ORG     001BH               ;T1 中断服务入口
        LJPM    T1INT
        ORG     0200H
MAIN：  MOV     TMOD，#10H           ;设 T1 工作模式为模式 1
        MOV     IE，#88H            ;开 T1 中断
        MOV     TL1，#0E0H          ;给 T1 赋初值
        MOV     TH1，#0B1H
        SETB    TR1                 ;启动 T1 定时
LOOP：  SJMP    LOOP                ;等 T1 中断
        ORG     0300H
T1INT： CPL     P1.1
        MOV     TL1，#0E0H          ;重新赋初值
        MOV     TH1，#0B1H
        RETI                        ;中断返回
        END
采用查询方式
        ORG     0200H
        MOV     TMOD，#10H           ;设 T1 工作模式为模式 1
        MOV     TL1，#0E0H          ;给 T1 赋初值
        MOV     TH1，#0B1H
        SETB    TR1                 ;启动定时器 T1
LOOP：  JNB     TF1，LOOP            ;查询 TF1,等待定时时间到
        CLR     TF1                 ;软件清中断标志位 TF1
        MOV     TL1，#0E0H          ;重新赋初值
        MOV     TH1，#0B1H
        CPL     P1.1
        SJMP    LOOP                ;跳回查询处等待下一次定时时间到
        END
```

5.3.3　工作模式 2 及应用

1. 工作模式 2 介绍

模式 0 和模式 1 这两种模式计数器的共同特点是计数器溢出后为 0。因此,在需要循环定时或循环计数的应用场合中需重复置计数初值。这既影响定时的精度,又给程序设计增加了麻烦。而模式 2 把 TL0 设置成了一个可以自动重装载的 8 位定时/计数器,这种工作模式可以省去用户软件重新装入初值的指令,这样可以产生相当精确的定时时间。模式 2 的结构如图 5-6 所示。

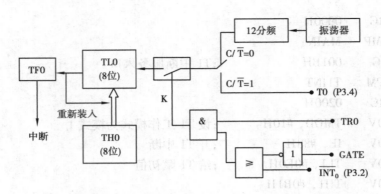

图 5-6 定时/计数器 T0 的工作模式 2 逻辑结构图

TL0 计数溢出时,不仅使溢出中断标志位 TF0 置 1,而且还自动把 TH0 中的内容重新装载到 TL0 中。这时,16 位计数器被拆成两个,TL0 用作 8 位计数器,TH0 用以保存初值。

在程序初始化时,TL0 和 TH0 由程序初始化相同的初值。一旦 TL0 计数溢出,不仅置位 TF0,而且发出信号将 TH0 中的初值再自动装入 TL0,继续计数,循环重复。

模式 2 用于定时工作时,定时时间为

$$t = (2^8 - T0 \text{ 初始值}) \times \text{振荡周期} \times 12$$

模式 2 用于计数工作时,计数最大长度为 $2^8 = 256$ 个外部脉冲。

2. 工作模式 2 的应用

例 5.3 利用定时/计数器 T0 的工作模式 2 对外部脉冲信号计数,要求每计满 50 个脉冲数,寄存器 R0 加 1,并且引脚 P1.0 取反。

(1)求计数器的初值

根据计数器求初值公式 $X = M - N$,其中 $M = 2^8 = 256$,N 为要计数的值即 N = 50。所以 $X = 256 - 50 = 206D = CEH$,故 TL0 的初值为 CEH,而初值备份寄存器 TH0 的值也是 CEH。

(2)定时/计数器的初始化

根据题目要求使用 T0 工作模式 2 作计数器用,故设置 TMOD 中 T0 对应的 M1M0 = 10,$C/\overline{T} = 1$,GATE = 0 定时/计数器 T0 的启动停止控制由 TR0 控制,由于 T1 没有用,所对应的 4 位设为 0000,故 TMOD = 06H。

采用中断方式,还要开 T0 的中断,设置 T0 中断允许标志位 ET0 = 1 并允许全局中断允许 EA = 1,故 IE = 82H。

外部脉冲信号由 T0(P3.4 引脚)输入,每发生一次负跳变计数器加 1,每输入 50 个脉冲,计数器产生溢出中断,在中断服务程序中将寄存器 R0 加 1,并将 P1.0 取反溢出。

(3)程序编写

```
        ORG     0000H
        AJMP    MAIN
        ORG     000BH       ;定时/计数器 T0 的中断入口地址
        INC     R0          ;具体中断服务程序
        CPL     P1.0
        RETI
        ORG     0200H
```

```
MAIN：  CLR    R0          ;R0 清 0
        MOV    TMOD, #06H   ;设 T0 为工作模式 2
        MOV    IE, #82H     ;开 T0 的中断
        MOV    TL0, #0CEH   ;给 T0 赋初值
        MOV    TH0, #0CEH
        SETB   TR0          ;启动计数器 T0
HERE：  SJPM   HERE
        END
```

5.3.4　工作模式 3 及应用

前面叙述的 3 种工作模式对 T0 和 T1 的设置是完全一样的,并且在使用上也是完全相同的。而模式 3 则和前面 3 种大不相同,其中 T0 有模式 3 而 T1 没有模式 3。

1. 定时/计数器 T0 的工作模式 3

若将 T0 设置为模式 3,TL0 和 TH0 被分成两个相互独立的器件,一个 8 位定时/计数器和一个 8 位定时器,其逻辑结构如图 5-7、图 5-8 所示。

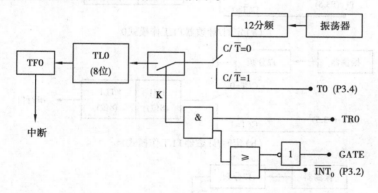

图 5-7　定时/计数器 T0 的工作模式 3 逻辑结构图(TL0)

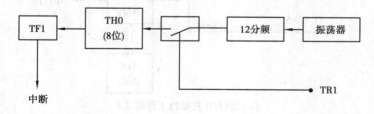

图 5-8　定时/计数器 T0 的工作模式 3 逻辑结构图(TH0)

如图 5-7 所示,TL0 用作 8 位定时/计数器的计数寄存器。其工作的设置和使用和模式 0、1 的区别不大,仅仅为定时/计数的能力变小。和模式 2 的区别为 TL0 的模式 3 没有自动装载初值的功能。

T0 模式 3 的 TL0 用于定时工作时,定时时间为

$$t = (2^8 - T0\ 初始值) \times 振荡周期 \times 12$$

T0 模式 3 的 TL 0 用于计数工作时,计数最大长度为 $2^8 = 256$ 个外部脉冲。

如图 5-8 所示,TH0 用作 8 位定时器的计数寄存器,其启动和停止的控制仅仅由 TR1 控制,定时器的计数脉冲仍然是振荡频率的 12 分频。当 8 位计数器计数满溢出时,它是置位 TF1。也就是说定时/计数器 T0 的 TH0 在工作模式 3 使用了定时/计数器 T1 相关控制寄存器的位(TR1、TF1)。这样的话,当 T0 工作在模式 3 的时候,使得定时/计数器 T1 的模式 0、1、2 将不能作为定时和计数的功能用,因为其定时/计数器的启动停止 TR1 和溢出中断请求标志位 TF1 都被 T0 用了。

2. T0 工作在模式 3 下的 T1 的工作情况

综上所述,当定时/计数器 T0 工作在模式 3 的时候,因为 T0 使用了 T1 的启动停止位 TR1 和溢出中断请求标志位 TF1,所以这时候的 T1 虽然可以设置为模式 0、模式 1、模式 2,但是又没有溢出中断请求标志位 TF1 可用,故这时 T1 的模式 0、1、2 不再作为定时/计数器,而是通常用作串行口的波特率发生器用,用以确定串行通信的速率(详见第 6 章),其逻辑结构图如图 5-9 所示。

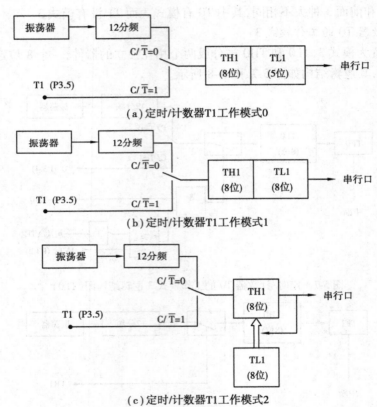

图 5-9 T0 工作在模式 3 时的 T1 的各种工作方式的逻辑结构图

T1 作串行口的波特率发生器使用时,只要设置好工作方式,便能自行运行工作。若要停止其工作,可以写一条指令使模式寄存器 TMOD 中的 T1 模式控制位 M1M0 = 11,即使得 T1 为模式 3。因为定时/计数器 T1 不具备模式 3,如果强行将它设置成工作模式 3,则 T1 就会立即停止工作。

3. 工作模式 3 的应用

例 5.4　假设 8051 单片机的两个外部中断源已经被用户使用了,并且用户系统已经将定时/计数器 T1 设为模式 2 作为了串行口波特率发生器,现在要求能再增加一个外部中断源(不能增加其他硬件),并且同时能在 P1.0 口输出一个 10 kHz 的方波。设单片机的晶振频率为 12 MHz。

由题意知道 T1 已经被用作串行口波特率发生器,而题目要求在增加一个外部中断源的同时还要产生一个 10 kHz 的方波。故在不增加其他硬件的前提下,可以把定时/计数器 T0 设为工作模式 3,利用外部引脚 T0(P3.4)作为一个外部中断源输入脚。要达到这个效果,需要把定时/计数器 T0 的 TL0 的值预置为 FFH,这样在引脚 T0(P3.4)出现由 1 到 0 的负跳变时,TL0 立即溢出,向 CPU 申请中断,相当于一个边沿触发方式的外部中断源。同时,当把 T0 设为工作模式 3 时,定时/计数器 T0 的 TH0 能独立地作为一个 8 位的定时器使用,故用 TH0 定时来控制引脚 P1.0 输出 10 kHz 的方波。

(1)求定时/计数器、定时器的初值

根据以上分析,定时/计数器 T0 的 TL0 初值设为 FFH,即 TL0 = 0FFH。

由于要产生 10 kHz 的方波并由 P1.0 口输出,即要使引脚 P1.0 每隔 $T = 1/2 \times 1/10$ kHz = 50 μs 改变电平,故定时时间为 50 μs。由定时时间公式

$$t = (2^8 - T0\text{ 初值}) \times 振荡周期 \times 12$$

其中 $t = 50$ μs,振荡周期 = 1/12 MHz = 1/12 μs,代入上式 $50 = (256 - T0\text{ 初值}) \times 1/12 \times 12$,得出 T0 初值 = 206D = CEH,则 TH0 = 0CEH。

(2)定时/计数器的初始化

根据题意使用 T0 工作模式 3,其中 TL0 作计数器用,TH0 作定时用,T1 的模式 2 作为串行口波特率发生器用。故设置 TMOD 中 T0 对应的 M1M0 = 11,$C/\overline{T} = 1$,GATE = 0 定时/计数器 T0 的启动停止控制由 TR0 控制,TMOD 中 T1 对应的 M1M0 = 10,$C/\overline{T}$ 和 GATE 没用都设为 0,故 TMOD = 27H。

采用中断方式,还要开 T0 和 T1 的中断,两个外部中断和串行口中断,故设置 IE = 9EH,所有的中断都开放。

(3)程序编写

```
        ORG     0000H
        AJMP    MAIN
        ORG     0003H           ;外部中断 0 的入口
        LJMP    INT0
        ORG     000BH           ;定时/计数器器 T0 的中断入口
        LJMP    TL0INT
        ORG     0013H           ;外部中断 1 的入口
        LJMP    INT1
        ORG     001BH           ;定时/计数器 T1 的中断入口
        LJMP    TH0INT
        ORG     0100H
MAIN:   MOV     TL0, #0FFH
        MOV     TH0, #0CEH      ;TH0 定时的初值
        MOV     TL1, #BAUD      ;BAUD 根据题目的波特率要求设置
```

```
          MOV      TH1, #BAUD
          MOV      TMOD, #27H      ;置 T0 为工作模式 3,其中 T0 的 TL0 工作于计数方
                                     式,T1 为工作模式 2
          MOV      IE, #9FH        ;开所有的中断
          MOV      TCON, #55H      ;设外部中断 0、1 为边沿触发方式,并启动 T0、T1
          ORG      0200H
TL0INT:   MOV      TL0, #0FFH
          ……                       ;外加中断源的中断服务程序
          RETI
          ORG      0300H
TH0INT:   CPL      P1.0            ;T0 定时中断服务程序,产生 10 kHz 方波
          MOV      TH0, #0CEH
          RETI
          END
INT0:     ……                       ;外部中断 0 的中断服务程序
          RETI
INT1:     ……                       ;外部中断 1 的中断服务程序
          RETI
          END
```

5.4　定时/计数器综合应用

例 5.5　利用单片机设计产生 1 s 的定时程序,设单片机的晶振频率为 6 MHz,定时 1 s 的程序是设计数字钟的基础。

分析:由 8051 单片机的定时原理知道,定时实际上是对机器周期作计数。8051 单片机的定时/计数器的 4 种工作模式的计数能力分别是:模式 0 最大计数为 8 192、模式 1 最大计数为 65 536、模式 2 最大计数为 256、模式 3 最大计数为 256。故当单片机的晶振频率为 6 MHz,那么机器周期即为 $12 \times 1/6 = 2$ μs。所以:

模式 0 最长可定时 $8\,192 \times 2$ μs $= 16.384$ ms

模式 1 最长可定时 $65\,536 \times 2$ μs $= 131.072$ ms

模式 2 最长可定时 256×2 μs $= 512$ μs

题目要求是定时 1 s,从上面分析知道没有哪个模式能一次定时这么长的时间,所以要采用多次循环来实现,故可选择模式 1 定时 100 ms,循环 10 次即为 1 s。

(1)求定时器的初值

根据工作模式 1 的求初值的公式:

$$t = (2^{16} - T0\ 初始值) \times 振荡周期 \times 12$$

其中 $t = 100$ ms,振荡周期 $= 1/6$ MHz $= 1/6$ μs,代入上式 $100\,000 = (65\,536 - T1\ 初值) \times 1/6 \times$

12,得出 T1 初值 = 15 536D = 3CB0H。

（2）定时/计数器的初始化

根据题目使用 T1 工作模式 1 作定时器用,故设置 TMOD 中 T1 对应的 M1M0 = 01,C/$\overline{\text{T}}$ = 0,GATE = 0 定时/计数器 T1 的启动停止控制由 TR1 控制,由于 T0 没有用,所对应的 4 位设为 0000,故 TMOD = 10H。

采用中断方式时,还要开 T1 的中断,设置 T1 中断允许标志位 ET1 = 1 并允许全局中断允许 EA = 1,故 IE = 88H。

（3）程序编写

```
            ORG     0000H
            LJMP    MAIN
            ORG     001BH              ;T1 中断入口
            LJMP    T1INT
            ORG     0200H
MAIN：      MOV     SP, #60H           ;设堆栈指针,开辟堆栈区
            MOV     TL1, #0B0H         ;给定时器赋初值
            MOV     TH1, #3CH
            MOV     B, #0AH            ;设置循环次数
            MOV     TMOD, #10H         ;将 T1 设为工作模式 1
            MOV     IE, #88H           ;开中断
            SETB    TR1                ;启动定时/计数器 T1
HERE：      SJMP    $                  ;等定时中断
            ORG     1000H
T1INT：     MOV     TL1, #0B0H         ;重新赋初值
            MOV     TH1, #3CH
            DJNZ    B, LOOP            ;判断是否循环了 10 次
            CLR     TR1                ;1 s 时间到,停止 T1 工作
LOOP：      RETI                       ;中断返回
            END
```

例 5.6　门控制位 GATE 的应用,可以利用 T0 的门控位对$\overline{\text{INT}_0}$或$\overline{\text{INT}_1}$引脚上正脉冲的宽度进行测量,如图 5-10 所示,正脉冲的宽度能够由机器周期数的多少来表示出,结果保存在片内 RAM 的 50H 和 51H。

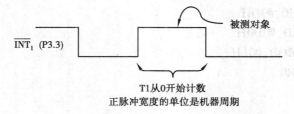

图 5-10　利用 GATE 位测量正脉冲宽度

由 5.2.1 节知当 GATE = 1、TR1 = 1 时,只有 P3.3 引脚$\overline{INT_1}$为高电平,相应的定时/计数器 T1 才能启动工作,正是利用这个特性可以测出正脉冲的宽度。

(1)定时/计数器 T1 的初始化

定时/计数器 T1 的初值设为 0000H,工作模式设为模式 1,即 TMOD 对应 T1 的 M1M0 = 01,GATE = 1,C/$\overline{T}$ = 0。T0 没有故 TMOD = 90H。

(2)程序编写

```
            ORG      0000H
            LJMP     MAIN
            ORG      0100H
MAIN：      MOV      TL1,#00H         ;给 T1 赋初值
            MOV      TH1,#00H
            MOV      TMOD,#90H        ;将 T1 设为工作模式 1,且 GATE = 1
WATE0：JB        P3.3,WATE0       ;等待 P3.3 由高电平变为低电平
            SETB     TR1              ;开启 T1 的启动条件之一
WATE1：JNB       P3.3,WATE1       ;等待 P3.3 由低变高,高电平后 T1 开始定时
WATE2：JB        P3.3,WATE2       ;等待 P3.3 由高变低
            CLR      TR1              ;P3.3 变为低电平后,T1 立即停止计数
            MOV      50H,TL1          ;保存计数的值
            MOV      51H,TH1
```

习　题

1.8051 单片机定时/计数器有哪几种工作模式? 各有什么特点?

2.8051 单片机定时/计数器作定时器用时,其定时时间与哪些因素有关? 作计数器用时,对外部计数脉冲频率有何要求?

3.一个定时器的定时时间是有限的,如何实现两个定时器的串行定时,以满足较长定时时间的要求?

4.使用定时/计数器 0 以工作方式 1 实现定时,在 P1.0 输出周期为 400 μs 的连续方波。已知晶振频率 fosc = 12 MHz。求计数初值,方式控制字,编制相应程序(中断方式)。

5.51 单片机振荡频率是 12 MHz,定时器 0 初始化程序和中断服务程序如下:

```
MAIN：   MOV TH0,#9DH
         MOV TL0,#0D0H
         MOV TMOD,#01H
         SETB TR0
         ……
```

中断服务程序:

```
         MOV TH0,#9DH
         MOV TL0,#0D0H
```

......

RETI

问：该定时器工作于什么方式？定时时间是多少？（写出计算过程）

6. 8051 单片机的 fosc = 12 MHz，如果要求定时时间分别位 0.1 ms 和 5 ms，当 T0 工作在模式 0、模式 1 和模式 2 时，分别求出定时器的初值。

7. 以定时器 1 进行外部事件计数，每计数 1 000 个脉冲后，定时器 1 转为定时工作方式。定时 10 ms 后，又转为计数方式，如此循环不止。设 fosc = 6 MHz，试用模式 1 编程。

8. 设 fosc = 12 MHz，试编写一段程序，功能为：对定时器 T0 初始化，使之工作在模式 2，产生 200 μs 定时，并用查询 T0 溢出标志的方法，控制 P1.1 输出周期为 2 ms 的方波。

9. 已知 8051 单片机系统时钟频率为 6 MHz，利用其定时器测量某正脉冲宽度时，采用哪种工作模式可以获得最大的量程？能够测量的最大脉宽是多少？

第6章 MCS-51 单片机串行通信技术

在实际工作中,计算机的 CPU 与外部设备之间常常要进行信息交换;一台计算机与外界的信息交换称为数据通信。

数据通信方式有两种,即并行数据通信和串行数据通信。并行数据通信中,数据的各位同时传送,其优点是传递速度快;缺点是数据有多少位,就需要多少根传送线;串行通信中,数据字节一位一位串行地顺序传送,通过串行接口实现。它的优点是只需一对传送线,例如利用电话线就可作为传送线,这样就大大降低了传送成本,特别适用于远距离通信;其缺点是传送速度较低。在应用时,可根据数据通信的距离决定采用哪种通信方式,例如,在 PC 机与外部设备(如打印机等)通信时,如果距离小于 30 m 可采用并行数据通信方式;当距离大于 30 m 时,则要采用串行数据通信方式。8051 单片机具有并行和串行两种基本数据通信方式。如图 6-1(a)所示为 8051 单片机与外设间 8 位数据并行通信的连接方法。如图 6-1(b)所示为串行数据通信方式的连接方法。本章主要介绍单片机串行通信技术。

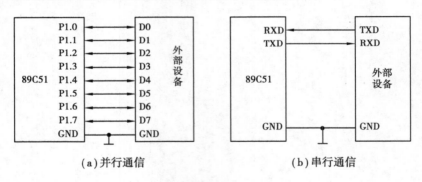

（a）并行通信　　　　　　　　　　　（b）串行通信

图 6-1　两种通信方式示意图

6.1　串行通信基础

6.1.1　串行通信分类

按照串行数据的时钟控制方式,串行通信分为异步通信和同步通信两类。

1. 异步通信

在异步通信中,数据是以字符为单位组成字符帧传送的。发送端和接收端由各自独立的时钟来控制数据的发送和接收,这两个时钟彼此独立,互不同步。每一字符帧的数据格式如图

142

6-2 所示。

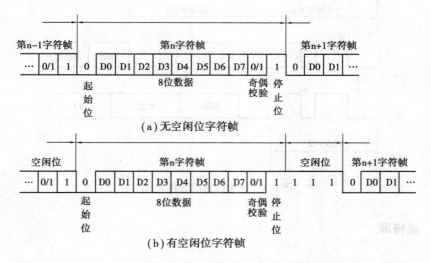

图 6-2　异步通信一帧数据格式

在帧格式中,一个字符由 4 个部分组成:起始位、数据位、奇偶校验位和停止位。

①起始位:位于字符帧开头,仅占一位,为逻辑低电平"0",用来通知接收设备,发送端开始发送数据。线路上在不传送字符时应保持为"1"。接收端不断检测线路的状态,若连续为"1"以后又测到一个"0",就知道发来一个新字符,应马上准备接收。

②数据位:数据位(D0 ~ D7)紧接在起始位后面,通常为 5 ~ 8 位,依据数据位由低到高的顺序依次传送。

③奇偶校验位:奇偶校验位只占一位,紧接在数据位后面,用来表征串行通信中采用奇校验还是偶校验,也可用这一位(I/O)来确定这一帧中的字符所代表信息的性质(地址/数据等)。

④停止位:位于字符帧的最后,表征字符的结束,它一定是高电位(逻辑"1")。停止位可以是 1 位、1.5 位或 2 位。接收端收到停止位后,知道上一字符已传送完毕,同时也为接收下一字符做好准备(只要再收到"0"就是新的字符的起始位)。若停止位以后不是紧接着传送下一个字符,则让线路上保持为"1"。图 6-2(a)表示一个字符紧接一个字符传送的情况,上一个字符的停止位和下一个字符的起始位是紧相邻的;图 6-2(b)则是两个字符间有空闲位的情况,空闲位为"1",线路处于等待状态。存在空闲位正是异步通信的特征之一。

2.同步通信

同步通信时,字符与字符之间没有间隙,也不用起始位和停止位,仅在数据块开始时用同步字符 SYNC 来指示(常约定 1 ~ 2 个),然后是连续的数据块。同步字符的插入可以是单同步字符方式或双同步字符方式,如图 6-3 所示。同步字符可以由用户约定,也可以采用 ASCII 码中规定的 SYN 代码,即 16H。通信时先发送同步字符,接收方检测到同步字符后,即准备接收数据。在同步传输时,要求用时钟来实现发送端与接收端之间的同步。为了保证接收无误,发送方除了传送数据外,还要把时钟同时传送。

同步通信方式适合 2 400 bit/s 以上速率的数据传输,由于不必加起始位和停止位,传送效率较高,但实现起来比较复杂。

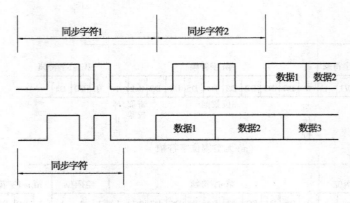

图 6-3　同步传送的数据格式

6.1.2　波特率

波特率是指数据信号对载波的调制速率,它用单位时间内载波调制状态改变次数来表示,其单位为波特(Baud)。也就是说波特率是码元传输速率单位,它说明单位时间传输了多少个码元。

比特率是指数据传送速率单位,即每秒传输二进制代码位数(bit/s)。

波特率与比特率的关系为:比特率 = 波特率 × 单个调制状态对应的二进制位数。

当然,如果在数字传输过程中,低电平用数字 0 表示,高电平用数字 1 表示,那么每个码元有两种状态 0 和 1,每个码元只是用了一个二进制数字。此时的每秒码元数和每秒二进制代码数是一样的,这叫两相调制,这时波特率等于比特率。而 8051 单片机的串行通信就是使用的这种两相调制,所以 8051 单片机的波特率和比特率是相等的。下面就用波特率来说明通信的速度。我们知道,波特率越高,数据传输速度越快,在数据传送方式确定后,以多大的速率发送/接收数据,是实现串行通信必须解决的问题。

假设数据传送的速率是 120 字符/s,每个字符格式包含 10 个代码位(1 个起始位、1 个停止位、8 个数据位),则该 8051 单片机通信比特率(波特率)为

$$120 \text{ 字符/s} \times 10 \text{ 位/字符} = 1\ 200 \text{ b/s} = 1\ 200 \text{ 波特}$$

每一比特位的传输时间为比特率(波特率)的倒数

$$Td = 1/1\ 200 \text{ s} = 0.833 \text{ ms}$$

6.1.3　串行通信的制式

在串行通信中按照数据传送方向,串行通信可分为单工制式、半双工制式和全双工制式 3 种。

1. 单工制式

在单工制式中,数据传送只能是单向的,一方固定为发送端 A 端,另一方固定为接收端 B 端,如图 6-4(a)所示。单工方式只需要一条数据线。这种通信制式很少使用,只在某些串口设备中使用这种制式,如早期的打印机与微机间的通信,数据传送只需一个方向——微机至打印机。

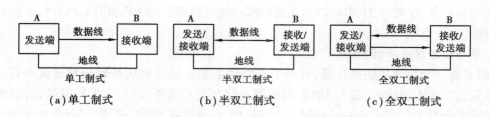

图 6-4 串行通信数据传送的 3 种制式

2. 半双工制式

在半双工制式中,系统每个通信设备都由一个发送器和一个接收器组成,允许数据向两个方向中的任一方向传送,但每次只能有一个设备发送,即在同一时刻只能进行一个方向传送,不能双向同时传输, 如图 6-4(b)所示。

3. 全双工制式

在全双工制式中,数据传送方式是双向配置,允许同时双向传送数据,全双工制式需要两条数据线, 如图 6-4(c)所示。

在实际应用中,异步通信通常采用半双工制式,这种用法简单、实用。

6.2 MCS-51 单片机串行接口

MCS-51 内部有一个可编程全双工串行接口,具有 UART(Universal Asynchronous Receiver/ Transmitter 通用异步接收和发送器)的全部功能,通过单片机的引脚 RXD(P3.0)、TXD(P3.1)同时接收、发送数据,构成双机或多机通信系统。

6.2.1 MCS-51 串行口的内部结构

MCS-51 串行口结构框图如图 6-5 所示。

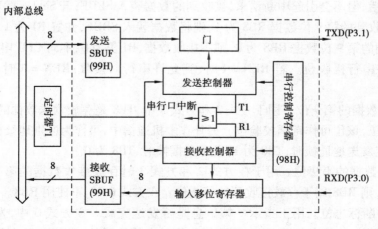

图 6-5 串行口结构框图

在图 6-5 中,与 MCS-51 串行口有关的特殊功能寄存器为 SBUF、SCON、PCON,下面对它们分别讨论。

1. 串行口数据缓冲器 SBUF

SBUF 是一个特殊功能寄存器,有两个在物理上独立的接收缓冲器与发送缓冲器。发送缓冲器只能写入不能读出,写入 SBUF 的数据存储在发送缓冲器,用于串行发送;接收缓冲器只能读出不能写入。两个缓冲器共用一个地址 99H,通过对 SBUF 的读、写指令来区别是对接收缓冲器还是发送缓冲器进行操作。接收或发送数据,是通过串行口对外的两条独立收发信号线 RXD(P3.0)、TXD(P3.1)来实现的。

2. 串行口控制寄存器 SCON

SCON 用来控制串行口的工作方式和状态,字节地址为 98H,可以位寻址。SCON 的格式如下所示:

| SM0 | SM1 | SM2 | REN | TB8 | RB8 | TI | RI | SCON(98H) |

各位功能说明如下:

SM0、SM1:串行口工作方式选择位,其定义如表 6-1 所示。

表 6-1　串行口工作方式设定

SM0	SM1	工作方式	功　能	波特率
0	0	方式 0	8 位同步移位寄存器	fosc/12
0	1	方式 1	10 位异步收发(UART)	可变(由定时器控制)
1	0	方式 2	11 位异步收发(UART)	fosc/64 或 fosc/32
1	1	方式 3	11 位异步收发(UART)	可变(由定时器控制)

SM2:多机通信控制位,主要用于方式 2 和方式 3 中。在方式 0 中,SM2 不用,所以 SM2 应设为 0 状态。在方式 1 下,SM2 也应设为 0 状态,则此时 RI 只有在接收电路接收到有效的停止位"1"时才被激活成"1",并能自动发出串行口中断请求。在方式 2 和方式 3 下,若 SM2 = 0,串行口以单片机发送或接收方式工作,不论接收到的第 9 位 RB8 为 0 还是为 1,TI、RI 都以正常方式被激活,但不会引起中断请求,接收到的数据装入 SBUF;若 SM2 = 1,表示置多机通信功能。如果接收到的第 9 位数据 RB8 为 1,则将数据装入 SBUF,并置 RI 为 1,向 CPU 申请中断;如果接收到的第 9 位数据 RB8 为 0,则不接收数据,RI 仍为 0,不向 CPU 申请中断。

REN:允许串行接收位。若 REN = 1 时,则允许串行口接收;REN = 0 时,则禁止串行口接收。

TB8:发送数据的第 9 位。用于方式 2 和方式 3 中,TB8 是存放发送数据的第 9 位,TB8 由软件置位或复位,该位可作奇偶校验位。另外在多机通信中,可作为区别地址帧或数据帧的标识位,一般约定发送地址帧时,TB8 为 1,发送数据帧时,TB8 为 0。

RB8:接收数据的第 9 位。用于在方式 2 和方式 3 时存放接收数据的第 9 位。在方式 1 下,若 SM2 = 0,则 RB8 用于存放接收到的停止位。在方式 0 下,不使用 RB8。

TI:发送中断标志位。用于指示一帧信息是否发送完成。在方式 0 中,发送完 8 位数据后,TI 由硬件置位;在其他方式,TI 在发送停止位时由硬件置位。因此,TI 在发送信息前必须由软件复位,发送完一帧后由硬件置位。即 TI 是发送完一帧数据的标志,当 TI =1 时,向 CPU 申请串行中断,响应中断后,必须由软件清除 TI。

RI:接收中断标志位。用于指示一帧信息是否接收完成。在方式1中,当接收到第8位数据时间,RI 由硬件置位;在其他方式中 RI 在接收电路接收到停止位的中间点由硬件置位。接收完一帧数据 RI =1,向 CPU 申请中断,响应中断后,必须由软件清除 RI。

3. 电源及波特率选择寄存器 PCON

PCON 主要是为 CHMOS 型单片机的电源控制而设置的专用寄存器,字节地址为 87H。在 HMOS 的 8051 单片机中,PCON 只有最高位被定义,其他位都是虚设的。

PCON(87H)			GF1	GF0	PPD	IDL

PCON 的最高位 SMOD 为串行口波特率的倍增位。在方式1、2 和 3 时,串行通信的波特率与 SMOD 有关。当 SMOD =1 时,通信波特率加倍,当 SMOD =0 时,波特率不变。其他各位为电源方式控制位,在此不再赘述。

6.3 串行接口工作方式及应用举例

6.3.1 MCS-51 串行口的工作方式

MCS-51 的串行口有 4 种工作方式,通过 SCON 中的 SM1、SM0 位来决定,见表 6-1。

1. 工作方式 0

方式 0 为同步移位寄存器输入/输出方式。该方式并不用于两个 AT89S51 单片机之间的异步串行通信,而是用于串行口外接移位寄存器,扩展并行 I/O 口。

8 位数据为一帧,无起始位和停止位,先发送或接收最低位。波特率固定,为 fosc/12。帧格式如图 6-6 所示。

…	D0	D1	D2	D3	D4	D5	D6	D7	…

图 6-6 方式 0 的帧格式

(1)方式 0 发送过程及举例

当 CPU 执行一条将数据写入发送缓冲器 SBUF 的指令时,产生一个正脉冲,串行口开始把 SBUF 中的 8 位数据以 fosc/12 的固定波特率从 RXD 引脚串行输出,低位在先,TXD 引脚输出同步移位脉冲,发送完 8 位数据,中断标志位 TI 置"1"。发送时序如图 6-7 所示。

如图 6-8 所示为方式 0 发送的一个具体应用,通过串行口外接 8 位串行输入并行输出移位寄存器 74LS164,扩展两个 8 位并行输出口的具体电路。

方式 0 发送时,串行数据由 P3.0(RXD 端)送出,移位脉冲由 P3.1(TXD 端)送出。

在移位脉冲的作用下,串行口发送缓冲器的数据逐位地从 P3.0 串行移入 74LS164 中。

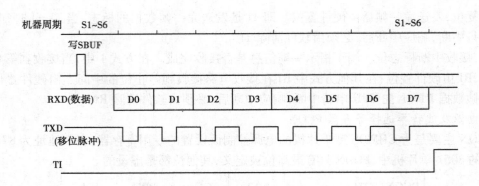

图 6-7　方式 0 发送时序

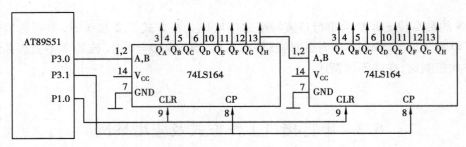

图 6-8　外接串入并出移位寄存器 74LS164 扩展的并行输出口

（2）方式 0 接收过程及举例

方式 0 接收，REN 为串行口允许接收控制位，REN = 0，禁止接收；REN = 1，允许接收。

当向 SCON 寄存器写入控制字（设置为方式 0，并使 REN 位置 1，同时 RI = 0）时，产生一个正脉冲，串行口开始接收数据。

引脚 RXD 为数据输入端，TXD 为移位脉冲信号输出端，接收器以 fosc/12 的固定波特率采样 RXD 引脚的数据信息，当接收完 8 位数据时，中断标志 RI 置 1，表示一帧数据接收完毕，可进行下一帧数据的接收，时序如图 6-9 所示。

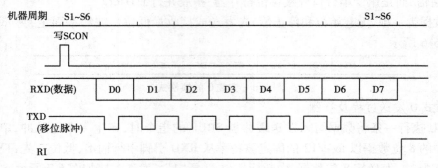

图 6-9　方式 0 接收时序

图 6-10 为串行口外接两片 8 位并行输入串行输出的寄存器 74LS165 扩展两个 8 位并行输入口的电路。

当 74LS165 的 S/$\overline{L}$端由高到低跳变时，并行输入端的数据被置入寄存器；当 S/$\overline{L}$ = 1，且时钟禁止端（第 15 脚）为低电平时，允许 TXD（P3.1）串行移位脉冲输入，这时在移位脉冲作用下,数据由右向左方向移动,以串行方式进入串行口的接收缓冲器中。

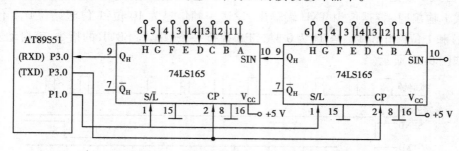

图 6-10 扩展 74LS165 作为并行输入口

在图 6-10 中:

TXD(P3.1)作为移位脉冲输出与所有 75LS165 的移位脉冲输入端 CP 相连。

RXD(P3.0)作为串行数据输入端与 74LS165 的串行输出端 QH 相连;P1.0 与 S/$\overline{L}$ 相连,用来控制 74LS165 的串行移位或并行输入。

74LS165 的时钟禁止端(第 15 脚)接地,表示允许时钟输入。

当扩展多个 8 位输入口时,相邻两芯片的首尾(QH 与 SIN)相连。

在方式 0,SCON 中的 TB8、RB8 位没有用到,发送或接收完 8 位数据由硬件使 TI 或 RI 中断标志位置"1",CPU 响应 TI 或 RI 中断,在中断服务程序中向发送 SBUF 中送入下一个要发送的数据或从接收 SBUF 中把接收到的 1B 存入内部 RAM 中。

注意,TI 或 RI 标志位必须由软件清"0",采用如下指令:

CLRTI ;TI 位清"0"

CLRRI ;RI 位清"0"

方式 0 时,SM2 位(多机通信控制位)必须为 0。

2. 工作方式 1

当 SM0、SM1 =01 时,串行口设为方式 1 的双机串行通信如图 6-11 所示。TXD 脚和 RXD 脚分别用于发送和接收数据。

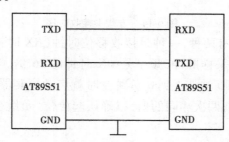

图 6-11 方式 1 双机串行通信的连接电路

方式 1 为波特率可调的 8 位通用异步通信接口。发送或接收一帧信息为 10 位,分别为起始位 0,8 位数据位和 1 位停止位 1,先发送或接收最低位。帧格式如图 6-12 所示。

起始位	D0	D1	D2	D3	D4	D5	D6	D7	停止位

图 6-12 方式 1 的帧格式

（1）方式 1 发送

方式 1 输出时，数据位由 TXD 端输出，发送一帧信息为 10 位：1 位起始位 0，8 位数据位（先低位）和 1 位停止位 1。当 TI 为 0 时，CPU 执行一条数据写 SBUF 的指令，就启动发送。发送时序如图 6-13 所示。

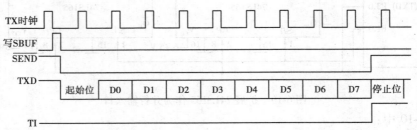

图 6-13　方式 1 发送时序

图 6-13 中 TX 时钟的频率就是发送的波特率。

发送开始时，内部发送控制信号变为有效，将起始位向 TXD 脚（P3.0）输出，此后每经过一个 TX 时钟周期，便产生一个移位脉冲，并由 TXD 引脚输出一个数据位。8 位数据位全部发送完毕后，中断标志位 TI 置 1。

（2）方式 1 接收

方式 1 接收时（REN = 1），数据从 RXD（P3.1）引脚输入。当检测到起始位的负跳变，则开始接收。接收时序如图 6-14 所示。

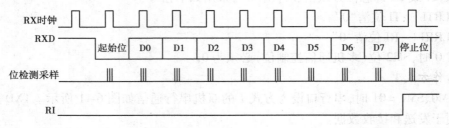

图 6-14　方式 1 接收时序

接收时，定时控制信号有两种，一种是接收移位时钟（RX 时钟），它的频率和传送的波特率相同，另一种是位检测器采样脉冲，频率是 RX 时钟的 16 倍。以波特率的 16 倍速率采样 RXD 脚状态。当采样到 RXD 端从 1 到 0 负跳变时就启动检测器，接收的值是 3 次连续采样（第 7、8、9 个脉冲时采样）取两次相同的值，以确认起始位（负跳变）的开始，较好地消除干扰引起的影响。

当确认起始位有效时，开始接收一帧信息。每一位数据，也都进行 3 次连续采样（第 7、8、9 个脉冲采样），接收的值是 3 次采样中至少两次相同的值。当一帧数据接收完毕后，同时满足以下两个条件，接收才有效。

①RI = 0，即上一帧数据接收完成时，RI = 1 发出的中断请求已被响应，SBUF 中的数据已被取走，说明"接收 SBUF"已空。

②SM2 = 0 或收到的停止位 = 1（方式 1 时，停止位已进入 RB8），则将接收到的数据装入 SBUF 和 RB8（装入的是停止位），且中断标志 RI 置"1"。

150

若不同时满足以上两个条件,则这次收到的数据就会舍去,不能装入 SBUF 中,该帧数据将丢弃。

其实,前面已经说明过 SM2 是用于方式 2 和方式 3 的,在方式 1 下,SM2 应设定为 0。

3. 工作方式 2、方式 3

在工作方式 2、方式 3 下,串行口为 9 位异步通信接口,发送、接收一帧信息为 11 位:即 1 位起始位(0)、8 位数据位、1 位可编程位和 1 位停止位(1)。两者的差异在于通信波特率有所不同:方式 2 的波特率由 MCS-51 的主频经 32 或 64 分频后提供。方式 3 的波特率由定时器 T1 或 T2 的溢出率经 32 分频后提供,故它的波特率是可调的。两种方式其数据帧格式如图 6-15 所示。

0	D0	D1	D2	D3	D4	D5	D6	D7	0/1	1
起始位				8 位数据					奇偶校验	停止位

图 6-15　方式 2、3 的帧格式

方式 2 和方式 3 的发送过程类似于方式 1,所不同的是方式 2 和方式 3 有 9 位有效数据位。在数据发送时,CPU 不仅把发送数据装入 SBUF,还要把第 9 位数据预先装入 SCON 的 TB8 中。然后一帧数据就由 TXD 端输出,附加的第 9 位数据为 SCON 中的 RB8(由软件设置)。用指令将要发送的数据写入 SBUF,即可启动发送器。送完一帧信息时,TI 由硬件置 1。

发送时序如图 6-16 所示。

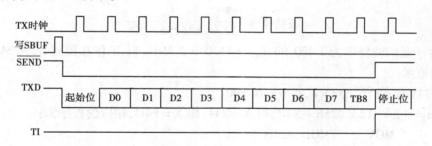

图 6-16　方式 2 和方式 3 发送时序

方式 2 和方式 3 的接收过程也和方式 1 类似。所不同的是:方式 1 时 RB8 中存放的是停止位,方式 2 和方式 3 时 RB8 中存放的是第 9 位数据。因此,方式 2 和方式 3 必须满足接收有效数据的条件变为:RI = 0 且 SM = 0 或收到的第 9 位数据为"1",只有上述两个条件同时满足,接收到的数据才能送入 SBUF,第 9 数据位才能装入 RB8 中,并使 RI = 1,向 CPU 申请中断;否则,这次收到的数据无效,RI 也不置位。

其实,上面提到的第一个条件 RI = 0 是为了保证 SBUF 是空的。第二个条件 SM2 = 0 是提供了利用 SM2 和第 9 位数据位共同对接收加以控制:若第 9 数据位是奇偶校验位,则可设 SM2 = 0,以保证串行口能可靠接收;若要求利用第 9 数据位参与接收控制,则可设 SM2 = 1,然后依靠第 9 数据位的状态决定接收是否有效。

6.3.2　MCS-51 串行口的波特率

在串行通信中,收发双方必须采用相同的数据传输速度,即采用相同的波特率。MCS-51 单片机的串行口有 4 种工作方式,其中方式 0 和方式 2 的波特率是固定的,方式 1 和方式 3 的波特率是可变的,由定时器 T1 的溢出率决定。

1. 方式 0 和方式 2

在方式 0 中,波特率为时钟频率的 1/12,即 $f_{osc}/12$,固定不变。

在方式 2 中,波特率取决于 PCON 中的 SMOD 值,当 SMOD = 0 时,波特率为 $f_{osc}/64$;

当 SMOD = 1 时,波特率为 $f_{osc}/32$,即波特率 = $2^{SMOD} \times f_{osc}/64$。

2. 方式 1 和方式 3

在方式 1 和方式 3 下,波特率由定时器 T1 的溢出率和 SMOD 共同决定,即:

$$波特率 = 2^{SMOD}/32 \times n$$

式中 n 为定时器 T1 的溢出率。定时器 T1 的溢出率取决于定时器 T1 的预置值。通常定时器选用工作模式 2,即自动重装载的 8 位定时器,此时 TL1 作计数用,自动重装载值存在 TH1 内。设定时器的预置值(初始值)为 X,那么每过 256 − X 个机器周期,定时器溢出一次,此时应禁止 T1 中断。溢出周期为:

$$12/f_{osc} \times (256 - X)$$

溢出率为溢出周期的倒数,波特率为:

$$波特率 = \frac{2^{SMOD}}{32} \cdot \frac{f_{osc}}{12(256 - X)}$$

例 6.1　通信波特率为 2 400 Bd,$f_{osc} = 11.059\ 2$ MHz,T1 工作在模式 2,其 SMOD = 0,计算 T1 的初值 X:

根据波特率 = $2^{SMOD}/32 \times n$,得 n = 76 800。

根据 $n = f_{osc}/[12 \times (256 - X)]$,得 X = 244,即 X = F4H,相应的程序为:

```
MOV     TMOD,#20H
MOV     TL1,#0F4H
MOV     TH1,#0F4H
SETB    TR1
```

MCS-51 串行口常用波特率如表 6-2 所示。

表 6-2　MCS-51 串行口常用波特率

工作方式	波特率/Bd	f_{osc}/MHz	定时器 T1			
			SMOD	C/$\overline{T}$	模式	定时器初值
方式 0	1M	12	×	×	×	×
方式 2	375 K	12	1	×	×	×
	187.5 K	12	0	×	×	×

工作方式	波特率/Bd	f_{osc}/MHz	定时器 T1			
			SMOD	C/$\overline{T}$	模式	定时器初值
方式 1 方式 3	62.5 K	12	1	0	2	FFH
	19.2 K	11.059	1	0	2	FDH
	9.6 K	11.059	0	0	2	FDH
	4.8 K	11.059	0	0	2	FAH
	2.4 K	11.059	0	0	2	F4H
	1.2 K	11.059	0	0	2	E8H
	137.5	11.059	0	0	2	1DH
	110	12	0	0	1	FEEBH
方式 0	0.5 M	6	×	×	×	×
方式 2	187.5 K	6	1	×	×	×
方式 1 方式 3	19.2 K	6	1	0	2	FEH
	9.6 K	6	1	0	2	FDH
	4.8 K	6	0	0	2	FDH
	2.4 K	6	0	0	2	FAH
	1.2 K	6	0	0	2	F3H
	0.6 K	6	0	0	2	E6H
	110	6	0	0	2	72H
	55	6	0	0	1	FEEBH

6.3.3　串行口的初始化

串行口在使用之前需要先进行初始化编程,才能按要求输入/输出数据,一般初始化步骤为:

①确定串行口的工作方式,即设置好 SCON 寄存器的相关位。

②如果采用中断方式编程,则需要开串行口的中断,以及设置 IE 寄存器的 EA 和 ES 为 1。

③确定波特率是否需要加倍,即设置好 SMOD 的状态。

④由于方式 1 和方式 3 工作的波特率是可调的,并且是由定时器决定的,故串行口工作于方式 1 和方式 3 时需对定时器进行初始化。

6.3.4 串行口应用举例

1. 串行口工作方式 0

8051 单片机串行口方式 0 为移位寄存器方式,外接一个串入并出的移位寄存器,就可以扩展一个并行口。

用 8051 串行口外接 CD4094 扩展 8 位并行输出口,如图 6-17 所示,8 位并行口的各位都接一个发光二极管,要求发光管呈流水灯状态。串行口方式 0 的数据传送可采用中断方式,也可采用查询方式,无论哪种方式,都要借助于 TI 或 RI 标志。串行发送时,可以靠 TI 置位(发完一帧数据后)引起中断申请,在中断服务程序中发送下一帧数据,或者通过查询 TI 的状态,只要 TI 为 0 就继续查询,TI 为 1 就结束查询,发送下一帧数据。在串行接收时,则由 RI 引起中断或对 RI 查询来确定何时接收下一帧数据。无论采用什么方式,在开始通信之前,都要先对控制寄存器 SCON 进行初始化。在方式 0 中,将 00H 送入 SCON 就可以了,编程如例 6.2 所示。

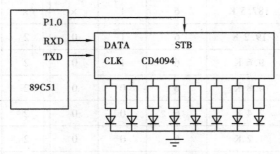

图 6-17 用 CD4094 扩展 8 位并行输出口

例 6.2

```
        ORG    2000H
START:  MOV    SCON,#00H      ;置串行口工作方式 0
        MOV    A,#80H         ;最高位灯先亮
        CLR    P1.0           ;关闭并行输出(避免传输过程中,各 LED 的"暗红"
                                现象)
OUT0:   MOV    SBUF,A         ;开始串行输出
OUT1:   JNB    TI,OUT1        ;输出完否
        CLR    TI             ;完了,清 TI 标志,以备下次发送
        SETB   P1.0           ;打开并行口输出
        ACALL  DELAY          ;延时一段时间
        RR     A              ;循环右移
        CLR    P1.0           ;关闭并行输出
        JMP    OUT0           ;循环
```

说明:DELAY 延时子程序这里就不给出了。

2. 串行口工作方式 1

例 6.3　设 A、B 机以串行方式 1 进行数据传送, fosc = 11. 059 2 MHz, 波特率为 1 200 bit/s, A 发送的 16 个数据存在内 RAM 的 40H ~ 4FH 单元中, B 接收后存在内 RAM 的 50 H 为首地址的区域中。试编制程序。

解: 串行方式 1 波特率取决于 T1 溢出率, 计算 T1 定时初值:

当 SMOD = 0: $T1_{初值} = 256 - \dfrac{2^{SMOD}}{32} \times \dfrac{fosc}{12 \times 波特率} = 232 = E8H$

当 SMOD = 1: $T1_{初值} = 256 - \dfrac{2^{SMOD}}{32} \times \dfrac{fosc}{12 \times 波特率} = 208 = D0H$

若波特率较大, 则 SMOD = 1, 反之则 SMOD = 0。

A 机的发送子程序:

```
TXDA:MOV      TMOD,#20H        ;置 T1 定时器工作方式 2
     MOV      TL1,#0E8H        ;置 T1 计数初值
     MOV      TH1,#0E8H        ;置 T1 计数重装值
     CLR      ET1              ;禁止 T1 中断
     SETB     TR1              ;T1 启动
     MOV      SCON,#40H        ;置串行方式 1,禁止接收
     MOV      PCON,#00H        ;置 SMOD = 0(SMOD 不能位操作)
     CLR      ES               ;禁止串行中断
     MOV      R0,#40H          ;置发送数据区首地址
     MOV      R2,#16           ;置发送数据长度
TRSA:MOV      A,@ R0           ;读一个数据
     MOV      SBUF,A           ;发送
     JNB      TI,$             ;等待一帧数据发送完毕
     CLR      TI               ;清发送中断标志
     INC      R0               ;指向下一字节单元
     DJNZ     R2,TRSA          ;判 16 个数据发完否? 未完继续
     RET
```

B 机的接收子程序:

```
RXDB:MOV      TMOD,#20H        ;置 T1 定时器工作方式 2
     MOV      TL1,#0E8H        ;置 T1 计数初值
     MOV      TH1,#0E8H        ;置 T1 计数重装值
     CLR      ET1              ;禁止 T1 中断
     SETB     TR1              ;T1 启动
     MOV      SCON,#40H        ;置串行方式 1,禁止接收
     MOV      PCON,#00H        ;置 SMOD = 0(SMOD 不能位操作)
     CLR      ES               ;禁止串行中断
     MOV      R0,#50H          ;置接收数据区首地址
     MOV      R2,#16           ;置接收数据长度
     SETB     REN              ;启动接收
```

155

```
RDSB: JNB    RI,$            ;等待一帧数据接收完毕
      CLR    RI              ;清接收中断标志
      MOV    A,SBUF          ;读接收数据
      MOV    @R0,A           ;存接收数据
      INC    R0              ;指向下一数据存储单元
      DJNZ   R2,RDSB         ;判16个数据接收完否？未完继续
      RET
```

3. 串行口工作方式 2

例 6.4　方式 2 发送在双机串行通信中的应用。

下面的发送中断服务程序，以 TB8 作为奇偶校验位，偶校验发送。数据写入 SBUF 之前，先将数据的偶校验位写入 TB8(设第 2 组的工作寄存器区的 R0 作为发送数据区地址指针)。

```
PITI： PUSH   PSW            ;现场保护
       PUSH   ACC
       SETB   RS1            ;选择第 2 组工作寄存器区
       CLR    RS0
       CLR    TI             ;发送中断标志清"0"
       MOV    A,@R0          ;取数据
       MOV    C,P            ;校验位送 TB8，采用偶校验
       MOV    TB8,C          ;P=1,校验位 TB8=1,P=0,校验位 TB8=0
       MOV    SBUF,A         ;A 数据发送,同时发送 TB8
       INC    R0             ;数据指针加 1
       POP    ACC            ;恢复现场
       POP    PSW
       RETI                  ;中断返回
```

SM0、SM1=10,且 REN=1 时,以方式 2 接收数据。数据由 RXD 端输入,接收 11 位信息。当位检测逻辑采样到 RXD 的负跳变,判断起始位有效,便开始接收一帧信息。在接收完第 9 位数据后,需满足以下两个条件,才能将接收到的数据送入 SBUF(接收缓冲器)。

①RI=0,意味着接收缓冲器为空。

②SM2=0 或接收到的第 9 位数据位 RB8=1。

当满足上述两个条件时,收到的数据送 SBUF(接收缓冲器),第 9 位数据送入 RB8,且 RI 置"1"。若不满足这两个条件,接收的信息将被丢弃。

串行口方式 2 和方式 3 接收时序如图 6-18 所示。

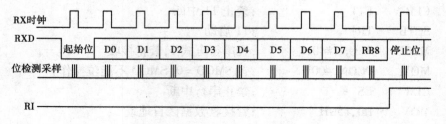

图 6-18　方式 2 和方式 3 接收时序

例 6.5　方式 2 接收在双机通信中的应用。

本例对例 6.4 发送的数据进行偶校验接收,程序如下(设 1 组寄存器区的 R0 为数据缓冲区指针):

```
PIRI:   PUSH    PSW                 ;保护现场
        PUSH    ACC
        SETB    RS0                 ;选择 1 组寄存器区
        CLR     RS1
        CLR     RI
        MOV     A,SBUF              ;将接收到的数据送到累加器 A
        MOV     C,P                 ;接收到数据字节的奇偶性送入 C 位
        JNC     L1                  ;C=0,收的字节 1 的个数为偶数,跳 L1 处
        JNB     RB8,ERP             ;C=1,再判 RB8=0? 如 RB8=0,则
                                    ;出错,跳 ERP 出错处理
        AJMP    L2                  ;C=1,RB8=1,接收的数据正确,跳 L2 处
L1:     JB      RB8,ERP             ;C=0,再判 RB8=1? 如 RB8=1,
                                    ;则出错,跳 ERP 出错处理
L2:     MOV     @R0,A               ;C=0,RB8=0 或 C=1,RB8=1,
                                    ;接收数据正确,存入数据缓冲区
        INC     R0                  ;数据缓冲区指针增 1,为下次接收做准备
        POP     ACC                 ;恢复现场
        POP     PSW
ERP:    ……                         ;出错处理程序段入口
        ……
        RETI
```

6.4　多机通信原理简介

6.4.1　通信协议

要想保证通信成功,通信双方必须有一系列的约定。比如,作为发送方,必须知道什么时候发送信息,发什么;对方是否收到,收到的内容有没有错,要不要重发;怎样通知对方结束等。作为接收方,必须知道对方是否发送了信息,发的是什么;收到的信息是否有错,如果有错怎样通知对方重发;怎样判断结束等。这种约定就叫作通信规程或协议,必须在编程之前确定下来。要想使通信双方能够正确交换信息和数据,在协议中对什么时候开始通信,什么时候结束通信,何时交换信息等都必须作出明确的规定。只有双方遵守这些规定,才能顺利地进行通信。

6.4.2 双机通信

双机通信也称为点对点的异步通信。利用单片机的串行口,可以实现单片机与单片机、单片机与通用微机间点对点的串行通信。在进行双机通信时,是通过双方的串行口进行的,其串行接口的硬件连接方式有多种,应根据实际需要进行选择。

两个单片机进行通信时,如果距离较近,接口只需 3 根导线,将它们的串行口直接相连,即可实现双机通信,如图 6-19 所示。

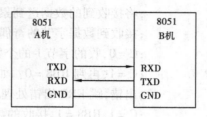

图 6-19　双机通信接口电路

下面通过一个例子来了解双机通信,在较多实际的应用场合中,会见到排队呼叫系统,而排队呼叫系统就会涉及两个单片机之间的通信。

目前,医院药房在发放药品时,患者可以通过刷就诊卡拿到一个取药号,之后在一旁休息等待,当药师叫到该号时再到柜台窗口取药。药师用小键盘输入下一个患者的取药号时,该号就显示在药房大厅里的显示屏上,以提示该号患者。根据这个系统功能的描述,设计得到系统的电路图如图 6-20 所示。

如上小节所述,通信协议的建立是关键。该系统可以简单地约定如图 6-20 所示的排队呼叫系统中两个单片机 U6 和 U4 之间的通信协议:

● 两单片机之间的通信速度的确定,U6 和 U4 之间可以设定 2 400 的波特率进行通信。

● 药房系统的主芯片 U4 首先向大厅系统主芯片 U6 发起通信请求,可以设定为发送呼叫号 88H。

● U6 如果接收到了呼叫号 88H 后,U6 在接收到呼叫信号后有两种情况,第一,U6 正忙,没准备好。第二,U6 不忙,准备好了接收。设第一种情况,U4 回送一个 55H 应答号,第二种情况回送应答号为 66H。

● 上述过程完成,即双方"握手"成功,也就是说两者之间通信建立,两单片机就可以开始数据传输。

有了这个通信协议就可以分别来编写药房单片机 U4 和大厅单片机 U6 的程序。下面程序中省略了键盘的判断,而假设键盘的按键值存储在地址 50H 中,具体程序如下:

药房中药师叫号,即 U4 向 U6 发送显示数据程序(单片机 U4 的程序):

```
        ORG     0000H
        LJMP    START
START:  MOV     SCON, #50H      ;设置串行口工作方式,并使能接收
        MOV     TMOD, #20H      ;设置定时器工作模式
        MOV     TH1, #0F3H      ;为定时器送初值,也即设置波特率
```

```
              MOV    TL1, #0F3H
              SETB   TR1                      ;启动定时器
DIAL:         MOV    SBUF, #88H               ;发送呼叫号 88H
CHECK88:      JBC TI, WAIT_RES                ;TI 为 1 说明发送完
              JMP    CHECK88
WAIT_RES:     JBC    RI, CHECK66              ;等待接收到应答信号
              JMP    WAIT_RES
CHECK66:      MOV    A, SBUF                  ;判断接收到的应答信号是否为 66H
              CJNE   A, #66H, DIAL
SENDJH:       MOV A, 50H
              MOV    SBUF, A                  ;发送按键号
CHECK_SEND:JBC TI, FINISH
              JMP    CHECK_SEND
FINISH:
              ………
              END
```

药房大厅屏幕显示取药号,即 U6 接收到 U4 发送的数据并显示程序(单片机 U6 的程序):

```
              ORG    0000H
              LJMP   START
START:        MOV    SCON, #50H              ;设置串行口工作方式,并使能接收
              MOV    TMOD, #20H              ;设置定时器工作模式
              MOV    TH1, #0F3H             ;为定时器送初值,也即设置波特率
              MOV    TL1, #0F3H
              SETB   TR1                     ;启动定时器
WAIT_DIAL:    JBC    RI, CHECK88             ;RI 为 1,说明接收到了呼叫信号
              JMP    WAIT_DIAL
CHECK88:      MOV    A, SBUF                 ;判断呼叫信号是否为约定 88H
              CJNE   A, #88H, WAIT_DIAL
SEND_RES:     MOV    SBUF, #66H              ;发送不忙应答信号 66H
CHECK66:      JBC    TI, RECEIVE             ;TI 为 1,说明应答信号发送完
              JMP    CHECK66
RECEIVE:      JBC    RI, DISPLAY            ;等待 U4 单片机发送数据,判断 U6 是否接收
                                             到数据
              JMP    RECEIVE
DISPLAY:      MOV    A, SBUF                ;将接收到的呼叫号送显示
              MOV    P0, A
              LCALL  DELAY
              JMP    START
              END
```

159

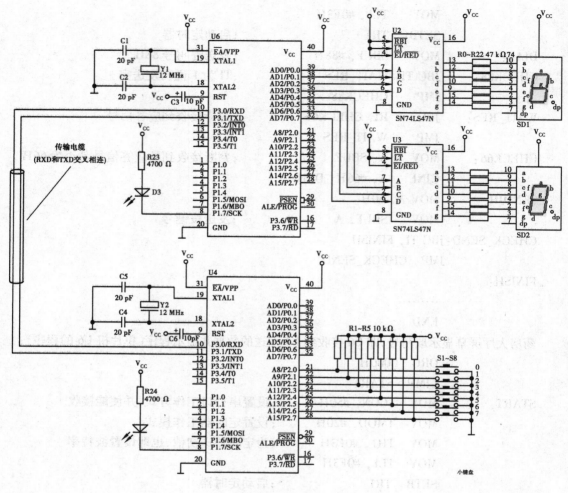

图 6-20 排队呼叫系统电路图

6.4.3 多机通信

多个单片机可利用串行口进行多机通信,经常采用如图 6-21 所示的主从式结构。系统中有 1 个主机(单片机或其他有串行接口的微机)和多个单片机组成的从机系统。主机的 RXD 与所有从机的 TXD 端相连,TXD 与所有从机的 RXD 端相连。从机地址分别为 01H、02H 和 03H。

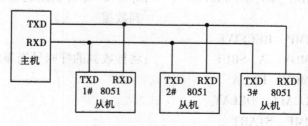

图 6-21 多机通信系统示意图

　　主从式是指多机系统中,只有一个主机,其余全是从机。主机发送的信息可以被所有从机接收,任何一个从机发送的信息,只能由主机接收。从机和从机之间不能进行直接通信,只能经主机才能实现。

　　要保证主机与所选择的从机通信,须保证串口有识别功能。SCON 中的 SM2 位就是为满足这一条件设置的多机通信控制位。其工作原理是在串行口以方式 2(或方式 3)接收时,若SM2 = 1,则表示进行多机通信,可能有以下两种情况:

　　①从机接收到的主机发来的第 9 位数据 RB8 = 1 时,前 8 位数据才装入 SBUF,并置中断标志 RI = 1,向 CPU 发出中断请求。

　　在中断服务程序中,从机把接收到的 SBUF 中的数据存入数据缓冲区中。

　　②如果从机接收到的第 9 位数据 RB8 = 0 时,则不产生中断标志 RI = 1,不引起中断,从机不接收主机发来的数据。

　　若 SM2 = 0,则接收的第 9 位数据不论是 0 还是 1,从机都将产生 RI = 1 中断标志,接收到的数据装入 SBUF 中。

　　应用这一特性,可实现 8051 单片机的多机通信。

　　多机通信的工作过程:

　　①各从机初始化程序允许从机的串行口中断,将串行口编程为方式 2 或方式 3 接收,即 9位异步通信方式,且 SM2 和 REN 位置"1",使从机处于多机通信且只接收地址帧的状态。

　　②在主机和某个从机通信之前,先将从机地址(即准备接收数据的从机)发送给各个从机,接着才传送数据(或命令),主机发出的地址帧信息的第 9 位为 1,数据(或命令)帧的第 9位为 0。当主机向各从机发送地址帧时,各从机的串行口接收到的第 9 位信息 RB8 为 1,且由于各从机的 SM2 = 1,则 RI 置"1",各从机响应中断,在中断服务子程序中,判断主机送来的地址是否和本机地址相符合,若为本机地址,则该从机 SM2 位清"0",准备接收主机的数据或命令;若地址不相符,则保持 SM2 = 1。

　　③接着主机发送数据(或命令)帧,数据帧的第 9 位为 0。此时各从机接收到的 RB8 =0。只有与前面地址相符合的从机(即 SM2 位已清"0"的从机)才能激活中断标志位 RI,从而进入中断服务程序,接收主机发来的数据(或命令);与主机发来的地址不相符的从机,由于 SM2 保持为 1,又 RB8 = 0,因此不能激活中断标志 RI,就不能接受主机发来的数据帧,从而保证主机与从机间通信的正确性。此时主机与建立联系的从机已经设置为单机通信模式,即在整个通信中,通信的双方都要保持发送数据的第 9 位(即 TB8 位)为 0,防止其他的从机误接收数据。

　　④结束数据通信并为下一次的多机通信做好准备。在多机系统,每个从机都被赋予唯一的地址。例如,图 6-21 三个从机的地址可设为:01H、02H、03H。

　　还要预留 1~2 个"广播地址",它是所有从机共有的地址,例如将"广播地址"设为 00H。当主机与从机的数据通信结束后,一定要将从机再设置为多机通信模式,以便进行下一次的多机通信。

　　这时要求与主机正在进行数据传输的从机必须随时注意,一旦接收的数据第 9 位(RB8)为"1",说明主机传送的不再是数据,而是地址,这个地址就有可能是"广播地址"。

当收到"广播地址"后,便将从机的通信模式再设置成多机模式,为下一次的多机通信做好准备。

习 题

1. 什么是串行异步通信? 它有哪些作用?

2. 8051 单片机的串行口由哪些功能部件组成? 各有什么作用?

3. 简述串行口接收和发送数据的过程。

4. 8051 串行口有几种工作方式? 有几种帧格式? 各工作方式的波特率如何确定?

5. 若异步通信接口按方式 3 传送,已知每分钟传送 3 600 个字符,其波特率是多少?

6. 8051 中 SCON 的 SM2、TB8、RB8 有何作用?

7. 设 fosc = 11.059 2 MHz,试编写一段程序,其功能为对串行口初始化,使之工作于方式1,波特率为 1 200 b/s;并用查询串行口状态的方法,读出接收缓冲区的数据并回送到发送缓冲区。

8. 若晶振为 11.059 2 MHz,串行口工作于方式 1,波特率为 4 800 b/s。写出用 T1 作为波特率发生器的方式字和计数初值。

9. 为什么定时器 T1 用作串行口波特率发生器时,常选用工作模式 2? 若已知系统时钟频率和通信用波特率,如何计算其初值?

10. 若定时器 T1 设置成模式 2 作波特率发生器,已知 fosc = 6 MHz,求可能产生的最高和最低的波特率。

11. 当 8051 串行口按工作方式 1 进行串行数据通信时,假定波特率为 1 200 b/s,以中断方式传送数据,请编写全双工通信程序。

12. 简述单片机多机通信的原理。

第7章　MCS-51系列单片机外围接口应用技术

随着自动化、智能化、电气化、电子工艺和电子技术及通信技术、计算机技术的发展,单片机功能越来越强大,内部集成的功能部件越来越多,一个单片机芯片就相当于一个系统的功能,使得许多工业控制装置、自动化设备、智能仪器仪表、消费类电子和一些测控装置等只需要一个单片机芯片,无须扩展太多的外围器件就能实现必需的功能,给应用系统的设计带来了很大的便利,不仅降低了开发成本,还提高了系统的稳定性和可靠性,也就是说今天单片机的扩展技术应用的场合慢慢地变少了。当然对于一些大型的应用系统,单靠单片机内部的功能部件有时还是达不到设计要求,这时就需要单片机在应用中与外界进行信息的交流,操作人员需通过输入装置对系统进行初始设置、输入数据和各种命令等;系统运行的状态和结果也需通过输出装置输出,以便操作人员观察、记录和存档;在工业过程的检测、控制应用中,单片机系统需对工业现场的数据进行检测,经过分析处理后相应决策信号也通过一定装置输出,以对工业现场进行控制。这些任务需由输入、输出装置来完成。常用于人机交互的输入、输出装置为键盘和显示器,需实现对工业现场进行信号转换的输入、输出器件为 A/D 和 D/A 转换器。本章主要讲述 LED、LCD、键盘、D/A 转换器、A/D 转换器、步进电机的接口原理和应用。

7.1　LED 状态指示和数码管显示技术

7.1.1　LED 状态显示

用 LED 发光二极管作状态指示器具有电路简单、功耗低、寿命长、响应速度快等特点,而且 LED 发光二极管还有红、黄、绿等多种颜色供选择。特别是 LED 发光二极管的低功耗、长寿命特性,使它正在逐渐取代传统上由白炽灯指示的场合。

7.1.2　LED 数码管显示技术

LED 数码管显示器(LED Segment Display)是由若干个发光二极管组成显示字段的显示器件,有 7 段和"米"字段之分,单片机应用系统中通常使用 7 段 LED 数码管显示器。

7 段 LED 数码管显示器有共阴极和共阳极两种,发光二极管的阳极连接到一起形成公共端子的称为共阳数码管,发光二极管的阴极连接到一起形成公共端子的称为共阴数码管,如图 7-1 所示。

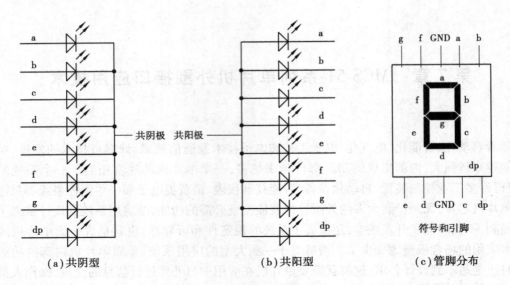

图 7-1　数码管结构图

　　如图 7-1 所示,7 段 LED 数码管显示器由 8 个发光二极管组成,其中,7 个发光二极管构成"8"字形的各个笔画段,这些笔画段分别用字母 a、b、c、d、e、f、g 来表示,另 1 个发光二极管为小数点,用 dp 来表示。当对数码管特定的段对应的发光二极管施加一定的正向电压时,这些特定的段就会发亮,不加电压的就暗,以形成所需显示的字样,如当 a 亮、b 亮、g 亮、e 亮、d 亮、f 不亮、c 不亮、dp 不亮,此时显示的为一个"2"字。另外,为了保护各段 LED 不被损坏,应使其工作在安全电流下,故必须外加限流电阻。一般情况下,单个发光二极管的管压降为 1.8 V 左右,电流不超过 30 mA。

7.1.3　LED 数码管驱动方式

　　在实际应用中,LED 数码管要正常显示,就要用驱动电路来驱动数码管的各个段码,从而显示出所要的数字,因此根据 LED 数码管的驱动方式不同,可以分为静态显示和动态显示两种显示方式。

　　1. LED 数码管静态式驱动技术

　　静态驱动也称直流驱动,是指每个数码管的每一个段码都由一个单片机的 I/O 端口进行驱动,或者使用如 BCD 码——7 段码译码器译码进行驱动,即静态显示形式,7 段 LED 数码管在显示某一个字符时,相应的段(发光二极管)恒定地导通或截至,直至换显其他字符为止。

　　静态驱动的优点是编程简单,显示亮度高,缺点是占用 I/O 端口多,如驱动 5 个数码管静态显示则需要 5×8＝40 根 I/O 端口来驱动,实际应用时必须增加译码驱动器进行驱动,增加了硬件电路的复杂性。

　　例 7.1　请用 LED 数码管静态式驱动技术编写程序实现在数码管上显示 9。

```
ORG    0000H
LEDBIT1   BIT   P3.7        ;数据位控制端
LED    EQU    P1            ;数据输出端口
ORG    0030H
```

```
START： MOV  LED,  #6FH          ;显示数字"9"的 7 段码,01101111B
        CLR  LEDBIT1             ;位选控制位清零,即选通数码管
        SJMP  $
        END
```

2. LED 数码管动态式驱动技术

为了解决静态显示占用 I/O 口资源较多的问题,在多位显示时通常采用动态式驱动技术(也称动态显示方式)。动态显示是将所有数码管的段码线对应并联在一起,通常由一个 8 位的 I/O 端口控制,每位数码管的公共端(称位选线)分别由一位 I/O 口线控制,以实现各位的分时选通。

软件译码的动态显示接口,通常通过并行接口芯片如 8155、8255 等进行扩展。如图 7-2 所示,LED 数码管动态显示是将所有数码管的 8 个显示笔画"a,b,c,d,e,f,g,dp"的同名端分别连在一起,同时为每个数码管的公共端增加各自独立的线选通控制 I/O 口。当单片机输出 7 段码时,通过位选线选通将要显示的数码管,该位就显示出字形,没有选通的数码管就不会亮。通过合适分时轮流位选各个数码管进行显示,这就是动态驱动。

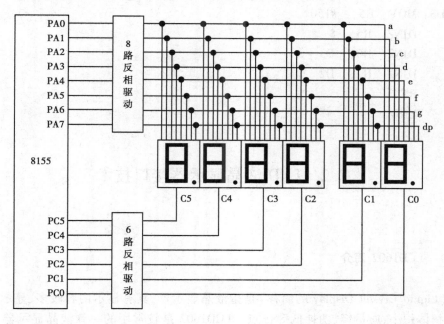

图 7-2 LED 数码管动态式驱动示意图

在轮流显示过程中,每位数码管的点亮时间为 1~2 ms,由于人的视觉暂留现象及发光二极管的余辉效应,尽管实际上各位数码管并非同时点亮,但只要扫描的速度足够快,给人的印象就是一组稳定的显示数据,不会有闪烁感。动态式驱动能够节省大量的 I/O 端口,而且功耗更低。

例 7.2 请用 LED 数码管动态式驱动技术编写程序实现在数码管上显示 97。

```
        ORG  0000H
LEDBIT1  BIT  P3.7           ;高位数码管位控制端
LEDBIT2  BIT  P3.6           ;低位数码管位控制端
```

```
              LEDEQU   P1
              ORG   0030H
START：SETB   LEDBIT2
              CLR   LEDBIT1
              MOV   LED，  #6FH          ;显示数字"9"的7段码,01101111B
              ACALL   DELAY
              SETB   LEDBIT1
              CLR   LEDBIT2
              MOV   LED，  #07H          ;显示数字"7"的7段码,00000111B

              ACALL   DELAY
              SJMP   START
DELAY：MOV   R7，  #10
    D2：MOV   R6，  #100
    D3：MOV   R5，  #150
              DJNZ   R5，  $
              DJNZ   R6，  D3
              DJNZ   R7，  D2
              RET
              END
```

7.2   LCD 液晶显示器接口技术

7.2.1   LCD1602 简介

LCD(Liquid Crystal Display 的简称)是指液晶显示器,具有显示内容较多、显示方式多样化、低辐射、体积小、质量轻、功耗低等优点。LCD1602 是较常用的一款液晶显示器,LCD1602液晶显示器也叫工业字符型液晶,它是一种专门用来显示字母、数字、符号等的点阵型液晶模块,它由若干个 5×7 或者 5×11 等点阵字符位组成,每个点阵字符位都可以显示一个字符。每位之间有一个点距的间隔,每行之间也有间隔,起到了字符间距和行间距的作用,正因为如此,所以它不能显示图形(用自定义 CGRAM,显示效果也不好),LCD1602 是指显示的内容为16×2,即能够同时显示上下两行,单行 16 个字符(即 16×2 共 32 个字符),主要技术参数如下:

显示容量:16×2 共 32 个字符;

芯片工作电压:4.5~5.5 V;

工作电流:2.0 mA(5.0 V);

模块最佳工作电压:5.0 V;

字符尺寸:2.95×4.35(W×H)mm。

　　LCD1602 液晶显示正常采用 +5 V 电压,对比度可调,内含复位电路,提供各种控制命令,如:清屏、字符闪烁、光标闪烁、显示移位等多种功能,有 80 字节显示数据存储器 DDRAM,内部有 160 个 5×7 点阵字型的字符发生器 CGROM,8 个可由用户自定义的 5×7 字符发生器 CGRAM,实物如图 7-3 所示。

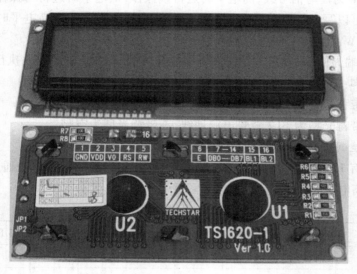

图 7-3　LCD1602 液晶模块实物图

7.2.2　LCD1602 液晶显示器接口技术

1. LCD1602 引脚说明

　　字符型 LCD1602 液晶显示器通常有 14 条引脚线或 16 条引脚线的 LCD,多出来的 2 条线是背光电源正极 BLK（15 脚）和背光电源地线 BLA（16 脚）,具体管脚介绍如表 7-1 所示。

表 7-1　LCD1602 引脚说明

编　号	符　号	引脚说明	编　号	符　号	引脚说明
1	GND	电源地	9	DB2	双向数据口
2	VDD	电源正极	10	DB3	双向数据口
3	VO	对比度调节	11	DB4	双向数据口
4	RS	数据/命令选择	12	DB5	双向数据口
5	RW	读/写选择	13	DB6	双向数据口
6	E	模块使能端	14	DB7	双向数据口
7	DB0	双向数据口	15	BL1	背光电源正极
8	DB1	双向数据口	16	BL2	背光电源地线

①第 1 脚:GND 为地电源。

②第 2 脚:VDD 接 5 V 正电源。

③第 3 脚:V0 为液晶显示器对比度调整端,接正电源时对比度最弱,接地电源时对比度最高。对比度过高时会产生"鬼影",使用时可以通过一个 10 kΩ 的电位器调整对比度。

④第 4 脚:RS 为寄存器选择,高电平时选择数据寄存器、低电平时选择指令寄存器。

⑤第 5 脚:RW 为读写信号线,高电平时进行读操作,低电平时进行写操作。当 RS 和 RW 共同为低电平时可以写入指令或者显示地址;当 RS 为低电平 RW 为高电平时可以读忙信号;当 RS 为高电平 RW 为低电平时可以写入数据。

⑥第 6 脚:E 端为使能端,当 E 端由高电平跳变成低电平时,液晶模块执行命令。

⑦第 7—14 脚:DB0 ~ DB7 为 8 位双向数据线。

⑧第 15 脚:带背光型为 BL1 背景电源正极,不带背光型为空脚。

⑨第 16 脚:带背光型为 BL2 背景电源地线,不带背光型为空脚。

2. LCD1602 控制指令介绍

LCD1602 共有 11 条控制指令,它的读写操作、屏幕和光标的操作都是通过指令编程来实现的(说明:1 为高电平、0 为低电平),如表 7-2 所示。

表 7-2　LCD1602 控制指令

序号	指令	RS	R/W	DB7	DB6	DB5	DB4	DB3	DB2	DB1	DB0
1	清显示	0	0	0	0	0	0	0	0	0	1
2	光标返回	0	0	0	0	0	0	0	0	1	*
3	置输入模式	0	0	0	0	0	0	0	1	I/D	S
4	显示开/关控制	0	0	0	0	0	0	1	D	C	B
5	光标或字符移位	0	0	0	0	0	1	S/C	R/L	*	*
6	置功能	0	0	0	0	1	DL	N	F	*	*
7	置字符发生存储器地址	0	0	0	1	字符发生存储器地址					
8	置数据存储器地址	0	0	1	显示数据存储器地址						
9	读忙标志或地址	0	1	BF	计数器地址						
10	写数到 CGRAM 或 CGRAM)	1	0	要写的数据内容							
11	从 CGRAM 或 CGRAM 读数	1	1	读出的数据内容							

①指令 1:清显示,指令码 01H,光标复位到地址 00H。

②指令 2:光标复位,光标返回到地址 00H。

③指令 3:光标和显示模式设置。I/D:光标移动方向,高电平右移,低电平左移。S:屏幕上所有文字是否左移或者右移,高电平有效,低电平无效。

④指令 4:显示开关控制。D:控制整体显示的开与关,高电平打开显示,低电平关闭显示。C:控制光标的开与关,高电平有光标,低电平无光标。B:控制光标是否闪烁,高电平闪烁,低电平不闪烁。

⑤指令 5:光标或字符移位。S/C:高电平时移动显示的文字,低电平时移动光标。

⑥指令 6:功能设置命令。DL:高电平时为 4 位总线,低电平时为 8 位总线。N:低电平时为单行显示,高电平时双行显示。F:低电平时显示 5×7 的点阵字符,高电平时显示 5×10 的点阵字符。

⑦指令 7:字符发生器 RAM 地址设置。

⑧指令 8:CGRAM 地址设置。

⑨指令 9:读忙信号和光标地址。BF:忙标志位,高电平表示忙,此时模块不能接收命令或者数据,若为低电平表示不忙。液晶显示模块是一个慢显示器件,所以在执行每条指令之前一定要确认模块的忙标志为低电平,表示不忙,否则此指令失效。

⑩指令 10:写数据。

⑪指令 11:读数据。

3. LCD1602 读写时序和显示地址表

LCD1602 的读写操作时序分别如图 7-4 和图 7-5 所示,根据这两个图归纳出的基本操作时序表,见表 7-3。

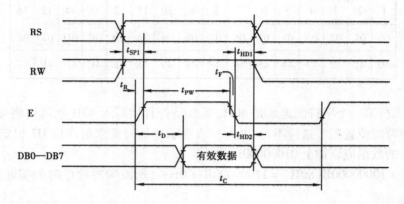

图 7-4　LCD1602 的读操作时序

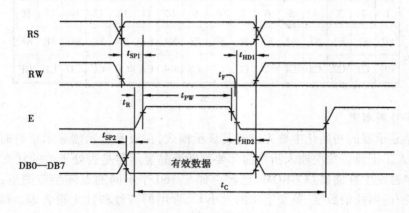

图 7-5　LCD1602 的写操作时序

表7-3　基本操作时序

读状态	输入	RS = L　RW = H　E = H	输出	DB0—DB7 = 状态字
写指令	输入	RS = L　RW = L　E = 下降沿脉冲 DB0—DB7 = 指令码	输出	无
读数据	输入	RS = H　RW = H　E = H	输出	DB0—DB7 = 数据
写数据	输入	RS = H　RW = L　E = 下降沿脉冲 DB0—DB7 = 数据	输出	无

液晶显示器是一个慢显示器件,所以在执行每条指令之前一定要确认显示器的忙标志 (调用指令 9 检测 BF 位)是否为低电平,为低表示不忙,否则显示器处于忙状态,外部给定指令失效。显示字符时,要先输入显示字符地址,也就是告诉显示器在哪里显示字符,表 7-4 是 LCD1602 的内部显示地址。

表 7-4 LCD1602 的内部显示地址

1	2	3	4	5	6	7	8	9	10	11	12	13	14	15	16
00	01	02	03	04	05	06	07	08	09	0A	0B	0C	0D	0E	0F
40	41	42	43	44	45	46	47	48	49	4A	4B	4C	4D	4E	4F

例如,第二行第一个字符的地址是 40H,那么是否直接写入 40H 就可以将光标定位在第二行第一个字符的位置呢？这样不行,因为写入显示地址时要求最高位 D7 恒定为高电平 1,所以实际写入的数据应该加上 01000000B。

如(40H) + 10000000B(80H) = 11000000B(C0H),所以编写程序时的实际地址如表 7-5 所示。

表 7-5　LCD1602 的内部显示实际地址

1	2	3	4	5	6	7	8	9	10	11	12	13	14	15	16
80	81	82	83	84	85	86	87	88	89	8A	8b	8C	8D	8E	8F
C0	C1	C2	C3	C4	C5	C6	C7	C8	C9	CA	CB	CC	CD	CE	CF

4.点阵字符图形表

在对液晶显示器的初始化中要先设置其显示模式,在液晶显示器显示字符时光标是自动右移的,无需人工干预。每次输入指令前都要判断液晶显示器是否处于忙的状态。1602 液晶模块内部的字符发生存储器(CGROM)已经存储了 160 个不同的点阵字符图形,如表 7-6 所示。这些字符有:阿拉伯数字、英文字母的大小写、常用的符号和日文假名等。每一个字符都有一个固定的代码,比如大写的英文字母"A"的代码是 01000001B(41H),显示时模块把地址 41H 中的点阵字符图形显示出来,就能看到字母"A"。

表 7-6　CGRAM 和 CGRAM 中字符码与代符图形对应关系

高位 / 低位	0000	00 10	00 11	01 00	01 01	01 10	01 11	10 10	10 11	11 00	11 01	11 10	11 11
× × × × 0000	CGRAM (1)		0	ə	P	`	p		一	タ	ミ	α	P
× × × × 0001	(2)	!	1	A	Q	a	q	。	ア	チ	ム	ä	q
× × × × 0010	(3)	″	2	B	R	b	r	「	イ	ツ	メ	β	θ
× × × × 0011	(4)	#	3	C	S	c	s	」	ウ	テ	モ	ε	∞
× × × × 0100	(5)	$	4	D	T	d	t	、	エ	ト	ヤ	μ	Ω
× × × × 0101	(6)	%	5	E	U	e	u	・	オ	ナ	ユ	B	0
× × × × 0110	(7)	&	6	F	V	f	v	ヲ	カ	ニ	ヨ	P	Σ
× × × × 0111	(8)	'	7	G	W	g	w	ア	キ	ヌ	ラ	g	π
× × × × 1000	(1)	(	8	H	X	h	x	ィ	ク	ネ	リ		∫
× × × × 1001	(2)	)	9	I	Y	i	y	ゥ	ケ	ノ	ル	-1	y
× × × × 1010	(3)	*	:	J	Z	j	z	エ	コ	ハ	レ	j	千
× × × × 1011	(4)	+	;	K	[	k	{	ォ	サ	ヒ	ロ	x	万
× × × × 1100	(5)	,	<	L	¥	l	¦	ャ	シ	フ	ワ	¢	
× × × × 1101	(6)	—	=	M	]	m	}	ュ	ス	ヘ	ソ	+	
× × × × 1110	(7)	.	>	N	^	n	→	ョ	セ	ホ	ハ	ñ	
× × × × 1111	(8)	/	?	O	_	o	←	ッ	ソ	マ	°	ö	

例 7.3　请编写程序在液晶模块的第一行第三个位置显示字母"F"。
　　　　ORG　0000H

```
                RS  BIT  P3.7
                RW  BIT  P3.6
                E  BIT P3.5
                LCD1602  EQU  P1
                ORG  0030H
                MOV  LCD1602,    #01H
                ACALL  ENABLE
                MOV  LCD1602,  #31H
                ACALL  ENABLE
                MOV  LCD1602,  #0FH
                ACALL  ENABLE
                MOV  LCD1602,  #06H
                ACALL  ENABLE
                MOV  LCD1602,  #82H
                ACALL  ENABLE
                MOV  LCD1602,  #46H
                ACALL  DISP
                SJMP  $
ENABLE:  CLRRS
         CLRRW
         CLRE
         ACALL  DELAY
         SETB  E
         RET
  DISP:  SETB  RS
         CLR  RW
         CLR  E
         ACALL  DELAY
         SETB  E
         RET
DELAY:   MOV  R7,  #10
   D2:   MOV  R6,  #100
   D3:   MOV  R5,  #200
         DJNZ  R5,$
         DJNZ  R6,  D3
         DJNZ  R7,  D2
         RET
         END
```

程序在开始时对液晶模块功能进行了初始化设置,约定了显示格式。注意显示字符时光

标是自动右移的,无须人工干预,每次输入指令都先调用判断液晶模块是否忙的子程序
DELAY,然后输入显示位置的地址 82H,最后输入要显示的字符 F 的代码 46H。

7.3　键盘接口技术

在单片机应用系统中,键盘是单片机最常用的输入设备之一,用户需要通过键盘向计算机
输入数据和命令。根据按键的识别方法分类,可分为编码键盘和非编码键盘,其中编码键盘是
指用专用的硬件译码器实现,非编码键盘是指按键的识别和键值的产生由软件完成,该类键盘
成本低且使用灵活。无论是编码键盘还是非编码键盘都可以分为独立连接式和矩阵式两类,
在单片机系统中多数用的是非编码键盘,所以下面只对非编码键盘进行讨论。

7.3.1　键盘的工作原理

1. 按键的特点

键盘中的每一个按键都是一个常开开关,按键有触点式和非触点式两种。常用的键盘一
般采用由机械触点构成的键盘开关,如图 7-6 所示。利用机械触点的接通与断开将电压信号
输入到单片机的 I/O 端口。按键的机械触点在闭合和断开的瞬间都会有抖动的现象,即不能
马上实现按键的完全闭合或断开,从而使输入电压信号也出现抖动现象,抖动时间的长短与按
键的机械特性有关,如图 7-7 所示抖动时间 t1 和 t2 一般在 5~10 ms。

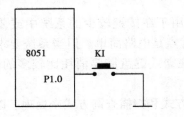

图 7-6　按键开关

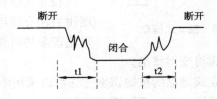

图 7-7　按键开关信号的电压波形

2. 按键的识别

在图 7-6 中,当开关 K1 没有按下时,K1 键的两个触点是断开的,这时 P1.0 输入是高电
平;当 K1 键被按下时,K1 键的两个触点将接通,P1.0 短接到地上,即输入为低电平。单片机
通过对连接按键的 I/O 端口的电平变化的检测,就能识别 K1 键是否被按下。

3. 抖动现象的消除

按键的抖动对于操作人员来说是感觉不到的,但对计算机来说,则是完全可以感应到的。
按键抖动会引起按键命令的错误执行,为了准确地判断每次有效按键,对每次按键只作一次响
应,就必须消除抖动。

目前常用的去抖动的方法有两种:硬件去抖和软件去抖。在单片机系统中考虑减少成本
和稳定性的问题,常用的是软件去抖的方法,即第一次检测到按键 K1 闭合(P1.0 = 0)时,不立

即去认定 K1 键有效按下,而是执行一个延时程序(大概 10 ms)。让按键按下时的抖动时间 t1 消失后再次检测 K1 的状态,如果这时 P1.0 还是为低电平,就认为 K1 为有效按下了。对于按键释放时抖动时间 t2 的处理方法是相同的,即当检测到按键释放后,也同样要延时 10 ms 左右,等 t2 过去,再去确认按键是否释放。只有这样才能保证当按键按下一次时,单片机仅做一次相应处理。

4. 连击的处理

连击现象是指当按键在一次被按下的过程中,其功能程序被反复多次执行的现象,就像按键是多次按下似的。

连击在通常情况下是不允许出现的,即每次按键仅响应一次。消除连击现象的方法通常是:当判断某键被按下时,就立即去执行该按键相对应的功能程序,然后仅当判断出按键被释放后才返回。当然,改变上述处理的顺序也是可以消除连击的,如当判断出某键被按下时,不立即去执行该按键的功能程序,而是等判断出按键释放后,再去执行相应程序。

7.3.2 键盘的接口方式

1. 独立式键盘接口

独立式键盘是各个按键互相独立,每个按键单独连接一条输入线,另一端接地,通过检测

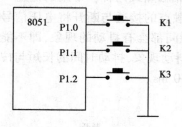

图 7-8 独立式键盘

输入线的电平就可以判断该键是否被按下。它们与单片机的连接如图 7-8 所示。每一个键对应 P1 口的一根线,当某个键按下时,该键所对应的端口线的电平就由高电平变为低电平,CPU 访问并查询所有接了按键的 I/O,即可识别是哪一个键按下。

独立式键盘适用于在按键较少的系统中或要求操作速度快的场合使用,优点是电路简单。但当系统要求的按键数量比较多的时候,独立式键盘需要消耗比较多的输入端口,这样电路结构将变得繁杂。

对于独立式键盘的按键识别方法可以采用中断方式和扫描查询方式来处理。以图 7-8 为例采用扫描查询方式处理按键程序如下:

```
START: ORL    P1, #0FH            ;输入口先置 1
       MOV    A, P1              ;读入按键状态
       ANL    A, #07H            ;屏蔽 P1 口的高 5 位
       CJNE   A, #07H, KEYPD     ;判断是否有键按下
       LJMP   EXIT               ;无键按下,退出按键扫描
KEYPD: LCALL  DEL10MS            ;有键按下,延时 10 ms 去抖
       MOV    A, P1              ;再次读按键值
       ANL    A, #07H
       CJNE   A, #07H, KEY1      ;有键按下跳去判断是哪个键
       LJMP   EXIT
KEY1:  CJNE   A, #06H, KEY2      ;判断是不是 K1 键按下
```

```
        LJMP    KEYK1              ;是 K1 键,转入 K1 键处理子程序 KEYK1
KEY2：  CJNE    A,#05H,KEY3        ;判断是不是 K2 键按下
        LJMP    KEYK2              ;是 K2 键,转入 K1 键处理子程序 KEYK2
KEY3：  CJNE    A,#03H,EXIT        ;判断是不是 K3 键按下
        LJMP    KEYK3              ;是 K3 键,转入 K1 键处理子程序 KEYK3
EXIT：  RET
KEYK1：……                         ;K1 键功能程序
KEYK2：……                         ;K2 键功能程序
KEYK3：……                         ;K3 键功能程序
DEL10MS：……                       ;延时 10 ms 子程序
```

2. 矩阵式键盘接口

矩阵式键盘也是单片机常用的一种键盘接口,主要适用于要求按键数量较多的系统,当按键数较多时,为节省 I/O 口线和减少引线,常将其按矩阵方式连接。矩阵式键盘采用行、列矩阵方式交叉排列,按键跨接在行线和列线的交叉点上,则只需 N 条行线和 M 条列线,即可组成具有 NM 个按键的键盘,如图 7-9 所示,4×4 矩阵键盘可以构成 16 个按键。

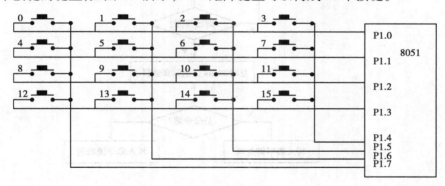

图 7-9　矩阵式键盘

对于矩阵结构的键盘,常用的按键识别方法也有两种:行扫描查询法[又称为逐行(或列)扫描查询法,是一种最常用的按键识别方法]和线翻转法(又称高低电平翻转法),现以图 7-9 为例来说明矩阵键盘按键识别的行扫描查询法,其步骤如下:

①判别是否有键按下。通过行线送出扫描信号 P1.0～P1.3＝0000B,读列线状态,若读入的列线值全是 1,则说明没有键按下,反之说明有键按下。

②调用延时去抖动。当判别到有键按下后,软件延时一段时间,然后再次判断键盘状态,若仍然有键按下,则认为确实有键按下,否则认为是抖动的。

③识别键号。当有键按下时,转入逐行扫描的方法来确定是哪一个键按下。先扫描第一行,即将第一行输出 0 电平,然后读入列值,哪一列出现 0 电平,说明该列与第一行跨接的键被按下了。若读入的列值全为 1,说明与第一行跨接的按键都未被按下。接着扫描第二行,以此类推,逐行扫描查询,直至找到被按下的键,并根据事先的定义将键号送入累加器 A 中。

④检查按键是否已经释放。可以避免连击现象出现,保证每次按键仅做一次处理。

例 7.4　如图 7-9 所示,单片机的 P1 口用作键盘 I/O 口,键盘的行线接到 P1 口的低 4 位,键盘的列线接到 P1 口的高 4 位。请编写 4×4 矩阵键盘处理程序(使用行扫描查询法)。

解:根据题意可得到流程图如图 7-10 所示。

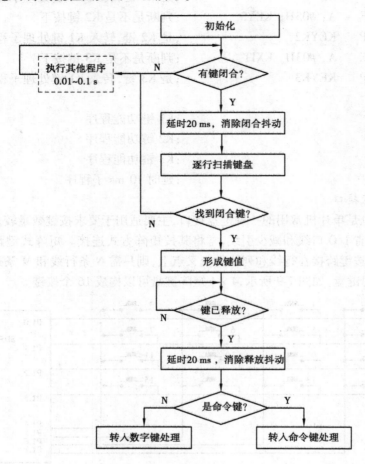

图 7-10 4×4 矩阵键盘行扫描法流程图

方法一键盘扫描程序如下:

```
        Keyboard  EQU  P1
START:  MOV  Keyboard, #0FH          ;P1 = 00001111B
        MOV  A, Keyboard             ;读端口 P1 的值送给 A
        ANL  A, #0FH                 ;A 的值与 #0FH 进行与运算
        CJNE A, #0FH, NEXT1          ;判断 A 的值是否等于 #0FH:
                                     ①A = = 0FH, 程序顺序执行;
                                     ②A≠0FH,有按键按下,跳转到 NEXT1
        SJMP NEXT4                   ;A = = 0FH,无按键按下
NEXT1:  ACALL DELAY20ms              ;调用延时程序消抖
        MOV  Keyboard, #0FH          ;P1 = 00001111B
        MOV  A, Keyboard             ;读端口 P1 的值送给 A
        ANL  A, #0FH                 ;A 的值与 #0FH 进行与运算
        CJNE A, #0FH, NEXT2          ;判断 A 的值是否等于 #0FH:
```

```
                                        ①A = =0FH,  程序顺序执行;
                                        ②A≠0FH,有按键按下,跳转到 NEXT1
        SJM    NEXT4                   ;A = =0FH;无按键按下
NEXT2: MOV   A,   #0EFH                ;程序进入逐行扫描程序
NEXT3: MOV   R1,  A                    ;将 A 的值送入 R1 寄存
        MOV   Keyboard,  A             ;将 A 的值 EFH 送给 P1 口
        MOV   A,  Keyboard             ;读端口 P1 的值送给 A
        ANL   A,  #0FH                 ;A 的值与#0FH 进行与运算
        CJNE  A,  #0FH,  KCODE         ;判断 A 的值是否等于#0FH:
                                        ①A = =0FH,  程序顺序执行;
                                        ②A≠0FH,有按键按下,跳转到 KCODE。
        MOV   A,  R1                   ;将寄存于 R1 中的值送回 A
        SETB  C                        ;将 C 置1
        RLC   A                        ;A 带位向左移一位,实现逐行扫描
        JC    NEXT3                    ;①C = =1,4 行未扫描完,程序转到
                                            NEXT2;
                                        ②C = =0,4 行已扫描完毕。
KCODE: ............                    ;进入相应键盘处理子程序
        SJMP  NEXT3                    ;退出键盘处理子程序
DELAY20 ms:...........                 ;延时 20 ms 子程序
NEXT3: SJMP  START                    ;循环键盘扫描程序
        END
方法二键盘扫描程序如下:
        ORG   0000H
        AJMP  START
        ORG   0030H
START: Keyboard  EQU   P1             ;定义键盘接 P1 口
        Keyboard1  BIT  P1.4          ;定义第1列列名
        Keyboard2  BIT  P1.5          ;定义第2列列名
        Keyboard3  BIT  P1.6          ;定义第3列列名
        Keyboard4  BIT  P1.7          ;定义第4列列名
S1:     MOV   Keyboard,  #0F0H        ;P1 口的低4位输出低电平,高4位输出高
                                        电平
        MOV   A,  Keyboard            ;读 P1 口的信号
        ORL   A,  #0FH                ;A 的值与 0FH 进行或运算
        CPL   A                       ;A 的值取反
        JZ    S1                      ;①若 A = =0,无按键按下,跳转到 S1;
                                        ②若 A≠0,有按键按下,程序顺序执行
        ACALL DELAY                   ;去抖
```

```
            MOV  A,  P1                    ;读端口 P1 的值
            ORL  A,  #0FH                  ;A 的值与 0FH 进行或运算
            CPL  A                         ;A 的值取反
            JZ   S1                        ;①若 A = =0,无按键按下,跳转到 S1;
                                            ②若 A≠0,有按键按下,程序顺序执行
            MOV  Keyboard,  #0FEH          ;判断按下的按键是否在第 1 列
            JNB  Keyboard1,  KEY0
            JNB  Keyboard2,  KEY1
            JNB  Keyboard3,  KEY2
            JNB  Keyboard4,  KEY3
            MOV  Keyboard,  #0FDH          ;判断按下的按键是否在第 2 列
            JNB  Keyboard1,  KEY4
            JNB  Keyboard2,  KEY5
            JNB  Keyboard3,  KEY6
            JNB  Keyboard4,  KEY7
            MOV  Keyboard,  #0FBH          ;判断按下的按键是否在第 3 列
            JNB  Keyboard1,  KEY8
            JNB  Keyboard2,  KEY9
            JNB  Keyboard3,  KEY10
            JNB  Keyboard4,  KEY11
            MOV  Keyboard,  #0F7H          ;判断按下的按键是否在第 4 列
            JNB  Keyboard1,  KEY12
            JNB  Keyboard2,  KEY13
            JNB  Keyboard3,  KEY14
            JNB  Keyboard4,  KEY15
KEY0:       MOV  KEY,  #00H
            AJMP  S2
KEY1:       MOV  KEY,  #01H
            AJMP  S2
KEY2:       MOV  KEY,  #02H
            AJMP  S2
KEY3:       MOV  KEY,  #03H
            AJMP  S2
KEY4:       MOV  KEY,  #04H
            AJMP  S2
KEY5:       MOV  KEY,  #05H
            AJMP  S2
KEY6:       MOV  KEY,  #06H
            AJMP  S2
```

```
KEY7:    MOV    KEY,    #07H
         AJMP   S2
KEY8:    MOV    KEY,    #08H
         AJMP   S2
KEY9:    MOV    KEY,    #09H
         AJMP   S2
KEY10:   MOV    KEY,    #0AH
         AJMP   S2
KEY11:   MOV    KEY,    #0BH
         AJMP   S2
KEY12:   MOV    KEY,    #0CH
         AJMP   S2
KEY13:   MOV    KEY,    #0DH
         AJMP   S2
KEY14:   MOV    KEY,    #0EH
         AJMP   S2
KEY15:   MOV    KEY,    #0FH
         AJMP   S2
    S2:  AJMP   S1
         END
```

现以图 7-9 为例来说明矩阵键盘按键识别的线翻转法(又称高低电平翻转法),其步骤如下:

首先让 P1 口高 4 位为 1,低 4 位为 0。若有按键按下,则高 4 位中会有一个 1 翻转为 0,低 4 位不会变,此时即可确定被按下的键的行位置。

然后让 P1 口高 4 位为 0,低 4 位为 1。若有按键按下,则低 4 位中会有一个 1 翻转为 0,高 4 位不会变,此时即可确定被按下的键的列位置。

最后将上述两者进行或运算即可确定被按下的键的位置。

例 7.5　如图 7-9 所示,单片机的 P1 口用作键盘 I/O 口,键盘的行线接到 P1 口的低 4 位,键盘的列线接到 P1 口的高 4 位。请编写 4×4 矩阵键盘处理程序(使用线翻转法)。

```
         ORG    0000H
         AJMP   START
         ORG    0030H
START:   LCALL  KS2          ;检查有闭合键否?
         JNZ    MK1          ;A 非 0,有键闭合则转 MK1
         LJMP   MK7          ;无键闭合转 MK7
MK1:     LCALL  DELAY        ;有键闭合,则延时 12 ms
         LCALL  KS2          ;再次检查有键闭合吗?
         JNZ    MK2          ;若有键闭合则转 MK2
         LJMP   MK7          ;若无键闭合转 MK7
```

179

```
MK2:    MOV   P1,  #F0H          ;发行线全"0",列线全"1"信号
        MOV   A,  P1             ;读入列状态
        ANL   A,  #F0H           ;保留高 4 位
        CJNE  A,  #F0H,  MK3     ;有键按下则转
        LJMP  MK7                ;无闭合键转 MK7
MK3:    MOV   R2,  A             ;保存列值
        ORL   A,  #0FH           ;列线信号保留,行线全"1"
        MOV   P1,  A             ;从列线输出
        MOV   A,  P1             ;读入 P1 口状态
        ANL   A,  #0FH           ;保留行线值
        ADD   A,  R2             ;将行线值和列线值合并得到键特征值
        MOV   R2,  A             ;键特征值暂存于 R2 中
        MOV   R3,  #00H          ;R3 存键值(先送初始值 0)
        MOV   DPTR,  #TRBE       ;指向键值表首址
        MOV   R4,  #10H          ;查找次数送 R4
MK4:    CLR   A
        MOVC  A,  @A + DPTR      ;表中值送入 A
        MOV   70H,  A            ;暂存于 70H 单元中
        MOV   A,  R2             ;键特征值送入 A
        CJNE  A,  70H,  MK6      ;未查到则转
MK5:    LCALL  KS2               ;还有键闭合否?
        JNZ   MK5                ;若键未释放,则等待
        LCALL  DELAY             ;消抖
        AJMP  D1                 ;返主程序
MK6:    INC   R3                 ;键值加 1
        INC   DPTR               ;表地址加 1
        DJNZ  R4,  MK4           ;未查到,反复查
MK7:    MOV   A,  #FFH           ;无闭合键标志存入 A 中
 D1:    SJMP  START
KS2:    MOV   P1,  #F0H          ;闭合键判断子程序
        MOV   A,  P1             ;发全扫描信号,读入列线值
        ORL   A,  #0FH           ;保留列线值
        CPL   A                  ;取反,无键按下为全 0
        RET                      ;返主程序
DELAY: ……
        RET
TRBE:   DB 7EH,BEH,DEH,EEH,7DH,BDH,DDH,EDH
        DB 7BH,BBH,DBH,EBH,77H,B7H,D7H,E7H
```

7.4　A/D 接口技术

AD 转换：模数转换，就是把模拟信号转换成数字信号。模拟信号在时间上是连续的，而数字信号在时间上是离散的，所以转换只能在一系列选定的瞬间对输入的模拟信号取样，然后再将这些取样值转换成输出信号量。

A/D 转换一般要经过取样、保持、量化及编码 4 个过程。

7.4.1　A/D 转换器的分类

根据 A/D 转换器的原理可将 A/D 转换器分成两大类。一类是直接型 A/D 转换器，其输入的模拟电压被直接转换成数字代码，不经任何中间变量；另一类是间接型 A/D 转换器，其工作过程中，首先把输入的模拟电压转换成某种中间变量（时间、频率、脉冲宽度等等），然后再把这个中间变量转换为数字代码输出。

A/D 转换器的种类有很多，但目前应用较广泛的主要有 3 种类型。逐次逼近式 A/D 转换器（直接型）、双积分式 A/D 转换器和 V/F 变换式 A/D 转换器（间接型）。

（1）逐次逼近型 A/D 转换器的工作原理

逐次逼近式 A/D 转换器是一种速度较快精度较高的转换器。其转换时间大约在几微秒到几百微秒之间。

（2）双积分式 A/D 转换器的工作原理

双积分式 A/D 转换是一种间接 A/D 转换技术。首先将模拟电压转换成积分时间，然后用数字脉冲计时的方法转换成计数脉冲数，最后将此代表模拟输入电压大小的脉冲数转换成所对应的二进制或 BCD 码输出。

7.4.2　A/D 转换器的主要技术指标

A/D 转换器的主要技术指标有转换精度、转换时间等。选择 A/D 转换器时，除考虑这两项技术指标外，还应注意满足其输入电压的范围、输出数字的编码、工作温度范围和电压稳定度等方面的要求。

1. 转换精度

单片集成 A/D 转换器的转换精度是用分辨率和转换误差来描述的。

（1）分辨率

A/D 转换器的分辨率以输出二进制（或十进制）数的位数来表示。它说明 A/D 转换器对输入信号的分辨能力。从理论上讲，n 位输出的 A/D 转换器能区分 2^n 个不同等级的输入模拟电压，能区分输入电压的最小值为满量程输入的 $1/(2^n-1)$。在最大输入电压一定时，输出位数越多，分辨率越高。例如 A/D 转换器输出为 8 位二进制数，输入信号最大值为 5 V，那么这个转换器应能区分出输入信号的最小电压为 $1/(2^8-1)$ V，即 19.6 mV。

（2）转换误差

转换误差通常是以输出误差的最大值形式给出。它表示 A/D 转换器实际输出的数字量和理论上的输出数字量之间的差别。常用最低有效位的倍数表示。例如给出相对误差 ≤ ±LSB/2，这就表明实际输出的数字量和理论上应得到的输出数字量之间的误差小于最低位的半个字。

2.转换时间

转换时间是指 A/D 转换器从转换控制信号到来开始，到输出端得到稳定的数字信号所经过的时间。A/D 转换器的转换时间与转换电路的类型有关。不同类型的转换器转换速度相差甚远。其中并行比较 A/D 转换器的转换速度最高，8 位二进制输出的单片集成 A/D 转换器转换时间可达到 50 ns 以内，逐次比较型 A/D 转换器次之，它们多数转换时间在 10 ~ 50 ms 以内，间接 A/D 转换器的速度最慢，如双积分 A/D 转换器的转换时间大多在几十毫秒至几百毫秒。在实际应用中，应从系统数据总的位数、精度要求、输入模拟信号的范围以及输入信号极性等方面综合考虑 A/D 转换器的选用。

例 7.6　某信号采集系统要求用一片 A/D 转换集成芯片在 1 s（秒）内对 16 个热电偶的输出电压分时进行 A/D 转换。已知热电偶输出电压范围为 0 ~ 0.025 V（对应于 0 ~ 450 ℃温度范围），需要分辨的温度为 0.1 ℃，试问应选择多少位的 A/D 转换器？其转换时间是多少？

解：

①由于温度范围是 0 ~ 450 ℃，信号电压是 0 ~ 0.025 V，分辨温度为 0.1 ℃，则选用的 A/D 转换器分辨率需高于 0.1/450 = 1/4 500。

12 位 A/D 转换器的分辨率为 $1/(2^{12} - 1) = 1/4\ 095$，所以必须选用 13 位的 A/D 转换器。

②由于设计要求在 1 s 内对 16 个电压分时进行 A/D 转换，则器件转换时间小于 1/16 = 62.5 ms。

7.4.3　逐次逼近式 A/D 转换器 ADC0809

逐次逼近型 A/D 转换器，又叫逐次比较型 A/D 转换器，具有速度快、转换精度高的优点，是目前应用较多的一种 A/D 转换器。其中，ADC0809 是较常见的一种逐次逼近式 A/D 转换器，带有 8 位 A/D 转换器、8 路模拟开关以及微处理机兼容的控制逻辑的 CMOS 组件，可以和单片机直接相接。

1.ADC0809 引脚说明

如图 7-11 所示，ADC0809 芯片有 28 条引脚，ADC0809 芯片一般采用双列直插式封装，下面说明各引脚功能。

IN0—IN7：8 路模拟量输入端。

D0—D7：8 位数字量输出端。

ADD A、ADD B、ADD C：3 位地址输入线，用于选通 8 路模拟输入 IN0—IN7 上的一路模拟量输入。

ALE：地址锁存允许信号，高电平有效，当 ALE = 1 时，锁存通道的地址选择信号才能选通相应的模拟通道。

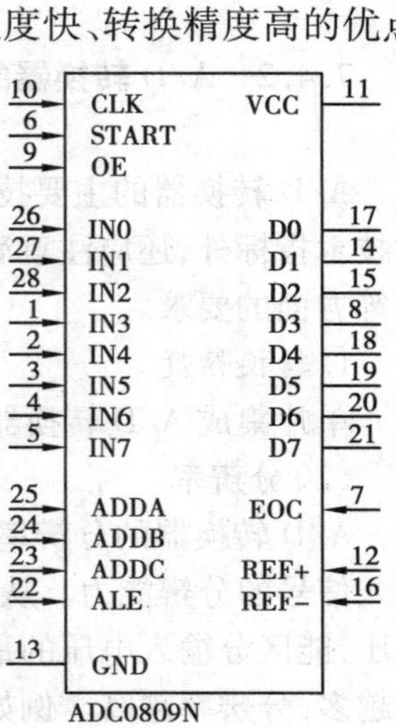

图 7-11　ADC0809 引脚图

START:启动信号端。当其上升沿来到时,使所有内部寄存器清零,下降沿到来时 ADC 开始转换。在 START 端给出的正脉冲信号至少需要有 100 ns 宽度。

EOC:A/D 转换结束信号,当 A/D 转换结束时,此端输出一个高电平(转换期间一直为低电平),以通知其他设备(如微机)来取结果。

OE:数据输出允许信号,高电平有效。当 A/D 转换结束时,此端输入一个高电平,才能打开输出三态门,输出数字量。

CLK:时钟脉冲输入端。因 ADC0809 的内部没有时钟电路,所需时钟信号必须由外界提供,通常使用频率为 500 kHz。

REF(+)、REF(-):基准电压的正负电源端,其范围为 $0 \sim \pm U_{CC}$。

Vcc:单一电源, + 5 V。

GND:地。

2. ADC0809 的内部逻辑结构

如图 7-12 所示,ADC0809 包括 8 路模拟量开关、8 路 A/D 转换器、三态输出锁存器、地址锁存与译码器。

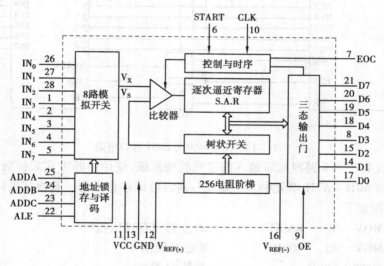

图 7-12　ADC0809 内部逻辑结构

ADC0809 的工作过程是首先输入 3 位地址,并使 ALE = 1,将地址存入地址锁存器中。此地址经译码选通 8 路模拟输入之一到比较器,START 上升沿将逐次逼近寄存器复位,下降沿启动 A/D 转换,之后 EOC 输出信号变低,指示转换正在进行,直到 A/D 转换完成,EOC 变为高电平,指示 A/D 转换结束,结果数据已存入锁存器,这个信号可用作中断申请。当 OE 输入高电平时,输出三态门打开,转换结果的数字量输出到数据总线上。

3. ADC0809 的主要特性

①8 路 8 位 A/D 转换器,即分辨率 8 位;

②具有转换起停控制端;

③转换时间为 100 μs;

④单个 + 5 V 电源供电;

⑤模拟输入电压范围 $0 \sim + 5$ V,不需零点和满刻度校准;

⑥工作温度范围为 −40 ~ +85 ℃；

⑦低功耗，约 15 mW；

ADC0809 对输入模拟量要求：信号单极性，电压范围是 0 ~ 5 V，若信号太小，必须进行放大；输入的模拟量在转换过程中应该保持不变，如若模拟量变化太快，则需在输入前增加采样保持电路。

4. ADC0809 接口电路

ADC0809 与单片机的接口比较简单，图 7-13 为 ADC0809 与 8051 的典型接口电路。

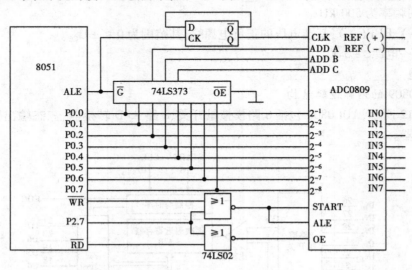

图 7-13　ADC0809 与 8051 接口电路

例 7.7　设有一个 8 路模拟量输入的巡回检测系统，使用中断方式采样数据，并依次存放在片内 RAM 的 A0H ~ A7H 单元中。采集完一遍以后即停止采集。其数据采样的初始化程序和中断服务程序如下：

```
            MOV    R0,   #A0H          ;设立数据存储区指针
            MOV    R2,   #08H          ;8 路计数值
            SETB   IT1                 ;边沿触发方式
            SETB   EA                  ;CPU 开中断
            SETB   EX1                 ;允许外部中断 1 中断
            SJMP   $                   ;等待中断
中断服务程序：
            MOVX   A,    @DPTR         ;采样数据
            MOVX   @R0,  A             ;存数
            INC    DPTR                ;指向下一个模拟通道
            INC    R0                  ;指向数据存储区下一个单元
            DJNZ   R2,   INT1          ;8 路未转换完，则继续
            CLR    EA                  ;已转换完，则关中断
            CLR    EX1                 ;禁止外部中断 1 中断
            RETI                       ;从中断返回
```

INT1:　　MOVX　@DPTR,　A　　　　;再次启动 A/D 转换
　　　　　RETI　　　　　　　　　　;从中断返回

例 7.8　设计一个简易 5 V 直流数字电压表。

（1）硬件结构及原理

利用 ADC0809 和片内带 Flash ROM 的单片机 89C51 组成 2 位简易 0.0～5.0 V 直流数字电压表,硬件逻辑电路图如图 7-14 所示。用两位 7 段共阳 LED 数码管作显示输出,由于片内资源较多,故两位数码管采用静态显示,并直接连接在单片机的 P0 和 P2 口,采用低电平驱动以保证较大的驱动电流。ADC0809 的数据输出端接单片机的 P1 口,使能控制端 OE 接高电平,处于常有效状态。因只对 IN0 路进行采样,故地址线 A、B、C 直接接地。ADC0809 的启动控制线 START 和 A/D 转换结束状态线 EOC 分别接 P3.0 和 P3.1,采用位控方式工作。当系统主频为 6 MHz 时,ALE 的频率为 1 MHz,则需经过二分频变为 500 kHz 才能向 ADC0809 提供 CLOCK 信号。上电后单片机将 ADC0809 采集的电压经转换处理后送两位数码管显示。

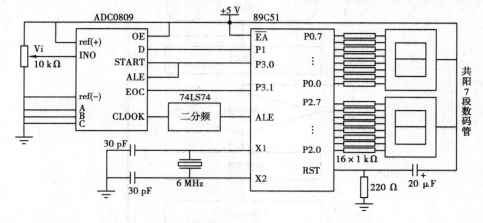

图 7-14　简易 5 V 直流数字电压表硬件电路图

（2）软件流程图及程序

软件流程图如图 7-15 所示。

应用程序如下:

```
            XSH   EQU   P0          ;显示高位输出口
            XSL   EQU   P2          ;显示低位输出口
            ADB   EQU   P1          ;ADC0809 数据端口
            STAR  EQU   P3.0        ;启动线
            EOC   EQU   P3.1        ;A/D 转换结束状态线
            ORG   0000H
            MOV   P3,   #00H
LOOP:       SETB  STAR              ;启动 A/D
            CLR   STAR
LOOP1:      JNB   EOC,  LOOP1       ;转换结束?
            MOV   A,    ADB         ;读转换数据
            MOV   B,    #5
            DIV   AB                ;÷5 标度变换
```

```
        MOV   B,   #10
        DIV   AB                    ; ÷10 十进制转换
        MOV   DPTR,  #0100H
        MOVC  A,  @ A + DPTR        ; 查段码
        MOV   XSL,  A               ; 输出低位
        MOVC  A,  @ A + DPTR
        ANL   A,  #7FH              ; 加小数点
        MOV   XSH,  A               ; 输出高位
        AJMP  LOOP
        ORG   0100H
DMB:    DB C0H,F9H,A4H,B0H,99H,92H,82H,F8H,80H,90H
```

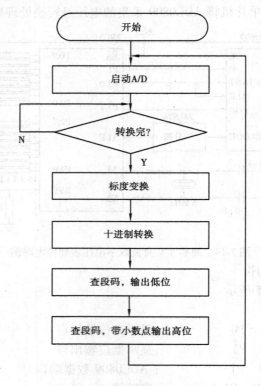

开始

启动A/D

转换完?   N

Y

标度变换

十进制转换

查段码，输出低位

查段码，带小数点输出高位

图 7-15   数字电压表软件流程图

7.5 D/A 接口技术

D/A 转换(Digital to Analog Converter)：数模转换，就是将离散的数字量转换为连接变化的模拟量，是模数转换的逆变换。D/A 转换器基本上由 4 个部分组成，即权电阻网络、运算放大器、基准电源和模拟开关。

7.5.1 D/A 转换芯片的分类

1. 电压输出型

电压输出型 D/A 转换器虽有直接从电阻阵列输出电压的,但一般采用内置输出放大器以低阻抗输出。直接输出电压的器件仅用于高阻抗负载,由于无输出放大器部分的延迟,故常作为高速 D/A 转换器使用。

2. 电流输出型

电流输出型 D/A 转换器直接输出电流,但应用中通常外接"电流—电压"转换电路得到电压输出。"电流—电压"转换可以直接在输出引脚上连接一个负载电阻实现,但多采用的是外接运算放大器的形式。

另外,大部分 CMOS 型 D/A 转换器当输出电压不为零时不能正确动作,必须外接运算放大器。由于在 D/A 转换器的电流建立时间上加入了外接运算放入器的延迟,使 D/A 响应变慢。此外,这种电路中运算放大器因输出引脚的内部电容而容易起振,有时必须作相位补偿。

3. 乘算型

D/A 转换器中有使用恒定基准电压的,也有在基准电压输入上加交流信号的,后者能得到数字输入和基准电压输入相乘的结果而输出,因而称为乘算型 D/A 转换器。乘算型 D/A 转换器一般不仅可以进行乘法运算,而且可以作为使输入信号数字化地衰减的衰减器及对输入信号进行调制的调制器使用。

另外,根据建立时间的长短,D/A 转换器可分为以下几种类型:低速 D/A 转换器,建立时间不短于 100 μs;中速 D/A 转换器,建立时间为 10 ~ 100 μs;高速 D/A 转换器,建立时间为 1 ~ 10 μs;较高速 D/A 转换器,建立时间为 100 ~ 1 μs;超高速 D/A 转换器,建立时间为短于 100 ns。

根据电阻网络的结构可以分为权电阻网络 D/A 转换器、T 形电阻网络 D/A 转换器、倒 T 形电阻网络 D/A 转换器、权电流 D/A 转换器等形式。

7.5.2 D/A 转换芯片的主要技术指标

1. 分辨率(Resolution)

D/A 转换器的分辨率是指 DAC 电路所能分辨的最小输出电压与满量程输出电压之比。最小输出电压是指输入数字量只有最低有效位为 1 时的输出电压,最大输出电压是指输入数字量各位全为 1 时的输出电压。DAC 的分辨率可用下式表示:

$$分辨率 = 1/(2^n - 1)$$

式中 n 表示数字量的二进制位数。

2. 转换误差

DAC 产生误差的主要原因有:基准电压 V_{REF} 的波动,运放的零点漂移,电阻网络中电阻阻值偏差等。转换误差常用满量程 FSR(Full Scale Range)的百分数来表示。有时转换误差用最低有效位 LSB(Least Significant Bit)的倍数来表示。

DAC 的转换误差主要有失调误差和满值误差。

DAC 的分辨率和转换误差共同决定了 DAC 的精度。要使 DAC 的精度高,不仅要选择位数高的 DAC,还要选用稳定度高的参考电压源 V_{REF} 和低漂移的运算放大器与其配合。

3. 建立时间(Setting Time)

建立时间是指输入数字量变化后,输出相应稳定的模拟量所经历的时间,是描述 DAC 转换速度快慢的一个重要参数。

其他指标还有线性度(Linearity)、转换精度、温度系数/漂移等。

7.5.3   DAC0832 应用简介

DAC0832 是 8 位分辨率的 D/A 转换集成芯片。此芯片以其价格低廉、接口简单、转换控制容易等优点,在单片机应用系统中得到广泛的应用。它由 8 位输入锁存器、8 位 DAC 寄存器、8 位 D/A 转换电路及转换控制电路构成。

DAC0832 转换结果以电流形式输出,当需要转换为相应电压输出时,可通过一个高输入阻抗的线性运算放大器实现。运放的反馈电阻可通过 RFB 端引用片内固有电阻,也可外接。DAC0832 逻辑输入满足 TTL 电平,可直接与 TTL 电路或微机电路连接。

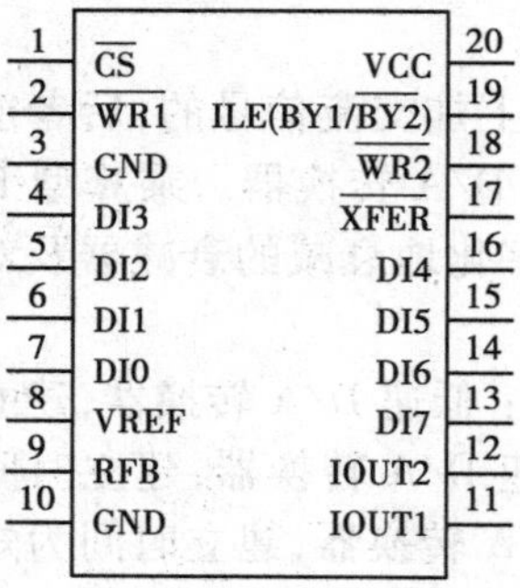

图 7-16   DAC0832 引脚图

1. DAC0832 引脚说明

DAC0832 芯片有 20 条引脚,如图 7-16 所示,下面说明各引脚功能。

DI0 ~ DI7:数据输入线,TTL 电平。其中 DI0 为最低位,DI7 为最高位。

ILE:输入寄存器锁存器信号,高电平有效。当 ILE、$\overline{CS}$ 和 $\overline{WR_1}$ 均有效时,在 LE_1 端产生正脉冲,当 $\overline{LE_1}$ 为高电平时,输入寄存器的状态随输入线的状态变化,$\overline{LE_1}$ 的负跳变就将数据线上的信息打入输入存储器。

$\overline{CS}$:片选信号输入线,低电平有效。当 $\overline{CS} = 0$ 且 ILE = 1,$\overline{WR_1} = 0$ 时才能将输入数据存入输入寄存器。

$\overline{WR_1}$:输入信号 1,为输入寄存器的写选通信号。在 $\overline{CS}$ 和 ILE 均有效时,$\overline{WR_1} = 0$ 允许输入数字信号。

$\overline{WR_2}$:输入信号 2,为 DAC 寄存器写选通输入线。$\overline{WR_2}$ 和 $\overline{XFER}$ 同时有效时,将输入寄存器中的数据装入 DAC 寄存器。

$\overline{XFER}$:"传送控制"信号,低电平有效。它与 $\overline{WR_2}$ 一起控制选通 DAC 寄存器。当 $\overline{XFER}$ 和 $\overline{WR_2}$ 均有效时,则在 LE_2 产生正脉冲。当 $\overline{LE_2}$ 为高电平时,DAC 寄存器的输出和输入锁存器的状态一致。$\overline{LE_2}$ 的负跳变将输入锁存器的内容打入 DAC 寄存器。

IOUT1:模拟电流输出端 1,当输入全为 1 时 IOUT1 最大。

IOUT2:模拟电流输出端 2,其值与 IOUT1 之和为一常数。IOUT1 + IOUT2 = 常数。一般单极性输出时 IOUT2 接地,在双极性输出时接运放。

RFB:反馈信号输入线,芯片内部有反馈电阻。

VCC:电源输入线   (+5 V ~ +15 V)。

VREF:基准电压输入线   (-10 V ~ +10 V)。

AGND:模拟地,模拟信号和基准电源的参考地。

DGND:数字地,两种地线在基准电源处共地比较好。

2. DAC0832 内部逻辑结构

DAC0832 的内部逻辑结构如图 7-17 所示,由 8 位输入锁存器、8 位 DAC 寄存器、8 位 D/A 转换电路及转换控制电路构成。DAC0832 以电流形式输出,当需要转换为电压输出时,可外接运算放大器。

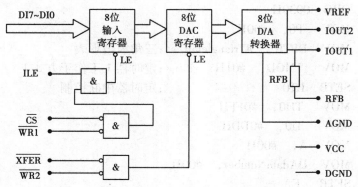

图 7-17　DAC0832 的内部逻辑结构图

3. DAC0832 的主要特性

①分辨率为 8 位,即可与单片机直接连接使用。

②电流稳定时间 1 μs。

③输入方式分单缓冲、双缓冲或直接数字 3 种类型。

④只需在满量程下调整其线性度。

⑤单一电源供电(+5 V ~ +15 V)。

⑥低功耗,约 20 mW。

4. DAC0832 的工作方式

根据 DAC0832 的输入寄存器和 DAC 寄存器不同的控制方法,DAC0832 有如下 3 种工作方式:

①单缓冲方式。一个寄存器工作于直通状态,另一个工作于受控锁存器状态。在不要求多相 D/A 同时输出时,可以采用单缓冲方式,此时只需一次写操作,就开始转换,可以提高 D/A 的数据吞吐量。单缓冲方式可分为两种情况:

●控制输入寄存器且 DAC 寄存器接成直通方式;

●控制 DAC 寄存器且输入寄存器接成直通方式。

②双缓冲方式。两个寄存器均工作于受控锁存器状态,双缓冲方式是先使输入寄存器接收数据,再控制输入寄存器的数据输出到 DAC 寄存器,即分两次锁存输入数据。此方式适用于多个 D/A 转换同步输出的情况。

③直通方式。直通方式是数据不经两级锁存器锁存,即 $\overline{CS}$、$\overline{WR_1}$、$\overline{WR_2}$、$\overline{XFER}$ 均接地,ILE 接高电平。此方式适用于连续反馈控制线路和不带微机的控制系统。不过在使用时,必须通过另加 I/O 接口与 CPU 连接,以匹配 CPU 与 D/A 转换。

5. DAC0832 应用

例 7.9　请利用单片机与 DAC0832 设计三角波发生器,信号频率 500 Hz,幅值 1 V。

```
DA1    BIT    P2.7              ;允许 DAC0832 转换
DAdata    DATA    P0            ;输出当前的波形值
DadataNumber    DATA    30H     ;记录现需读取的三角波的第几个点
```

```
                ORG    0000H
                AJMP   START
                ORG    000BH              ;定时器 0 中断入口
                AJMP   TriangleOUT
                ORG    0030H
    START:      MOV    P0,  #00H
                MOV    DPTR,  #Triangletab   ;三角波波形表
                MOV    TMOD,  #01H        ;定时器 1 工作于方式 1
                SETB   ET0                ;定时器中断控制
                MOV    TH0,  #0FFH
                MOV    Tl0,  #0DDH
                MOV    A,  #00H
                MOV    DAdataNumber,  #00H
                SETB   EA
                SETB   TR0
                MOV    R7,  #57
                SJMP   $
    TriangleOUT: PUSH  ACC                ;中断程序
                PUSH   PSW
                MOV    TH0,  #0FFH
                MOV    Tl0,  #0DDH
                LCALL  PUTTRIANGLE
                POP    ACC
                POPPSW
                RETI
    PUTTRIANGLE:MOV    A,   DAdataNumber   ;输出三角波
                INC    A
                MOV    DAdataNumber,  A
                MOVC   A,  @A+DPTR
                MOV    DAdata,  A
                CLRDA1                     ;通知 DA 器件提取转换数据
                NOP
                NOP
                NOP
                SETB   DA1                ;关闭转换通道,防止误操作
                DJNZ   R7,  DL3           ;是否输出了一个完整波形
                MOV    DAdataNumber,  #00H
                MOV    R7,  #57
    DL3:        RET
    DELAY:      MOV    R5,  #14H          ;延时子程序
    DL1:        MOV    R6,  #19H
```

190

```
        DJNZ    R6,$
        DJNZ    R5,   DL1
        RET
Triangletab:DB   1aH,21H,28H,2fH,36H,3dH,44H,4bH
        DB   52H,59H,60H,67H,6eH,75H,7cH,83H
        DB   8aH,91H,98H,9fH,0a6H,0adH,0b4H,0bbH
        DB   0c2H,0c9H,0d0H,0d7H,0deH,0e5H
        DB   0deH,0d7H,0d0H,0c9H,0c2H,0bbH,0b4H,0adH
        DB   0a6H,9fH,98H,91H,8aH,83H,7cH,75H
        DB   6eH,67H,60H,59H,52H,4bH,44H,3dH
        DB   36H,2fH,28H,21H   ;//三角波代码表
        END
```

7.6　步进电机

7.6.1　步进电机的结构

以三相反应式步进电机为例,其典型结构如图 7-18 所示。从图中可以看出,它分成定子和转子两部分。定子上有 6 个磁极(大极),每两个相对的磁极(N、S 极)组成一对,共有 3 对。每对磁极都缠有同一绕组,也即形成一相,这样 3 对磁极有 3 个绕组,形成三相。可以得出四相步进电动机有 4 对磁极、4 相绕组;五相步进电动机有 5 对磁极、5 相绕组……以此类推。每个定子磁极的内表面都分布着多个小齿,它们大小相同,间距相同。

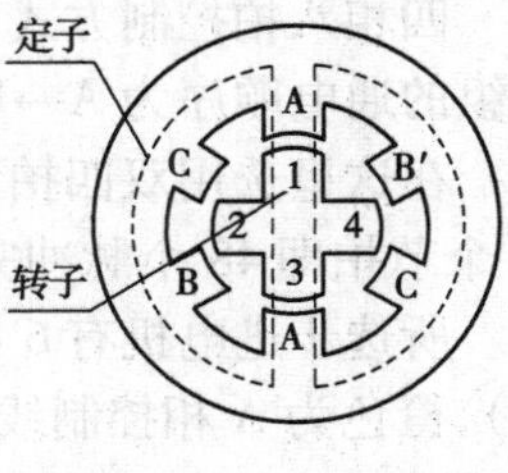

图 7-18　三相反应式步进电机结构图

转子是由软磁材料制成的,其外表面也均匀分布着小磁,这些小齿与定子磁极上的小齿的齿距相同,形状相似。

由于小齿的齿距相同,所以不管是定子还是转子,它们的齿距角都可以由下式来计算:

$$\theta_z = 2\pi/Z$$

式中　Z——转子的齿数。

例如,如果转子的齿数为 40,则齿距角为 $\theta_z = 2\pi/40 = 9°$。

7.6.2　步进电机的工作原理

以三相反应式步进电机为例,当 A 相控制绕组接通脉冲电流时,在磁拉力作用下使 A 相的定、转子小齿对齐(对齿),相邻的 B 相和 C 相的定、转子小齿错开(错齿)。若换成 B 相通电,则磁拉力使 B 相定、转子小齿对齐,而与 B 相相邻的 C 相和 A 相的定、转子小齿又错开,则步进电机转过一个步距角。

步距角由下式来计算：

$$\theta_N = 2\pi / NZ$$

式中 N——步进电动机的工作拍数。

例如，如果转子的齿数为 40，工作拍数为 3，则步距角为 $\theta_z = 2\pi / (40 \times 3) = 3°$。

若按 A—B—C—A……规律顺序循环给各相绕组通电，则步进电机按一定方向转动。若改变通电顺序为 A—C—B—A，则电机反转。这种控制方式称为三相单三拍（$N=3$）。若按 AB—BC—CA—AB 或 A—AB—B—BC—C—CA—A 顺序通电则分别称为三相双三拍（$N=3$）或三相单、双六拍（$N=6$）。无论采用哪种控制方式，在一个通电循环内，步进电机的转角恒为一个齿距角。所以可以改变步进电机的通电循环时序来改变转向，可以通过改变通电频率来改变角频率。

7.6.3 步进电机的应用

1. 四相六线制步进电机的控制方式

图 7-19 四相六线制步进电机原理图

此系统选用齿数为 12 的四相六线制微型步进电动机为例，其原理图如图 7-19 所示，有四相绕组 A、B、C、D，与三相步进电机步进原理类似，四相步进电机也有 3 种控制方式如下：

单相四拍控制方式：控制绕组 A、B、C、D 相的正转通电顺序为 A→B→C→D→A；反转的通电顺序为 A→D→C→B→A。

双四拍控制方式：正转绕组通电顺序为 AB→BC→CD→DA；反转绕组通电顺序为 AD→CD→BC→AB。

四相八拍控制方式：正转绕组的通电顺序为 A→AB→B→BC→C→CD→D→DA→A；反转绕组的通电顺序为 A→DA→D→DC→C→CB→B→BA→A。

在这里选用双四拍工作模式，则步距角为 $\theta_z = 2\pi / (12 \times 4) = 7.5°$，步进一圈 360°需要 48 个节拍即 48 个脉冲完成。

所选步进电机有 6 根引线：两根红色为 COM 线（根据步进电机驱动输入方式接地或接电源），橙色为 A 相控制线，棕色为 B 相控制线，黄色为 C 相控制线，黑色为 D 相控制线。

2. 驱动电路

由于步机电机需要相对较大的驱动电压和工作电流，因此需要增设驱动电路，步机电机驱动电路形式有很多，本系统选用集成芯片 ULN2003 作为驱动电路，其原理图如图 7-20 所示。

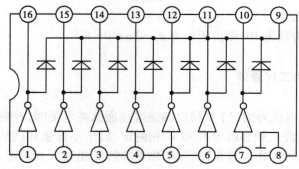

图 7-20 ULN2003 原理图

ULN2003 是高耐压、大电流达林顿阵列,由7个硅 NPN 达林顿管组成,ULN2003 的每一对达林顿都串联一个 2.7 kΩ 的基极电阻,在5 V 的工作电压下它能与 TTL 和 CMOS 电路直接相连,可以直接处理原先需要标准逻辑缓冲器来处理的数据。ULN2003 工作电压高,工作电流大,灌电流可达 500 mA,并且能够在关态时承受 50 V 的电压,输出还可以在高负载电流并行运行,同时起到电路隔离作用,各输出端与 COM 间(9 脚)有起保护作用的反相二极管。常用于驱动继电器、步进电机、伺服电机、电磁阀、泵等各类要求驱动电压高且功率较大的器件。

3. 步进电机与单片机接口电路

如图 7-21 所示,采用 AT89C51 单片机产生步进电机控制信号(具有时序的双相四拍电脉冲信号)。通过 P1 口的 P1.0、P1.1、P1.2、P1.3 四个 I/O 端口输出,分别连接 ULN2003 集成芯片的 IN1、IN2、IN3、IN4,提高输出电流后,通过 OUT1、OUT2、OUT3、OUT4 输出,分别供给步进电机的 A 相、B 相、C 相、D 相,作为步进电机的驱动信号。

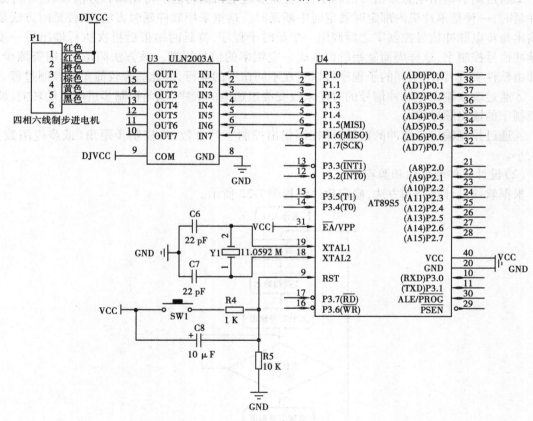

图 7-21 单片机控制步进电机应用系统硬件原理图

4. 软件设计

(1)确定软件功能任务及实现方法

在控制步进电机的单片机应用系统中,单片机软件要实现以下 4 个基本任务:

①产生和分配双四拍电脉冲信号控制字。在程序中给定控制字,由 P1 口的 P1.0、P1.1、P1.2、P1.3 四个 I/O 端口输出,双四拍控制字表见表 7-7。

193

表7-7 双四拍控制字表

步　序	P1 口输出状态	绕组	控制字
1	00000011	AB	03H
2	00000110	BC	06H
3	00001100	CD	0CH
4	00001001	DA	09H

控制字可以以表的形式预先存放在内部 RAM 单元中,以查表的程序结构逐个取出并由 P1 口输出,也可以采用顺序程序结构直接在程序中逐个输出的方法,这里采用查表的方式。

②通过调节输出电脉冲信号的频率,来控制步进电机的转速。可用两种办法实现:一种是软件延时,一种是单片机内部定时器定时中断延时。这里采用软件延时方法,软件延时方法是在输出每步电脉冲信号控制字之后调用一个延时子程序,待延时结束后再次执行输出另一步电脉冲信号控制字,这样周而复始就可生成一定频率的信号周期。该方法简单,占用资源少,全部由软件实现,调用不同的子程序可以实现不同速度的运行,因此适合较简单的控制过程。

③通过改变输出电脉冲信号的时序来改变绕组通电的顺序,从而控制步进电机的转向,调换控制字的输出顺序即可。

④通过控制输出电脉冲的数量,即控制输出控制字的个数,来控制步距角(或步进圈数)的大小。

(2)设计软件流程图和源程序

根据软件设计思路和方法,确定软件流程图 7-22 所示。

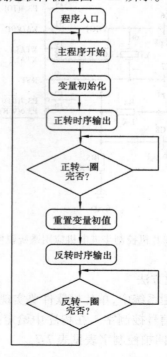

图 7-22　步进电机控制软件流程图

汇编源程序如下：

```
                ORG     0000H        ;单片机上电后程序入口地址
                SJMP    START        ;跳转到主程序存放地址处
                ORG     0030H        ;设置主程序开始地址
        START： MOV     SP,#60H      ;设置堆栈起始地址为 60H
                MOV     R1,#48       ;初始化正转步进圈数为 1,步进一圈需要 48 个脉冲
        LOOP：  MOV     R0,#00H      ;变址基值为 0,指向程序存储器数据表地址首
                                      地址 TABLE
        LOOP1： MOV     A,R0         ;源操作数 R0 传送给变址偏移量 A(目的操作数)
                MOV     DPTR,#TABLE  ;数据指针 DPTR 指向基地址为表的首地址 TABLE
                MOVC    A,@A+DPTR    ;操作数地址所指向的时序脉冲数据传送给 A
                JZ  LOOP             ;对 A 进行判断,当 A=0 时则转到 LOOP
                CPL  A               ;对 A 进行取反
                MOV     P1,A         ;通过查表得到的时序脉冲数据通过 P1 输出
                CALL    DELAY        ;延时一定时间
                INC  R0              ;变址偏移量指向下一个时序数据
                DJNZ    R1,LOOP1     ;控制时序脉冲输出数
                MOV     R1,#48       ;初始化反转步进圈数为 1,步进一圈需要 48 个脉冲
        LOOP2： MOV     R0,#05       ;变址基值为 5,指向程序存储器数据表地址 TABLE+5
        LOOP3： MOV     A,R0         ;源操作数 R0 传送给变址偏移量 A(目的操作数)
                MOV     DPTR,#TABLE  ;数据指针 DPTR 指向基地址为表的首地址 TABLE
                MOVC    A,@A+DPTR    ;操作数地址所指向的时序脉冲数据传送给 A
                JZ  LOOP2            ;对 A 进行判断,当 A=0 时则转到 LOOP2
                CPL  A               ;对 A 进行取反
                MOV     P1,A         ;通过查表得到的时序脉冲数据通过 P1 输出
                CALL    DELAY        ;延时一定时间
                INC  R0              ;变址偏移量指向下一个时序数据
                DJNZ    R1,LOOP3     ;控制时序脉冲输出数
                JMP  START           ;循环往复正转一圈反转一圈
        DELAY： MOV     R5,#40       ;延时子程序
        D1：    MOV     R6,#10       ;改变延时的大小可调节输出电脉冲信号的频率
        D2：    MOV     R7,#18
                DJNZ    R7,$
                DJNZ    R6,D2
                DJNZ    R5,D1
                RET
//将步进电机时序脉冲数据存入存储单元 TABLE
        TABLE： DB 03H,09H,0CH,06H   ;步进电机正转时序脉冲表
                DB 00                ;输出双四拍电脉冲信号结束标志数据
```

```
DB 06H,0CH,09H,03H  ;步进电机反转时序脉冲表
DB 00               ;输出四相电脉冲信号结束标志数据
END                 ;程序结束
```

习　题

1. 请设计秒表,时间最长可记录两小时,计满后停在两小时处,并利用发光二极管提示记录时间已超出设计范围,使用数码管作为显示器。

2. 请编写时钟程序,使用 LCD1602 作为显示器,并具有整点提示功能,如 1 点时,二极管闪烁一次,两点时闪烁两次,以此类推。

3. 某信号采集系统要求用一片 A/D 转换集成芯片在 0.5 s(秒)内对 10 个热电偶的输出电压分时进行 A/D 转换。已知热电偶输出电压范围为 0 ~ 0.03 V(对应温度为 0 ~ 500 ℃),需要分辨的温度为 0.1 ℃,试问应选择多少位的 A/D 转换器? 其转换时间是多少?

4. 请编写程序,利用单片机与 DAC0832 设计一单极性正弦波发生器,信号频率 1 kHz,幅值 5 V。

5. 请编写程序在 LCD1602 的第一行的正中间显示"HESHANGPING",第二行的正中显示"dianjilou302-308"。

6. 为什么 LCD1602 需要设计判忙指令? 此指令可否不用? 用什么方法可代替此指令的作用?

7. 使用什么方法可同时驱动多个数码管? 怎么减少使用 I/O 口资源?

8. 定时器中断法动态扫描法有什么优点? 使用定时器中断法动态扫描法在 6 个数码管上分别输出数字"19860301"。

9. 请简述单片机控制步进电动机的工作原理。

10. 请编写四相六线制步进电机的四相八拍控制方式的源程序。

第8章 单片机 C 语言程序设计及实例

一般情况下单片机常用的程序设计语言有两种:汇编语言和 C 语言。

汇编语言具有执行速度快、占存储空间少、对硬件可直接编程等特点,因而特别适合对实时性能要求比较高的情况下使用。使用汇编语言编程要求程序设计人员必须熟悉单片机内部结构和工作原理,编写程序虽然比机器语言方便简单,但总体还是比较麻烦一些。

与汇编语言相比,C 语言在功能、结构性、可读性、可维护性、可移植性上都有明显优势,C 语言大多数代码被翻译成目标代码后,其效率和准确性和汇编语言相当。特别是 C 语言的内嵌汇编功能,使 C 语言对硬件操作更加方便,并且 C 语言作为自然高级语言,易学易用,尤其是在开发大型软件时更能体现其优势,因此在单片机程序设计中得到广泛应用。

Keil C51 则是一种专门为 8051 核的单片机设计的高级语言 C 编译器,支持符合 ANSI 标准的 C 语言,并针对 8051 核单片机作了一些特殊扩展。本章主要介绍如何用 C 语言开发MCS-51 系列单片机应用程序。

8.1 Keil C51 简介

Keil C51 是美国 Keil Software 公司出品的 51 系列兼容单片机 C 语言软件开发系统,与汇编相比,C 语言在功能上、结构性、可读性、可维护性上有明显的优势,因而易学易用。用过汇编语言后再使用 C 语言来开发,体会会更加深刻。

Keil C51 软件提供了丰富的库函数和功能强大的集成开发调试工具,全 Windows 界面。另外重要的一点,就是只要看一下编译后生成的汇编代码,就能体会到 Keil C51 生成的目标代码效率非常之高,多数语句生成的汇编代码紧凑,容易理解。在开发大型软件时更能体现高级语言优势。

8.2 Keil C51 软件开发结构

Keil C51 软件开发结构框图如图 8-1 所示,其中 μVision 与 Ishell 分别是 C51 for Windows和 for Dos 的集成开发环境(IDE),可以完成编辑、编译、连接、调试、仿真等整个开发流程。开发人员可用 IDE 本身或其他编辑器编辑 C 或汇编源文件,然后分别由 C51 及 A51 编译器编译生成目标文件(.OBJ)。目标文件可由 LIB51 创建生成文件,也可以与库文件一起经 L51 连接定位生成绝对目标文件(.ABS)。ABS 文件由 OH51 转换成标准的 Hex 文件,以供调试器

dScope51 或 tScope51 使用进行源代码级调试,也可由仿真器使用直接对目标板进行调试,还可以直接写入程序存储器如 FLASH、EPROM 中。

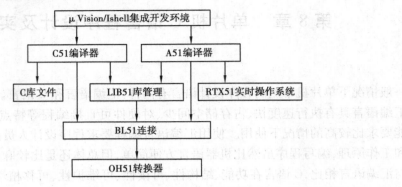

图 8-1　Keil C51 软件开发结构框图

在 Keil C 语言的软件包中,包含下列文件。

(1)C51 编译器

Keil C51 编译器是一个针对 MCS-51 系列 MCU 的基于 ANSI C 标准的 C 编译器,生成的可执行代码快速、紧凑,在运行效率和速度上可以和汇编程序得到的代码相媲美。

(2)A51 宏汇编器

A51 宏汇编器是一个 8051 核的系列 MCU 的宏汇编器,支持 8051 及其派生系列的全部指令集。它把汇编语言汇编成机器代码。该汇编器允许定义程序中的每一个指令,在需要极快的运行速度、很小的代码空间及精确的硬件控制等场合使用。A51 宏汇编器的宏特性让公共代码只需要开发一次,节约了开发和维护的时间。

A51 宏汇编器将源程序汇编成可重定位的目标代码,并产生一个列表文件。其中可以包含也可以不包含字符表及交叉信息。

(3)BL51 连接/定位器

BL51 连接/定位器是具有代码分段功能的连接/定位器,利用从库中提取的目标模块和由编译器或汇编器生成的一个或多个目标模块处理部分或全局数据,并将可重定位的段分配到固定的地址上。所产生的一个绝对地址目标模块或文件包含不可重定位的代码和数据,所有的代码和数据被安置在固定的存储器单元中。该绝对地址目标文件可以:

①写入 FLASH、EPROM 或其他存储器件。

②由 μVision5 调试器来模拟和调试。

③由仿真器来测试程序。

(4)LIB51 库管理器

LIB51 库管理器用来建立和维护库文件。库文件是格式化的目标模块(由编译器或汇编器产生)的集合。库文件提供了一个文便的方法来组合及使用大量的连接程序可能用到的目标模块。

C51 编译器与 ANSIC 相比,扩展的内容包括数据类型、存储器类型、存储模式、指针及函数(包括定义函数的重入性、指定函数的寄存器组、指定函数的存储模式及定义中断服务程序)。

8.3　Keil C51 与标准 C 语言

深入理解并应用 C51 对标准 ANSIC 的扩展是学习 C51 的关键之一。因为大多数扩展功能都是直接针对 8051 内核的系列 MCU 硬件。其扩展内容大致有以下 8 类：

①8051 存储类型及存储区域；

②存储模式；

③存储器类型声明；

④变量类型声明；

⑤位变量与位寻址；

⑥特殊功能寄存器(SFR)；

⑦C51 指针；

⑧函数属性。

8.3.1　Keil C51 扩展关键字

C51 增加以下关键字对 8051 内核的系列 MCU 进行支持(共 20 个)：

_at_	far	sbit	alien	idata	sfr	bdata
interrupt	sfr16	bit	largesmall	code	pdata	task
compact	priority	using	data	reentrant	xdata	

8.3.2　存储区域

MCS-8051 系列单片机支持程序存储器和数据存储器的分离,存储器根据读写情况可以分为:片内外统一编址的程序存储器、片内可快速读写存储器(片内 RAM)、片外随机读写存储器(片外 RAM)。

在 C51 中,通过定义不同的存储器数型的变量来访问 8051 的存储空间。

C51 存储器类型与 8051 存储空间的对应关系如下:

1. 片内外统一编址的程序存储器

在 8051 中程序存储器是只读存储器,其空间为 64 KB,在 C51 中用 code 关键词来声明访问程序存储区中的变量。

2. 片内可快速读写存储器(片内 RAM)

在 8051 单片中,内部数据存储器属于快速可读写存储器,与 51 兼容的扩展型单片机最多有 256B 内部数据存储器。其中,低 128 位(00H~7FH)可以直接寻址,高 128 位(80H~FFH)只能使用间接寻址。

(1)data

data 存储类型声明的变量可以对内部 RAM 直接寻址 128 B(0x00H~0x7FH)。在 data 空间中的低 32B 又可以分为 4 个寄存器组(同单片机结构)。

(2)idata

idata 存储类型声明的变量可以对内部 RAM 间接寻址 256 B(0x00H ~ 0xFFH),访问速度与 data 类型相比略慢。

(3)bdata

bdata 存储类型声明的变量可以对内部 RAM 16 B(0x20H ~ 0x2FH)的 128 位进行位寻址。

3. 片外随机读写存储器(片外 RAM)

片外数据存储器又称为随机读写存储器,访问存储空间为 64 KB,其访问速度要比内部 RAM 慢。访问外部 RAM 的数据要使用指针进行间接访问。

在 C51 中可以用关键字 xdata 和 pdata 存储类型声明的变量来访问外部存储空间中的数据。

(1)xdata

可指定多达 64 KB 的外部直接寻址区,地址范围为 0x0000 ~ 0xFFFF。

(2)pdata

能访问一页(256 B)的外部 RAM,主要用于紧凑模式(Compact Model),不建议使用。

4. 特殊功能寄存器存储

8051 提供 128 B 的 SFR 寻址区,这区域可位寻址、字节寻址或字寻址,用以控制定时器、计数器、串行口、I/O 及其他部件,可由以下几种关键字说明:

(1)sfr

字节寻址,如 sfr TMOD = 0x89;指定 P0 口地址为 89H,"="后为 80H ~ FFH 的常数。

(2)sfr16

字寻址,如 sfr16 T2 = 0xcc;指定 Timer2 口地址 T2L = 0xcc,T2H = 0xCD。

(3)sbit

位寻址,如 sbit Cy = 0xD7;指定第 0xD7 位为 Cy,即进/借位标志位。

还可以有如下定义方法:

sbit   OV = PSW^2;(定义 0V 为 PSW 的第 2 位)

sbit   OV = 0xDO^2;(同上)

8.3.3 存储模式

在 C51 中,存储模式可以确定一些变量在默认情况下的存储器类型,该类型应用于函数参数、局部变量和定义时未包含存储器类型的变量。存储模式决定了没有明确指定存储类型的变量、函数参数等的缺省存储区域,程序中可用编译器控制命令 Small、Compact、large 指定存储器模式。

1. Small 模式

在此模式下所有的变量参数在默认的情况下位于单片机的内部 RAM,这和用 data 存储类型标识符声明的变量是相同的。在本模式中变量访问非常有效,然而所有对象和堆栈必须适合内部 RAM,优点是访问速度快,缺点是空间有限,只适用于小程序。

2. Compact 模式

在此模式下所有的变量参数在默认的情况下均位于外部 RAM 区的一页(256 B),具体哪一页可由 P 2 口指定,在 STARTUP. A51 文件中说明,这和用 pdata 存储类型标识符声明的变量是相同的,也可用 pdata 指定。它通过寄存器 R0 R1(@ R0 @ R1)间接寻址,优点是空间较 Small 模式宽裕,速度较 Small 慢,但较 large 模式要快,是一种中间状态。

3. large 模式

在此模式下所有的变量参数在默认的情况下存放在多达 64 KB 的外部 RAM 区,这和用 xdata 存储类型标识符声明的变量是一致的,优点是空间大,可存变量多,缺点是速度较慢。该模式采用数据指针 DPTR 来寻址,访问的效率很低,特别是对多字节变量的访问,所生成的代码比前两种模式多。

备注:①存储模式在 C51 编译器选项中选择;

②尽可能使用小模式,它产生速度快、效率高的代码。

8.3.4 存储类型声明

变量或参数的存储类型可由存储模式指定默认类型,也可由关键字直接声明指定。各类型分别用:code、data、idata、xdata、pdata 说明。例如:

data hzh1

char code hsy[ ] = "hello,welcome,www. ndkj. ncu. edu. cn!";

unsigned char xdata hspfl [10];

8.3.5 变量或数据类型

在 C51 中不仅支持所有的 C 语言标准数据类型,而且还对其进行了扩展,增加了专用于访问 8051 硬件的数据类型,使其对单片机的操作更加灵活。C51 常用数据类型见表 8-1。

表 8-1 C51 常用数据类型

数据类型			位 数	取值范围
标准 C 数据类型	字符型	signed char	8	−128 ~ 127
		unsigned char	8	0 ~ 255
	短整型	short int	16	−32 768 ~ 32 767
		unsigned shot int	16	0 ~ 65 535
	整型	int	16	−32 768 ~ 32 767
		unsigned int	16	0 ~ 65 535
	长整型	long int	32	−21 474 883 648 ~ 21 474 883 647
		unsigned long	32	0 ~ 4 294 967 295
	枚举型	enum	8/16	−128 ~ 127 或 −32 768 ~ 32 767
	浮点型	float	32	±1.754 94E − 38 ~ ±3.402 823E + 38

续表

数据类型		位　数	取值范围
C51 扩展数据类型	SFR 型		
	sfr	8	0 ~ 255
	sfr16	16	0 ~ 65 535
	位型		
	bit	1	0,1
	sbit	1	0,1

由表 8-1 可以看出,sfr、sfr16、bit、sbit 是 C51 中特有的数据类型,下面仅对这些数据类型进行介绍,其他有关数据类型请查看相关的 C 语言教程或使用介绍资料。

1. bit 类型

bit 用于声明位变量,其取值为 1 或 0。用 bit 类型声明的变量位于内部 RAM 的位寻址区。由单片机存储结构可以看出,可进行位寻址的区域只有内部 RAM 单元地址为 0x20 ~ 0x2F 的 16 个字节单元,所以在这个区域只能声明 16 × 8 = 128 个位变量。编译器对位地址进行自动分配。

例 8.1　判断一个正整数是奇数还是偶数。

```
bit func( unsigned char n)          /* 声明函数的返回值为 bit 类型 */
{
if( n%2)
    return(1);
else
    return(0);
}
```

注意:位变量不能声明为以下形式:

①一个位变量不能声明为指针,如:bit * prt。

②不能定义一个位类型的数组,如:bit a[4]。

2. sbit 类型

sbit 类型用于声明特殊功能寄存器 sfr 区域可位寻址变量中的某个位变量(或位寻址区变量的某确定位),其取值为 1 或 0,编译器不自动分配位地址。

使用 bit 和 sbit 需要注意二者的区别,例如:

bit　flag = 0;　　//定义 flag,位地址由编译器在 00 ~ 7FH 范围内分配,并赋初始值 0。

sbit　var = 0xe6;　//声明位变量 var 的位地址为 0xe6,"="含义是声明,不表示赋值。

例 8.2　声明位变量。

char bdata bobject;　　/* 声明可位寻址变量 bobject */

sbit bobj3 = bobject^3;　　/* 声明位变量 bobj3 为 bobject 的第 3 位 */

sbit CY = 0xD0^7;　　/* 指定 0xD0 中的第 7 位为 CY */

sbit CY = 0xD7;　　　/* 声明绝对地址 0xD7 表示 CY 的位地址 */

3. sfr 类型

sfr 类型用于声明特殊功能寄存器(8 位),位于内部 RAM 地址为 0x80~0xFF 的 128 B 存储单元,这些存储器一般用作对定时器、计数器、串口、并口和外围使用。在这 128 B 中有的区域未定义不能使用(如果强行使用其值不确定)。

注意:sfr 的值只能为常量值。

例 8.3 定义 TMOD 位于 0x89,P0 位于 0x80,P1 位于 0x90,P2 位于 0xA0,P3 位于 0xB0。

```
sfr TMOD = 0x89;      /*声明 TMOD(定时器/计数器工作模式寄存器)其地址为 89H*/
sfr P0 = 0x80;        /*声明 P0 为特殊功能寄存器,地址为 80H*/
sfr P1 = 0x90;        /*声明 P1 为特殊功能寄存器,地址为 90H*/
sfr P2 = 0xA0;        /*声明 P2 为特殊功能寄存器,地址为 A0H*/
sfr P3 = 0xB0;        /*声明 P3 为特殊功能寄存器,地址为 B0H*/
```

例 8.4 为使用 sbit 类型的变量访问 sfr 类型变量中的位,可声明如下:

```
sfr PSW = 0XD0;       /*声明 PSW 为特殊功能寄存器,地址为 0XD0H*/
sbit Cy = PSW^7;      /*声明 Cy 为 PSW 中的第 7 位*/
```

4. sfr16 类型

sfr16 类型用于声明两个连续地址的特殊功能寄存器(地址范围为 0~65 535)。

例 8.5 在 8052 中用两个连续地址 0XCC 和 0XCD 表示定时器/计数器 2 的低字节和高字节计数单元,可用 sfr16 声明。

```
sfr16 T2 = 0xCC;      /*声明 T2 为 16 位特殊功能寄存器,地址 0CCH 为低字节,0CDH
为高字节*/
```

8.4 运算符与表达式

Keil C51 对数据有极强的表达能力,具有十分丰富的运算符,运算符就是完成某种特定运算的符号,表达式则是由运算符及运算对象所组成的具有特定含义的一个式子。在任意一个表达式的后面加一个分号";"就构成了一个表达式语句。由运算符和表达式可以组成 C51 程序的各种语句。

运算符按其在表达式中所起的作用,可分为赋值运算符、算术运算符、增量与减量运算符、关系运算符、逻辑运算符、位运算符、复合赋值运算符、逗号运算符、条件运算符、指针和地址运算符、强制类型转换运算符等。

8.4.1 赋值运算符

在 C 语言程序中,符号"="称为赋值运算符,它的作用是将一个数据的值赋给一个变量,利用赋值运算符将一个变量与一个表达式连接起来的式子称为赋值表达式,在赋值表达式的后面加一个分号";"便构成了赋值语句,赋值语句的格式如下:

变量 = 表达式;

该语句的意义是先计算出右边的表达式的值,然后将该值赋给左边的变量。上式中的"表达式"还可以是一个赋值表达式,即 C 语言允许进行多重赋值。例如:

$$x = 9; \qquad /* 将常数 9 赋给变量 x */$$
$$x = y = 8; \qquad /* 将常数 8 同时赋给变量 x 和 y */$$

在使用赋值运算符"="应注意不要与关系运算符"=="相混淆。

8.4.2 算术运算符

C 语言中的算术运算符有 +(加或取正值)运算符、-(减或取负值)运算符、*(乘)运算符、/(除)运算符、%(取余)运算符。

这些运算符中对于加、减和乘法符合一般的运算规则,除法有所不同,如果是两个整数相除,其结果为整数,舍去小数部分;如果两个浮点数相除,其结果为浮点数。取余运算要求两个运算对象均为整型数据。

算术运算符将运算对象连接起来的式子即为算术表达式。

算术运算的一般形式为:

表达式 1 算术运算符 表达式 2

例如:$x + y/(a - b)$,$(a + b) * (x - y)$ 都是合法的算术表达式。

在求一个算术表达式的值时,要按运算符的优先级别进行。算术运算符中取负值(-)的优先级高,其次是乘法(*)、除法(/)和取余(%)运算符,加法(+)和减法(-)运算符的优先级低。需要时可在算术表达式中采用圆括号来改变运算符的优先级,括号的优先级最高。

8.4.3 增量与减量运算符

C 语言中除了基本的加、减、乘、除运算之外,还提供两种特殊的运算符:++(增量)运算符和--(减量)运算符。

增量和减量是 C51 中特有的一种运算符,它们的作用分别是对运算对象做加 1 和减 1 运算。例如:++i,i++,--j,j-- 等。

增量运算符和减量运算符只能用于变量,不能用于常数或表达式,在使用中要注意运算符的位置。例如,++i 与 i++ 的意义完全不同,前者为在使用 i 之前先对 i 的值加 1,而后者则是在使用 i 之后再对 i 的值加 1。

8.4.4 关系运算符

C 语言中有 6 种关系运算符:>(大于)、<(小于)、>=(大于等于)、<=(小于等于)、==(等于)、!=(不等于)。

前 4 种关系运算符具有相同的优先级,后两种关系运算符也具有相同的优先级;但前 4 种的优先级高于后两种。用关系运算符将两个表达式连接起来即成为关系表达式。

关系表达式的一般形式为:

表达式 1 　 关系运算符 　 表达式 2

例如:x > y,x + y > z,(x = 3) > (y = 4)都是合法的关系表达式。

关系运算符通常用来判别某个条件是否满足,关系运算的结果只有 0 和 1 两种值。当所指定的条件满足时结果为 1,条件不满足时结果为 0。

8.4.5　逻辑运算符

C 语言中有 3 种逻辑运算符:||(逻辑或)、&&(逻辑与)、!(逻辑非)。

逻辑运算符用来求某个条件式的逻辑值,用逻辑运算符将关系表达式或逻辑量连接起来就是逻辑表达式。

逻辑运算的一般形式为:

逻辑与　　　　条件式 1 && 条件式 2

逻辑或　　　　条件式 1 　|| 条件式 2

逻辑非　　　　! 条件式

例如:x&&y, a||b, ! z 都是合法的逻辑表达式。

进行逻辑与运算时,首先对条件式 1 进行判断,如果结果为真(非 0 值),则继续对条件式 2 进行判断,当结果也为真时,表示逻辑运算结果为真(值为 1);反之,如果条件式 1 的结果为假,则不再判断条件式 2,而直接给出逻辑运算的结果为假(值为 0)。

进行逻辑或运算时,只要两个条件式中有一个为真,逻辑运算的结果便为真(值为 1),只有当条件式 1 和条件式 2 均不成立时,逻辑运算的结果才为假(值为 0)。

进行逻辑非运算时,对条件式的逻辑值直接取反。

与关系运算符类似,逻辑运算符通常用来判别某个逻辑条件是否满足,逻辑运算的结果只有 0 和 1 两种值。

上面几种运算符的优先级为(由高至低):逻辑非→算术运算符→关系运算符→逻辑与→逻辑或。

8.4.6　位运算符

能对运算对象进行按位操作是 C 语言的一大特点,使之能对计算机的硬件直接进行操作。C 语言中共有 6 种位运算符:~(按位取反)、<<(左移)、>>(右移)、&(按位与)、^(按位异或)、|(按位或)。位运算的一般形式如下:

变量 1　位运算符　变量 2

位运算符的作用是按位对变量进行运算,并不改变参与运算的变量的值。若希望按位改变变量的值,则应采用相应的赋值运算。另外位运算符不能用来对浮点型数据进行操作,例如,先用赋值语句 a = 0xEA;将变量 a 赋值为 0xEA,接着对变量 a 进行移位操作 a << 2,其结果是将十六进制数 0xEA 左移 2 位,移空的 2 位补 0,移出的 2 位丢弃,移位的结果为 0xa8,而变量 a 的值在执行后仍为 0xEA。

如果希望变量 a 在执行之后为移位操作的结果,则应采用语句为:a = a << 2。

位运算符的优先级从高到低依次是:按位取反(~)→左移(<<)和右移(>>)→按位与(&)→按位异或(^)→按位或(|)。

8.4.7 复合赋值运算符

在赋值运算符"="的前面加上其他运算符,就构成了复合赋值运算符,C 语言中共有 11 种复合赋值运算符: + =(加法赋值)、- =(减法赋值)、* =(乘法赋值)、∕ =(除法赋值)、% =(取模赋值)、< < =(左移位赋值)、> > =(右移位赋值)、& =(逻辑与赋值)、| =(逻辑或赋值)、^=(逻辑异或赋值)、~ =(逻辑非赋值)。

复合赋值运算首先对变量进行某种运算,然后将运算的结果再赋值给该变量。

复合运算的一般形式为:

$$变量 \quad 复合赋值运算符 \quad 表达式$$

例如:a + =3 等价于 a = a +3;x * =y +8 等价于 x = x *(y +8)。

采用复合赋值运算符,可以使程序简化,同时还可以提高程序的编译效率。

8.4.8 逗号运算符

C 语言中的逗号",是一个特殊的运算符,可以用它将两个(或多个)表达式连接起来,称为逗号表达式。

逗号表达式的一般形式为:

$$表达式 1,表达式 2,\cdots,表达式 n$$

程序运行时对于逗号表达式的处理,是从左至右依次计算出各个表达式的值,而整个逗号表达式的值是最右边表达式(即表达式 n)的值。

在多数情况下,使用逗号表达式的目的只是为了分别得到各个表达式的值,而并不一定要得到和使用逗号表达式的值。另外还要注意,并不是在程序的任何地方出现的逗号,都可以认为是逗号运算符。有些函数中的参数也是用逗号来间隔的,例如,库输出函数 printf(" \n%d% d% d",a,b,c)中的"a,b,c"是函数的三个参数,而不是一个逗号表达式。

8.4.9 条件运算符

条件运算符"? :"是 C 语言中唯一的一个三目运算符,它要求有 3 个运算对象,用它可以将 3 个表达式连接构成一个条件表达式。

条件表达式的一般形式如下:

$$逻辑表达式? 表达式 1:表达式 2$$

其功能是首先计算逻辑表达式,当值为真(非 0 值)时,将表达式 1 的值作为整个条件表达式的值;当逻辑表达式的值为假(0 值)时,将表达式 2 的值作为整个表达式的值。

例如,条件表达式 max =(a >b)? a >b 的执行结果是将 a 和 b 中较大者赋值给变量 max。另外,条件表达式中逻辑表达式的类型可以与表达式 1 和表达式 2 的类型不一样。

8.4.10 指针和地址运算符

指针是 C 语言中的最重要的概念,也是最难理解和掌握的。C 语言中专门规定了一种指针类型的数据。变量的指针就是该变量的地址,还可以定义一个指向某个变量的指针变量。为了表示指针变量和它所指向的变量地址之间的关系,C 语言提供两个专门的运算符: *(取内容)和 &(取地址)。

取内容和取地址的一般形式为:

变量 = *指针变量

指针变量 = & 目标变量

取内容运算的含义是将指针变量所指向的目标变量的值赋给左边的变量;取地址运算的含义是将目标变量的地址赋给左边的变量。需要注意的是,指针变量中只能存放地址(即指针型数据),不要将一个非指针类型的数据赋值给一个指针变量。例如,下面的语句完成了对指针变量赋值(地址值):

```
char   data   *p;          /* 定义指针变量 */
p = 30H;                    /* 给指针变量赋值,30H 为片内 RAM 地址 */
```

8.4.11 C51 对存储器和特殊功能寄存器的访问

C51 提供了一种对存储器地址进行访问的方法,即利用库函数中的绝对地址访问头文件 absacc.h 来访问不同区域的存储器和片外扩展 I/O 端口。在 absacc.h 头文件中进行了如下宏定义:

CBYTE(地址)	(访问 CODE 区 char 型)
DBYTE(地址)	(访问 DATA 区 char 型)
PBYTE(地址)	(访问 PDATA 区或 I/O 端口 char 型)
XBYTE(地址)	(访问 XDATA 区或 I/O 端口 char 型)
CWORD(地址)	(访问 CODE 区 int 型)
DWORD(地址)	(访问 DATA 区 int 型)
PWORD(地址)	(访问 PDATA 区或 I/O 端口 int 型)
XWORD(地址)	(访问 XDATA 区或 I/O 端口 int 型)

下面语句向片内外扩展端口地址 7FFFH 写入一个字符型数据:

XBYTE[0x7FFF] = 0x9988;

如果采用如下语句定义一个 D/A 转换器端口地址:

#define   DAC0832   XBYTE(0x7FFF);

那么程序文件中所出现 DAC0832 的地方,就是对地址为 0x7FFF 的外部 RAM 单元(I/O 端口)进行访问。

MCS51 系列单片机具有 100 多个品种,为了方便访问不同品种单片机内部特殊功能寄存器,C51 提供了多个相关头文件,如 reg51.h、reg52.h 等,在头文件中对单片机内部特殊功能寄存器及其有位名称的可寻地址进行了定义,编程时只要根据所采用的单片机,在程序文件开始处使用文件包含处理命令"#include"将相关头文件包含进来,就可以直接引用特殊功能寄存器(注意必须用大写字母)。

例如,下面语句完成了 8051 定时方式寄存器 TMOD 的赋值:

```
#include   <reg51.h>
TMOD = 0x20;
```

8.4.12 强制类型转换运算符

C 语言中的圆括号"()"也可作为一种运算符使用,这就是强制类型转换运算符,它的作用是将表达式或变量的类型强制转换为所指定的类型。在 C51 程序中进行算式运算时需要注意数据类型的转换,数据类型转换分为隐式转换和显式转换。隐式转换是在对程序进行编译时由编译器自动处理的,并且只有 4 种数据类型(即 char、int、long 和 float)可以进行隐式转换。其他数据类型不能进行隐式转换。

例如,不能把一个整型数利用隐式转换赋值给一个指针变量,在这种情况下就必须利用强制类型转换运算符来进行显式转换。

强制类型转换运算符的一般使用形式为:

$$(类型) = 表达式$$

强制类型转换在给指针变量赋值时特别有用。例如,预先在单片机的片外数据存储器(xdata)中定义了一个字符型指针变量 px,如果想给这个指针变量赋一个初值 0xB000,可以写成:px = (char xdata *) 0xB000,这种方法特别适合于标识符来存取绝对地址。

8.4.13 sizeof 运算符

C 语言中提供了一种用于求取数据类型、变量及表达式的字节数的运算符:sizeof。该运算符的一般适用形式为:

$$sizeof(表达式) 或 sizeof(数据类型)$$

应该注意的是,sizeof 是一种特殊的运算符,不要错误地认为它是一个函数。实际上,字节数的计算在程序编译时就完成了,而不是在程序执行的过程中才计算出来。

8.5 C51 程序的基本语句

8.5.1 表达式语句

C 语言提供了十分丰富的程序控制语句,表达式语句是最基本的一种语句。在表达式的后边加一个分号";"就构成了表达式语句。下面的语句都是合法的表达式语句:

a = + +b * 9;

x = 8;y = 7;

z = (x + y)/a;

+ +i;

表达式语句也可以仅由一个分号";"组成,这种语句成为空语句。空语句在程序设计中有时是很有用的,当程序在语法上需要有一个语句,但在语义上并不要求有具体的动作时,便可以采用空语句。

空语句通常有以下两种用法。

①在程序中为有关语句提供标号,用以标记程序执行的位置。例如,采用下面的语句可以构成一个循环。

loop: ;

…

goto loop;

②在用 while 语句构成的循环语句后面加一个分号,形成一个不执行其他操作的空循环体。这种空语句在等待某个事件发生时特别有用。例如,下面这段程序是读取 8051 单片机串行口数据的函数,其中就用了一个空语句 while(! RI),来等待单片机串行口接收结束。

```
#include < reg51. h >        /* 插入 8051 单片机的预定义文件 */
char _getkey ( )            /* 函数定义 */
{                           /* 函数体开始 */
  char c;                   /* 定义变量 */
  while(! RI);              /* 空语句,等待 8051 单片机串行口接收结束 */
  c = SBUF;                 /* 读串行口内容 */
  RI = 0;                   /* 清除串行口接收标志 */
  Return (0);               /* 返回 */
}                           /* 函数体结束 */
```

采用分号";"作为空语句使用时,要注意与简单语句中有效组成部分的分号相区别。不能滥用空语句,以免引起程序的误操作,甚至造成程序语法上的错误。

8.5.2 复合语句

复合语句是由若干条语句组合而成的一种语句,它是一个大括号"{}"将若干条语句组合在一起而形成的一种功能块。复合语句不需要以分号";"结束,但它内部的各条单语句仍需以分号";"结束。

复合语句的一般形式为:

```
{
  局部变量定义;
  语句 1;
  语句 2;
  ……
  语句 n;
}
```

在执行复合语句时,其中各条单语句依次顺序执行,整个复合语句在语法上等价于一条单语句。复合语句允许嵌套,即在复合语句内部还可以包含别的复合语句。通常复合语句出现在函数中,函数的执行部分(即函数体)就是一个复合语句。复合语句中的单语句一般是可执行语句,也可以是变量定义语句。在复合语句内所定义的变量,称为该复合语句中的局部变量,它仅在当前这个复合语句中有效。

8.5.3　条件语句

条件语句又称为分支语句,它是用关键字"if"构成的。C 语言提供了 3 种形式的条件语句。

if(条件表达式)　语句

其含义为:若条件表达式的结果为真(非 0 值),就执行后面的语句;反之若条件表达式的结果为假(0 值),就不执行后面的语句。这里的语句也可以是复合语句。

if(条件表达式)　语句 1
else　　语句 2

其含义为:若条件表达式的结果为真(非 0 值),就执行后面的语句;反之若条件表达式的结果为假(0 值),就执行语句 2。这里的语句 1 和语句 2 均可以是复合语句。

if(条件表达式 1)　语句 1
else　if(条件表达式 2)　语句 2
　　else　if(条件表达式 3)　语句 3
　　　　else　if(条件表达式 m)　语句 m
　　　　　……
　　　　　　else　　　　　　　　　　　　语句 n

这种条件语句常用来实现多方向条件分支。

8.5.4　开关语句

开关语句也是一种用来实现多方向条件分支的语句。虽然采用条件语句也可以实现多方向条件分支,但是当分支较多时会使条件语句的嵌套层次太多,程序冗长,可读性降低。开关语句直接处理多分支选择,使程序结构清晰,使用方便。开关语句是用关键字 switch 构成的,它的一般形式如下:

```
switch（表达式）
  {
  case　常量表达式 1：语句 1；　break；
  case　常量表达式 2：语句 2；　break；
   ……
    case 常量表达式 m：语句 m；　break；
    default：　　　　　　语句 n；
  }
```

开关语句的执行过程是将 switch 后面的表达式的值与 case 后面的各个常量表达式的值逐个进行比较,若遇到匹配时,就执行相应的 case 后面的语句,然后执行 break 语句,break 语句又称间断语句,它的功能是终止当前的语句执行,使程序跳出 switch 语句。若无匹配的情况,则执行语句 d。

8.5.5 循环语句

实际应用中很多地方需要用到循环控制,如对于某种操作需要反复进行多次等。在需要程序中用来构成循环控制语句的有:while 语句、do while 语句、for 语句和 goto 语句。

采用 while 语句构成循环结构的一般形式如下:

while(条件表达式) 语句;

其意义为,当条件表达式的结果为真(非 0 值时),程序就重复执行后面的语句,一直执行到条件表达式的结果变为假(0 值)时为止。这种循环结构是先检查表达式所给出的条件,再根据检查的结果决定是否执行后面的语句。如果条件表达式的结果一开始就为假,则后面的语句一次也不会被执行。这里的语句可以是复合语句。

采用 do while 语句构成循环结构的一般形式如下:

do 语句 while(条件表达式);

这种循环结构的特点是先执行给定的循环语句,然后再检查条件表达式的结果。当条件表达式的值为真(非 0 值)时,则重复执行循环体语句,直到条件表达式的值变为假时为止。

因此,用 do while 语句构成的循环结构在任何条件下,循环语句至少会被执行一次。

采用 for 语句构成循环语句结构的一般形式如下:

for([初值设定表达式];[循环条件表达式];[更新表达式])语句

for 语句的执行过程:先计算出初值设定表达式的值,将其作为循环控制变量的初值。再检查循环条件表达式的结果。当满足条件时就执行循环体语句并计算更新表达式,然后再根据更新表达式的计算结果来判断计算结果是否满足,一直进行到循环条件表达式为假(0 值)时退出循环体。

在循环结构中,for 语句的使用最为灵活。它不仅可以用于循环次数已经确定的情况,而且可以用于循环次数不确定而只给出循环结束条件的情况。另外,for 语句中的 3 个表达式是相互独立的,并不一定要求 3 个表达式之间有依赖关系,并且 for 语句中的 3 个表达式都可能是默认的,但无论默认的是哪一个表达式,其中的两个分号都不能默认。一般不要默认循环条件表达式,以免形成死循环。

8.5.6 goto、break、continue 语句

goto 语句是一个无条件转向语句,它的一般形式为:

goto 语句标号:

其中语句标号是一个带冒号":"的标识符。将 goto 语句和 if 语句一起使用,可以构成一个循环结构。但更常见的是在 C51 程序中采用 goto 语句来跳出多重循环,需要注意的是只能用 goto 语句从内层循环跳到外层循环,而不允许从外层循环跳到内层循环。

break 语句也可以用于跳出循环体,它的一般形式为:

break;

对于多重循环的情况,break 语句只能跳出它所处的那一层循环,而不像 goto 语句可以直接从最内层循环中跳出来。由此可见,要跳出多重循环时,采用 goto 语句比较方便。需要指出的是 break 语句只能用于开关语句和循环语句之中,它是一种具有特殊功能的无条件转移语句。

continue 是一种中断语句,它的功能是中断本次循环,它的一般形式为:

continue;

continue 语句通常和条件语句一起用在由 while、do while 和 for 语句构成的循环结构中,它也是一种具有特殊功能的无条件转移语句,但与 break 语句不同,continue 语句并不跳出循环体,而只是根据循环控制条件确定是否继续执行循环语句。

8.5.7 返回语句

返回语句用于终止函数的执行,并控制程序返回到调用函数时所处的位置。返回语句有两种形式:return(表达式)、return。

如果 return 语句后边带有表达式,则要计算表达式的值,并将表达式的值作为该函数的返回值。若使用不带表达式的第 2 种形式,则被调用函数返回主调函数时,函数值不确定。

一个函数的内部可以含有多个 return 语句,但程序仅执行其中一个 return 语句而返回主调用函数。一个函数的内部也可以没有 return 语句,在这种情况下,当程序执行到最后一个界限符"}"处时,就自动返回主调函数。

8.6 指 针

所谓指针就是存储单元的地址,指针变量就是存放地址的变量。指针数据是 C 语言中的精华,拥有强大的功能,是 C 语言不可缺少的组成部分。

在 C51 编译器中指针可以分为两种类型:一般指针和存储器指针(指定存储区地址指针)。

1. 一般指针

所谓一般指针是指未对指向的对象(变量)存储空间进行说明的指针。一般指针可以访问 8051 存储空间中与位置无关的任何变量。一般指针的使用方法和 ANSI C 中的使用方法相同,不过同时还可以说明指针的存储类型,例如:

long　＊state;　　//为一个指向 long 型整数的指针,而 state 本身则按存储模式存放。

char　＊xdata　ptr;　　/＊ptr 为一个指向 char 数据的指针,而 ptr 本身放于外部 RAM 区,以上的 long、char 等指针指向的数据可存放于任何存储器中。＊/

例 8.6　通用指针使用示例。

```
int main(void)
{
    char    *p_c;        /*定义指向字符变量的指针变量 p_c*/
    char    data  c_1;
    char    xdata c_2;
    c_1 = 'a';
    c_2 = 'b';
    p_c = &c_2;          /*p_c 指向外部 RAM 的变量 c_2*/
}
```

2. 指定存储区域的指针

所谓指定存储区域的指针是指在指针声明中包含存储器类型。

程序中使用指定存储区域的指针速度要比通用指针快(指定存储区域指针在编译时 C51 编译器已知道其存储区域,而通用指针直到运行时才确定存储区域),在实时控制系统中应尽量使用指定存储区域的指针。例如:

```
char    data    * hzh;              //hzh 指向 data 区中 char 型数据。
int    xdata    * hsy;             //hsy 指向外部 RAM 的 int 型整数。
```

例 8.7 存储区域指针使用示例。

```
int main( void)
{
  char data * pd_c;      /* 定义指向字符变量(内部 RAM)的指针变量 pd_c */
  char xdata * px_c;     /* 定义指向字符变量(外部 RAM)的指针变量 px_c */
  char data a[10];
  char xdata b[10];
  pd_c = &a[0];
  px_c = &b[0];
  }
```

8.7　函　数

函数是 C 程序的基本单元,全部 C 程序都是由一个个函数组成的。在结构化程序设计中,函数作为独立的模块存在,增加了程序的可读性和移植性,易升级和维护,为解决复杂问题提供了方便。C 程序中的函数包括:主函数(main)、库函数和自定义函数。库函数及自定义函数在被调用前要进行说明。库函数的说明由系统提供的若干头文件分类实现,自定义函数说明由用户在程序中依规则完成。C 程序总是从主函数开始执行,而不管它在程序中所处的位置如何。

1. C51 自定义函数

C51 具有自定义函数的功能,其自定义函数语法格式如下:

return_type function_name([args,...])[small | compact | large][reentrant][interrupt n][using n]

其中:

return_type:指返回类型,在缺省情况下为 int;

function_name:函数名;

args:函数的形式参数列表;

small、compact、large:函数的存储模式;

reentrant:函数是否可重入,要注意可重入函数中的变量的同步;

interrupt n:可以用 interrupt 告诉单片机这个函数是中断服务函数,n 代表中断源号;

using n:指定函数所使用的寄存器组。在 MCS-51 系列单片机片内 RAM 空间中存在有 4 组寄存器,其中每组由 8 个寄存器构成,这些寄存器组存在于片内 RAM 空间中的 0x00 ~

0x1F,使用哪个寄存器组由程序状态字寄存器 PSW 决定,可以用 using 来指定所使用的寄存器组。

例 8.8 寄存器组使用示例程序。

```
char sum( char data a , char data b) using 3

{return    a + b;          /*汇编对应:
                             push psw
                             mov psw,#018h
                           如果改为:using 0 汇编对应 mov psw,#00h
                                    using 1 汇编对应 mov psw,#08h
                                    using 2 汇编对应 mov psw,#010h */
}

int main(void)
{
  char data i,j,k;
  i = 86;
  j = 52;
  k = sum(i,j);
  while(1);
}
```

2. 中断函数

在 C51 中提供了中断支持函数,中断服务程序在 C51 中是以中断函数的形式出现的,此类型函数用 interrupt 关键字进行描述。

中断声明方法如下:

```
void serial_ISR ( ) interrupt 4 [using 1]
{
        / * ISR * /
}
```

为提高代码的容错能力,在没用到的中断入口处生成 iret 语句,定义没用到的中断。

```
/ * define not used interrupt, so generate "IRET" in their entrance */
void extern0_ISR( ) interrupt 0{}     / * not used * /
void timer0_ISR ( ) interrupt 1{}     / * not used * /
void extern1_ISR( ) interrupt 2{}     / * not used * /
void timer1_ISR ( ) interrupt 3{}     / * not used * /
void serial_ISR ( ) interrupt 4{}     / * not used * /
```

使用中断函数应注意以下问题:

①在中断函数中不能使用参数;

②在中断函数中不能存在返回值;

③不能对中断函数产生明显的调用;

④中断函数的中断号在不同的单片机中其数量也不相同,具体情况请查阅具体的单片机手册。

例 8.9　中断示例程序。

```
#include  < reg51. h >
char data num = 0;
void extern0_ISR( void) interrupt 0 using 0
{ EX0 = 0;
  num + +
  EX0 = 1;
}
int main( void)
{
  IE0 = 1;
  EA = 1;
  EX0 = 1;
  while(1);
}
```

3. 递归或可重入函数指定

在主程序和中断中都可调用的函数,容易产生问题,因为 51 和 PC 不同,PC 使用堆栈传递参数,且静态变量以外的内部变量都在堆栈中;而 51 一般使用寄存器传递参数,内部变量一般在 RAM 中,函数重入时会破坏上次调用的数据。可以用以下两种方法解决函数重入:

①在相应的函数前使用前述"#pragma disable"声明,即只允许主程序或中断之一调用该函数;

②将该函数说明为可重入的,如下:

void func(param...) reentrant;

Keil C51 编译后将生成一个可重入变量堆栈,然后就可以模拟通过堆栈传递变量的方法。

由于一般可重入函数由主程序和中断调用,因此通常中断使用与主程序不同的 R 寄存器组。

另外,对可重入函数,在相应的函数前面加上开关"#pragma noaregs",以禁止编译器使用绝对寄存器寻址,可生成不依赖于寄存器组的代码。

例 8.10　声明可重入函数 func。

```
int func( int a, int b) reentrant
{
  int z;
  z = a * b;
  return z;
}
```

4. C51 内联的库函数

C51 编译器的库中包含一定数量的内联函数,这种函数不产生 ACALL 或 LCALL 指令来执行库函数,而是直接将函数代码添加到调用函数中。因此使用内联函数比使用一个调用函数要快而且有效。

C51 的内联函数及其描述见表 8-2。

表 8-2　C51 的内联函数

内联函数	描　述
crol	字节左移
cror	字节右移
irol	整数左移
irol	整数右移
lrol	长整数左移
lrol	长整数右移
nop	空操作
testbit	判断并清除

8.8　C51 程序结构及应用要点

8.8.1　C51 程序结构

C51 程序由函数构成,其中至少应包含一个主函数 main。函数与子程序或过程具有相同的性质。程序从主函数开始执行,调用其他函数后又返回主函数。被调用函数如果编写在主函数前面,可以直接调用,被调用函数如果编写在主函数后面,则应该先声明该函数,然后再调用。被调用函数可以是用户自定义的函数,也可以是 C51 编译器提供的库函数。

C51 程序的一般结构如下:

预处理命令

全局变量声明;

函数声明;

main( )

{

局部变量说明;

执行语句;

调用函数(实际参数列表);

}

函数 1(形式参数列表)

{

局部变量说明;

执行语句(可能包括的函数调用语句);

}

216

…

函数 n(形式参数列表)

{

　局部变量说明;

　执行语句(可能包括的函数调用语句);

}

所有函数在定义时都是独立的,一个函数中不能定义其他函数,即函数不能嵌套定义,但可以相互调用,上面的格式给出了函数调用的一般规则。

程序执行从主函数 main( )开始,在其中可以通过调用各个定义的函数完成特定的功能,最后返回主函数 main( ),在主函数中结束整个 C51 程序的运行。

使用 C 语言的一些规则如下:

①变量必须先声明后引用,所有符号对大小写敏感。通常全局变量、特殊功能寄存器名、常数符号用大写表示,一般的语句、函数用小写。

②每条语句必须以分号";"结尾,一行可以写多条语句,一条语句也可以写多行。

③多行注释用/ * …… * /,单行注释用//表示。

8.8.2　C51 应用要点

本章介绍 C51 的基本数据类型、存储类型及 C51 对单片机内部的定义,这些都是 C 语言编写单片机程序的基础,但是要编写出高效的 C 语言程序,通常应注意以下问题:

1. 定义变量

经常访问的数据对象放入片内数据 RAM 中,可在任意一种模式(COMPACT/LARGE)下实现,且访问片内 RAM 要比访问片外 RAM 快很多。片内 RAM 由寄存器组、数据区和堆栈构成,且堆栈与用户 data;类型定义的变量可能重叠,初始化时 SP 要从默认的 0x07 指向高端,以避开寄存器组区。由于片内 RAM 容量的限制,在设计程序时必须权衡利弊,以解决访问效率与这些对象的数量之间的矛盾。

2. 使用最小数据类型

在程序设计时,只要满足要求,应尽量使用最小数据类型。由基于 8051 核的单片机都是 8 位单片机,因此对具有 char 类型对象的操作比 int 和 long 类型对象的操作方便很多。

3. 使用 unsigned 数据类型

由于 8051 核的单片机 CPU 不能直接支持有符号的运算,因而 C51 编译必须产生与之相关的更多代码,以解决这个问题。如果使用无符号类型,产生的代码要少得多。

4. 使用局部函数变量

编译器总是尝试在寄存器里保持局部变量。例如将索引变量声明为局部变量是最好的,这个优化步骤只对局部变量执行。使用 unsigned char/int 类型的对象通常能获得最好的结果。

5. C51 启动文件 STARTUP. A51

启动文件 STARTUP. A51 中包含目标板启动代码,可在每个 project 中加入这个文件,只要复位,则该文件立即执行,其功能包括:

①定义内部 RAM 大小、外部 RAM 大小、可重入堆栈位置。

②清除内部、外部或者以此页为单元的外部存储器。

③按存储模式初始化重入堆栈及堆栈指针。

④初始化 8051 硬件堆栈指针。

⑤向 main( ) 函数交权。

8.9　MCS-51 系列单片机 C 语言程序设计举例

以 AT89C51 为例,本节将给出 MCS-51 系列单片机 I/O、定时计数器、外部中断及串行口等外设应用电路及 C 语言应用程序。

8.9.1　I/O

AT89C51 单片机有 4 个 I/O 端口,即 P0、P1、P2、P3,可以单独地作为输入/输出口使用。在实际的应用开发过程中,利用 I/O 口进行输入输出信号或控制是单片机最基本的功能,也是用得最多,用得最广的操作。

1. 输出

(1)闪烁的 LED(图 8-2)

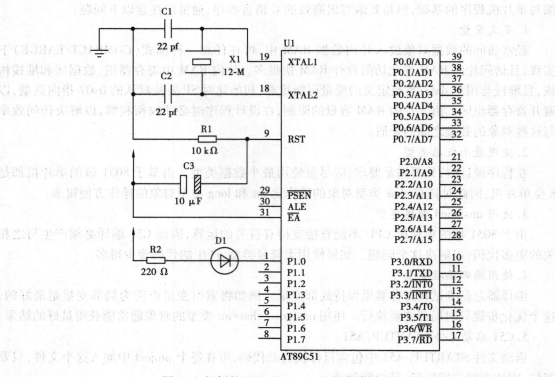

图 8-2　闪烁的 LED 基于 proteus 的仿真电路

218

闪烁的 LED 的 C 语言程序如下所示:

```
/*名称:闪烁的 LED
说明:LED 按设定的时间间隔闪烁
*/
#include <reg51.h>
#define uchar unsigned char
#define uint unsigned int
sbit LED = P1^0;
//延时
void DelayMS(uint x)
{
  uchar i;
  while(x--)
  {
  for(i=0;i<120;i++);
  }
}
//主程序
void main()
{
  while(1)
  {
  LED = ~LED;
  DelayMS(150);
  }
}
```

(2)8 只 LED 左右来回点亮(图 8-3)

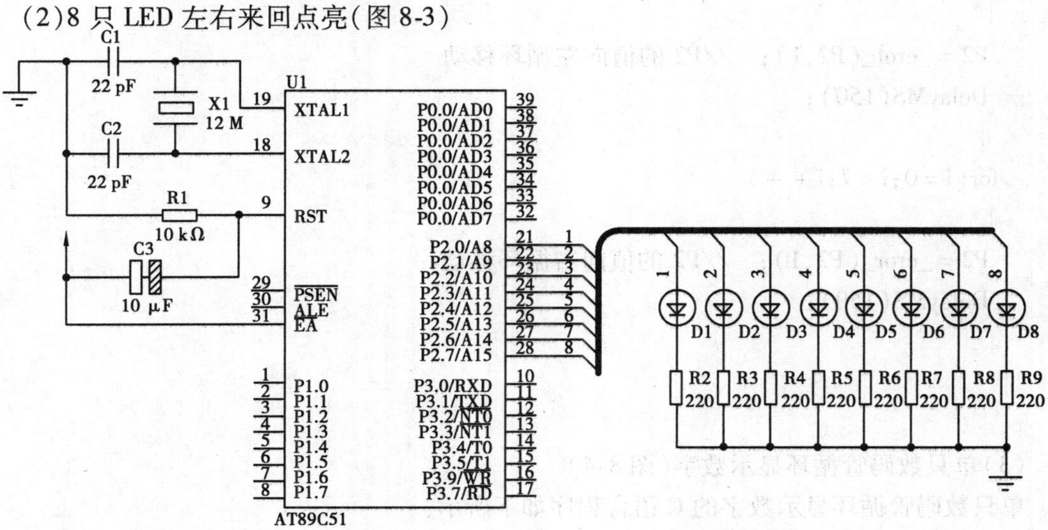

图 8-3　8 只 LED 左右来回点亮基于 proteus 的仿真电路

8 只 LED 左右来回点亮的 C 语言程序如下所示：

```
/*名称:8 只 LED 左右来回点亮
  说明:程序利用循环移位函数_crol_和_cror_形成来回滚动的效果
*/
#include <reg51.h>
#include <intrins.h>
#define uchar unsigned char
#define uint unsigned int
//延时
void DelayMS(uint x)
{
 uchar i;
 while(x--)
 {
  for(i=0;i<120;i++);
 }
}
//主程序
void main( )
{
 uchar i;
 P2=0x01;
 while(1)
 {
  for(i=0;i<7;i++)
  {
  P2=_crol_(P2,1);   //P2 的值向左循环移动
  DelayMS(150);
  }
  for(i=0;i<7;i++)
  {
  P2=_cror_(P2,1);   //P2 的值向右循环移动
  DelayMS(150);
  }
 }
}
```

(3)单只数码管循环显示数字(图 8-4)

单只数码管循环显示数字的 C 语言程序如下所示：

/*名称:单只数码管循环显示数字

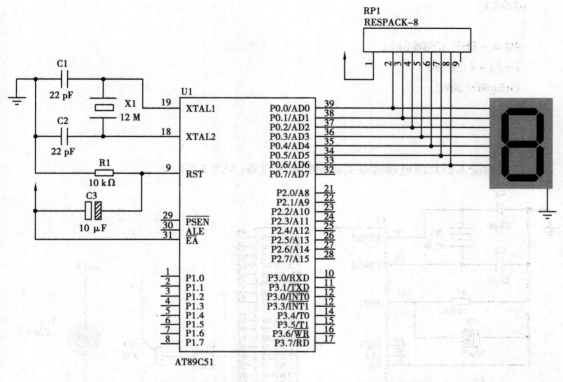

图 8-4 单只数码管循环显示数字基于 proteus 的仿真电路

说明:主程序中的循环语句反复将数字的段码送至 P0 口,使数字循环显示

```
*/
#include  < reg51. h >
#include  < intrins. h >
#define uchar unsigned char
#define uint unsigned int
uchar code DSY_CODE[ ] = {0xc0 ,0xf9 ,0xa4 ,0xb0 ,0x99 ,0x92 ,0x82 ,0xf8 ,0x80 ,0x90 ,
0xf9 ,0x90 ,0x80 ,0x82, 0xc0 ,0xb0, 0xc0 ,0xf9 ,0xff } ;
//延时
void DelayMS( uint x)
{
 uchar t ;
 while( x - - ) for( t = 0 ;t < 120 ;t + + ) ;
}
//主程序
void main(    )
{
 uchar i = 0 ;
 P0 = 0x00 ;
```

221

```
while(1)
{
P0 = ~ DSY_CODE[i];
i = (i+1)%18;
DelayMS(300);
}
}
```

2. 输入

(1)按键输入控制继电器接通关断控制照明设备(见图 8-5)

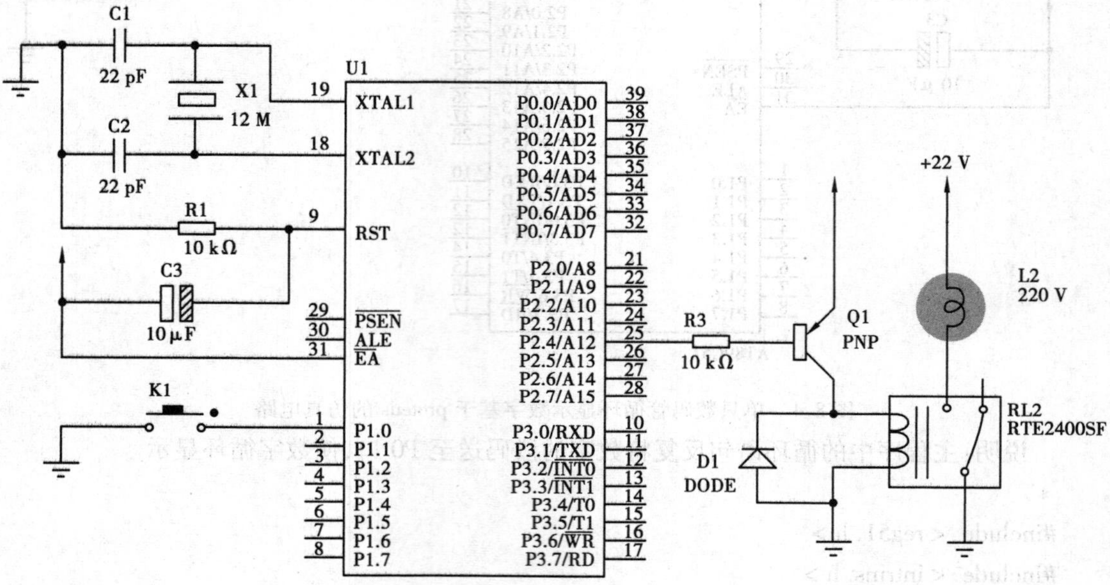

图 8-5 按键输入控制继电器接通关断控制照明设备基于 proteus 的仿真电路

按键输入控制继电器接通关断控制照明设备的 C 语言程序如下所示：

```
/* 名称:按键输入控制继电器接通关断控制照明设备
   说明:按下 K1 灯点亮,再次按下时灯熄灭
*/
#include  <reg51.h>
#define uchar unsigned char
#define uint unsigned int
sbit K1 = P1^0;
sbit RELAY = P2^4;
//延时
void DelayMS(uint ms)
{
uchar t;
```

```
while( ms − − )for( t = 0 ;t < 120 ;t + + ) ;
}
//主程序
void main(    )
{
 P1 = 0xff ;
 RELAY = 1 ;
 while( 1 )
 {
  if( K1 = = 0)
  {
   while( K1 = = 0) ;
   RELAY = ~ RELAY ;
   DelayMS( 20 ) ;
  }
 }
}
```

（2）4 ∗ 4 矩阵键盘控制条形 LED 显示（图 8-6）

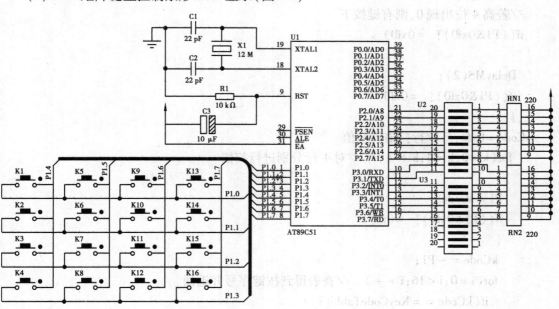

图 8-6　4 ∗ 4 矩阵键盘控制条形 LED 显示基于 proteus 的仿真电路

4 ∗ 4 矩阵键盘控制条形 LED 显示的 C 语言程序如下所示：

／ ∗ 名称:4 ∗ 4 矩阵键盘控制条形 LED 显示

　说明:运行本例时,按下的按键值越大点亮的 LED 越多。

∗ ／

223

```
#include  < reg 51. h >
#include  < intrins. h >
#define uchar unsigned char
#define uint unsigned int
//矩阵键盘按键特征码表
uchar code KeyCodeTable[ ] = {0x11,0x12,0x14,0x18,0x21, 0x22,0x24,0x28,0x41,0x42,
0x44,0x48,0x81,0x82,0x84,0x88} ;
//延时
void DelayMS( uint x)
{
 uchar i;
 while( x – – ) for( i = 0;i < 120;i + + );
}
//键盘扫描
uchar Keys_Scan(   )
{
 uchar sCode,kCode,i,k;
 //低4位置0,放入4行
 P1 = 0xf0;
 //若高4位出现0,则有键按下
 if( ( P1&0xf0)!  = 0xf0)
 {
  DelayMS( 2);
  if( ( P1&0xf0)!  = 0xf0)
  {
sCode = 0xfe;  //行扫描码初值
  for( k = 0;k < 4;k + + )  //对4行分别进行扫描
   {
    P1 = sCode;
    if( ( P1&0xf0)!  = 0xf0)
    {
     kCode =  ~ P1;
     for( i = 0;i < 16;i + + )  //查表得到按键序号并返回
       if( kCode = = KeyCodeTable[ i] )
        return( i);
    }
    else
    sCode = _crol_( sCode,1);
   }
```

```
      }
    }
  return( -1);
}
//主程序
void main(   )
{
  uchar i,P2_LED,P3_LED;
  uchar KeyNo = -1;   //按键序号, -1 表示无按键
  while(1)
  {
    KeyNo = Keys_Scan( );   //扫描键盘获取按键序号 KeyNo
       if(KeyNo!  = -1)
    {
    P2_LED = 0xff;
    P3_LED = 0xff;
    for(i =0;i < = KeyNo;i + + )    //键值越大,点亮的 LED 越多
     {
       if( i <8)
P3_LED > > =1;
       else
       P2_LED > > =1;
     }
    P3 = P3_LED;    //点亮条形 LED
    P2 = P2_LED;
    }
  }
}
```

8.9.2　定时计数器

(1)定时器控制单只 LED(见图 8-7)

定时器控制单只 LED 的 C 语言程序如下所示：

```
/ * 名称:定时器控制单只 LED
说明:LED 在定时器的中断例程控制下不断闪烁。
 */
#include  < reg51. h >
#define uchar unsigned char
#define uint unsigned int
```

225

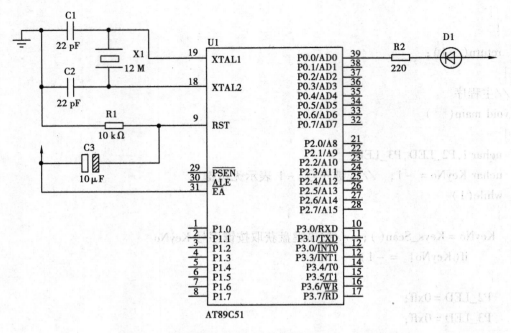

图 8-7　定时器控制单只 LED 基于 proteus 的仿真电路

```
sbit LED = P0^0;
uchar T_Count = 0;
//主程序
void main(    )
{
    TMOD = 0x00;    //定时器 0 工作方式 0
    TH0 = (8192 – 5000)/32;    //5ms 定时
    TL0 = (8192 – 5000)%32;
    IE = 0x82;    //允许 T0 中断
    TR0 = 1;
    while(1);
}
//T0 中断函数
void LED_Flash(    ) interrupt 1 using 1
{
    TH0 = (8192 – 5000)/32;    //恢复初值
    TL0 = (8192 – 5000)%32;
    if( + +T_Count = = 100)    //0.5 s 开关一次 LED
    {
        LED = ~ LED;
        T_Count = 0;
    }
```

}

（2）用计数器中断实现 100 以内的按键计数（图 8-8）

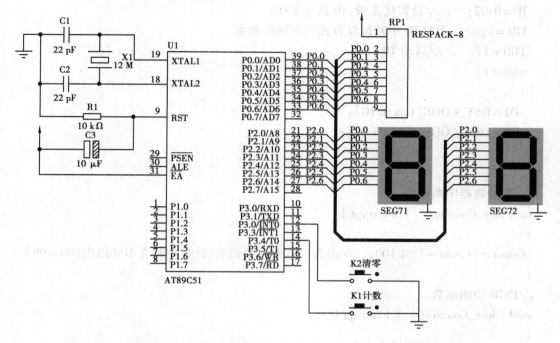

图 8-8   用计数器中断实现 100 以内的按键计数基于 proteus 的仿真电路

用计数器中断实现 100 以内的按键计数的 C 语言程序如下所示：

/ * 名称：用计数器中断实现 100 以内的按键计数

说明：本例用 T0 计数器中断实现按键技术，由于计数寄存器初值为 1，因此 P3.4 引脚的每次负跳变都会触发 T0 中断，实现计数值累加。计数器的清零用外部中断 0 控制。

*/

```
#include < reg51. h >
#define uchar unsigned char
#define uint unsigned int
//段码
uchar code DSY_CODE[ ] = {0x3f,0x06,0x5b,0x4f,0x66,0x6d,0x7d,0x07,0x7f,0x6f,
0x00};
//主程序
void main(   )
{
    P0 = 0x00;
    P2 = 0x00;
    TMOD = 0x06;       //计数器 T0 方式 2
    TH0 = TL0 = 256 - 1;   //计数值为 1
    ET0 = 1;       //允许 T0 中断
```

```
    EX0 = 1;        //允许 INT0 中断
    EA = 1;         //允许 CPU 中断
    IP = 0x02;      //设置优先级,T0 高于 INT0
    IT0 = 1;        //INT0 中断触发方式为下降沿触发
    TR0 = 1;        //启动 T0
    while(1)
    {
      P0 = DSY_CODE[Count/10];
      P2 = DSY_CODE[Count%10];
    }
}
//T0 计数器中断函数
void Key_Counter(  ) interrupt 1
{
  Count = (Count + 1)%100;    //因为只有两位数码管,计数控制在 100 以内(00 ~ 99)
}
//INT0 中断函数
void Clear_Counter(   ) interrupt 0
{
  Count = 0;
}
```

(3)定时器控制交通指示灯(图 8-9)

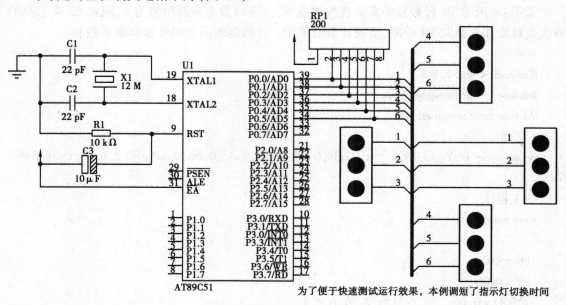

为了便于快速测试运行效果,本例调短了指示灯切换时间

图 8-9　定时器控制交通指示灯基于 proteus 的仿真电路

定时器控制交通指示灯的 C 语言程序如下所示:

/＊名称:定时器控制交通指示灯

说明:东西向绿灯亮 5 s 后,黄灯闪烁,闪烁 5 次亮红灯,红灯亮后,南北向由红灯变成绿灯,5 s 后南北向黄灯闪烁,闪烁 5 次后亮红灯,东西向绿灯亮,如此往复。

＊/

```c
#include  < reg51. h >
#define uchar unsigned char
#define uint unsigned int
sbit RED_A = P0^0;   //东西向指示灯
sbit YELLOW_A = P0^1;
sbit GREEN_A = P0^2;
sbit RED_B = P0^3;   //南北向指示灯
sbit YELLOW_B = P0^4;
sbit GREEN_B = P0^5;
//延时倍数,闪烁次数,操作类型
变量
uchar Time_Count = 0, Flash_Count = 0, Operation_Type = 1;
//定时器 0 中断函数
void T0_INT(   ) interrupt 1
{
  TL0 = -50000/256;
  TH0 = -50000%256;
  switch( Operation_Type )
  {
    case 1:   //东西向绿灯与南北向红灯亮 5s
      RED_A = 0; YELLOW_A = 0; GREEN_A = 1;
RED_B = 1; YELLOW_B = 0; GREEN_B = 0;
if( + +Time_Count!  = 100) return;   //5s(100 * 50ms)切换
      Time_Count = 0;
      Operation_Type = 2;
      break;
    case 2:   //东西向黄灯开始闪烁,绿灯关闭
      if( + +Time_Count!  = 8) return;
      Time_Count = 0;
      YELLOW_A = ~ YELLOW_A; GREEN_A = 0;
      if( + +Flash_Count!  = 10) return;   //闪烁
      Flash_Count = 0;
      Operation_Type = 3;
      break;
    case 3:   //东西向红灯与南北向绿灯亮 5 s
      RED_A = 1; YELLOW_A = 0; GREEN_A = 0;
```

```
        RED_B = 0;YELLOW_B = 0;GREEN_B = 1;
        if( + + Time_Count! = 100) return;  //5 s(100 * 50ms)切换
        Time_Count = 0;
        Operation_Type = 4;
        break;
case 4:  //南北向黄灯开始闪烁,绿灯关闭
        if( + + Time_Count! = 8) return;
        Time_Count = 0;
        YELLOW_B = ~ YELLOW_B;GREEN_A = 0;
        if( + + Flash_Count! = 10) return;  //闪烁
        Flash_Count = 0;
        Operation_Type = 1;
        break;
    }
}
//主程序
void main(   )
{
 TMOD = 0x01;       //T0 方式 1
 IE = 0x82;
 TR0 = 1;
 while(1);
}
```

(4)10 s 秒表(图 8-10)

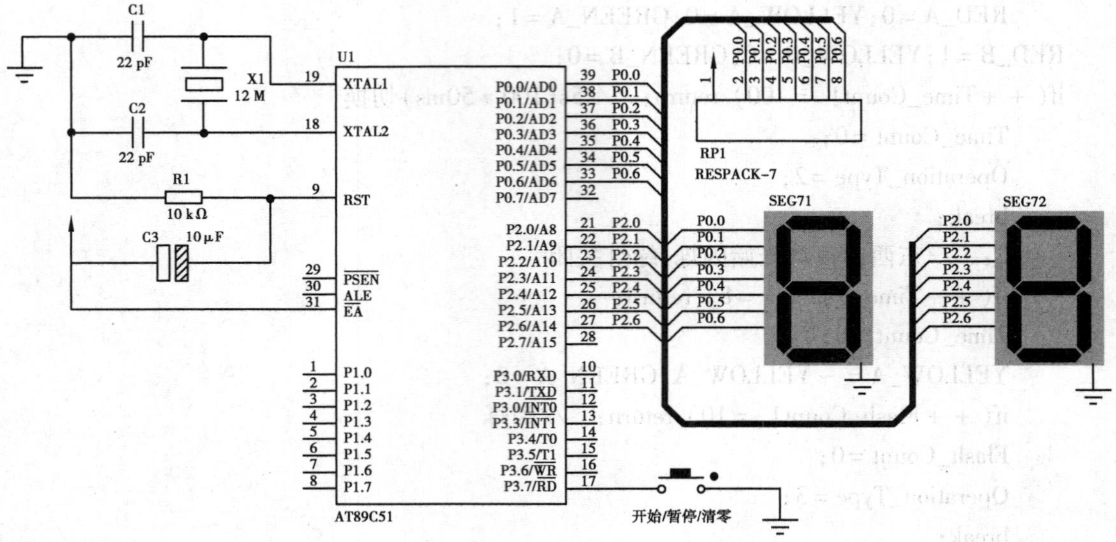

图 8-10 10 s 秒表基于 proteus 的仿真电路

10 s 秒表的 C 语言程序如下所示：

```
/* 名称:10 s 的秒表
   说明:首次按键计时开始,再次按键暂停,第 3 次按键清零。
*/
#include  <reg51.h>
#define uchar unsigned char
#define uint unsigned int
sbit K1 = P3^7;
uchar i,Second_Counts,Key_Flag_Idx;
bit Key_State;
uchar DSY_CODE[ ] = {0x3f,0x06,0x5b,0x4f,0x66,0x6d,0x7d,0x07,0x7f,0x6f};
//延时
void DelayMS( uint ms)
{
 uchar t;
 while(ms - -) for(t = 0;t < 120;t + +);
}
//处理按键事件
void Key_Event_Handle(   )
{
 if(Key_State = = 0)
 {
  Key_Flag_Idx = (Key_Flag_Idx + 1)%3;
  switch(Key_Flag_Idx)
  {
   case 1: EA = 1;ET0 = 1;TR0 = 1;break;
   case 2: EA = 0;ET0 = 0;TR0 = 0;break;
   case 0: P0 = 0x3f;P2 = 0x3f;i = 0;Second_Counts = 0;
  }
 }
}
//主程序
void main(   )
{
 P0 = 0x3f;     //显示 00
 P2 = 0x3f;
 i = 0;
 Second_Counts = 0;
 Key_Flag_Idx = 0;     //按键次数(取值 0,1,2,3)
```

231

```
        Key_State = 1;      //按键状态
        TMOD = 0x01;        //定时器 0 方式 1
        TH0 = (65536 - 50000)/256;   //定时器 0:15 ms
        TL0 = (65536 - 50000)%256;
        while(1)
        {
          if(Key_State! = K1)
          {
            DelayMS(10);
            Key_State = K1;
            Key_Event_Handle();
          }
        }
    }

    //T0 中断函数
    void DSY_Refresh(    ) interrupt 1
    {
        TH0 = (65536 - 50000)/256;   //恢复定时器 0 初值
        TL0 = (65536 - 50000)%256;
        if( + +i = =2)      //50ms * 2 =0.1 s 转换状态
        {
          i =0;
          Second_Counts + +;
          P0 = DSY_CODE[Second_Counts/10];
          P2 = DSY_CODE[Second_Counts%10];
          if(Second_Counts = =100) Second_Counts =0;   //满 100(10 s)后显示 00
        }
    }
```

8.9.3　外部中断

(1)外部 INT0 中断控制 LED(图 8-11)

外部 INT0 中断控制 LED 的 C 语言程序如下所示:

/ * 名称:外部 INT0 中断控制 LED

　　说明:每次按键都会触发 INT0 中断,中断发生时将 LED 状态取反,产生 LED 状态由按键控制的效果

　　* /

```
#include  < reg51. h >
#define uchar unsigned char
```

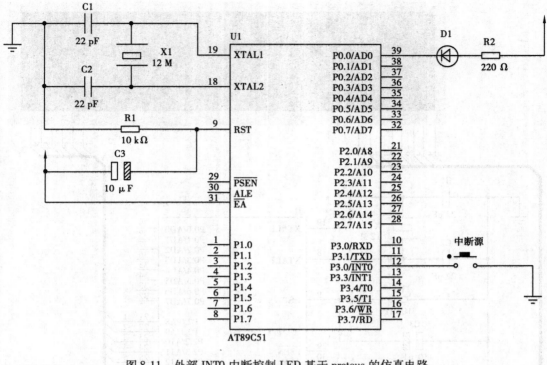

图 8-11 外部 INT0 中断控制 LED 基于 proteus 的仿真电路

```c
#define uint unsigned int
sbit LED = P0^0;
//主程序
void main( )
{
 LED = 1;
 EA = 1;
 EX0 = 1;
 IT0 = 1;
 while(1);
}
//INT0 中断函数
void EX_INT0( ) interrupt 0
{
 LED = ~ LED;   //控制 LED 亮灭
}
```

(2)INT0 及 INT1 中断计数(图 8-12)

INT0 及 INT1 中断计数的 C 语言程序如下所示:

/ * 名称:INT0 及 INT1 中断计数

　说明:每次按下第 1 个计数键时,第 1 组计数值累加并显示在右边 3 只数码管上,每次

233

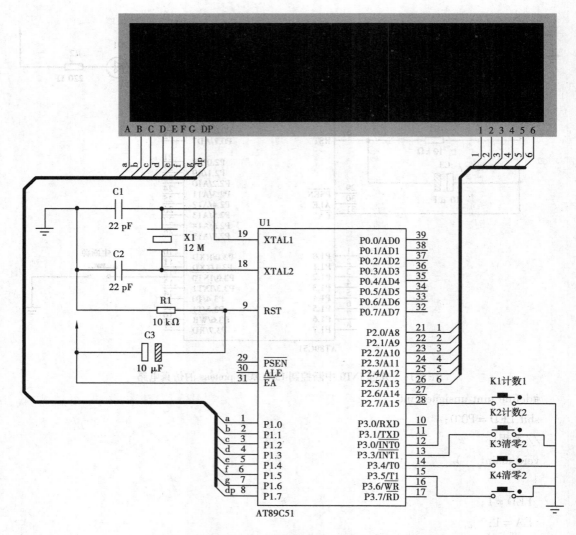

图 8-12　INT0 及 INT1 中断计数基于 proteus 的仿真电路

按下第 2 个计数键时,第 2 组计数值累加并显示在左边 3 只数码管上,后两个按键分别清零。

　*/

　#include ＜reg51.h＞

　#define uchar unsigned char

　#define uint unsigned int

　sbit K3 = P3^4；　//两个清零键

　sbit K4 = P3^5；

　//数码管段码与位码

　uchar code DSY_CODE[ ] = {0xc0,0xf9,0xa4,0xb0,0x99,0x92,0x82,0xf8,0x80,0x90,0xff}；

　uchar code DSY_Scan_Bits[ ] = {0x20,0x10,0x08,0x04,0x02,0x01}；

　//2 组计数的显示缓冲,前 3 位一组,后 3 位一组

```c
uchar data Buffer_Counts[ ] = {0,0,0,0,0,0};
uint Count_A, Count_B = 0;
//延时
void DelayMS(uint x)
{
  uchar t;
  while(x - -) for(t = 0;t < 120;t + +);
}
//数据显示
void Show_Counts()
{
  uchar i;
  Buffer_Counts[2] = Count_A/100;
  Buffer_Counts[1] = Count_A%100/10;
  Buffer_Counts[0] = Count_A%10;
if(Buffer_Counts[2] = =0)
  {
    Buffer_Counts[2] = 0x0a;
    if(Buffer_Counts[1] = =0)
     Buffer_Counts[1] = 0x0a;
  }
  Buffer_Counts[5] = Count_B/100;
  Buffer_Counts[4] = Count_B%100/10;
  Buffer_Counts[3] = Count_B%10;
  if(Buffer_Counts[5] = =0)
  {
    Buffer_Counts[5] = 0x0a;
    if(Buffer_Counts[4] = =0)
    Buffer_Counts[4] = 0x0a;
  }
for(i = 0;i < 6;i + +)
  {
    P2 = DSY_Scan_Bits[i];
    P1 = DSY_CODE[Buffer_Counts[i]];
    DelayMS(1);
  }
}
//主程序
void main()
```

```
  {
   IE = 0x85 ;
   PX0 = 1 ; //中断优先
   IT0 = 1 ;
   IT1 = 1 ;
   while(1)
   {
    if( K3 = = 0) Count_A = 0 ;
    if( K4 = = 0) Count_B = 0 ;
    Show_Counts( ) ;
   }
  }
//INT0 中断函数
void EX_INT0( ) interrupt 0
 {
  Count_A + + ;
 }
//INT1 中断函数
void EX_INT1( ) interrupt 2
 {
  Count_B + + ;
 }
```

8.9.4 串行口

(1)单片机之间双向通信(图 8-13)

单片机之间双向通信的 C 语言程序如下:

/* 名称:甲机串口程序

  说明:甲机向乙机发送控制命令字符,甲机同时接收乙机发送的数字,并显示在数码管上。

  */

```
#include  < reg51. h >
#define uchar unsigned char
#define uint unsigned int
sbit LED1 = P1^0 ;
sbit LED2 = P1^3 ;
sbit K1 = P1^7 ;
uchar Operation_No = 0 ;   //操作代码
//数码管代码
```

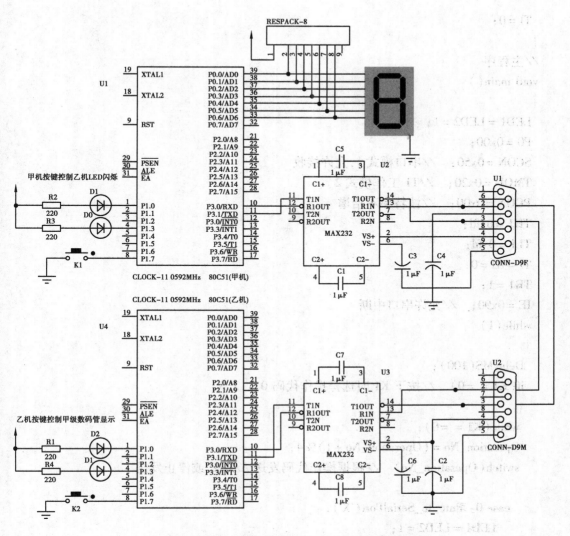

图 8-13 单片机之间双向通信基于 proteus 的仿真电路

```
uchar code DSY_CODE[ ] = {0x3f,0x06,0x5b,0x4f,0x66,0x6d,0x7d,0x07,0x7f,0x6f} ;
//延时
void DelayMS( uint ms)
{
  uchar i;
  while( ms - - ) for( i =0;i <120;i + + );
}
//向串口发送字符
void Putc_to_SerialPort( uchar c)
{
  SBUF = c ;
  while( TI = =0) ;
```

```c
  TI = 0;
}
//主程序
void main( )
{
  LED1 = LED2 = 1;
  P0 = 0x00;
  SCON = 0x50;    //串口模式1,允许接收
  TMOD = 0x20;    //T1 工作模式2
  PCON = 0x00;    //波特率不倍增
  TH1 = 0xfd;
  TL1 = 0xfd;
  TI = RI = 0;
  TR1 = 1;
  IE = 0x90;    //允许串口中断
  while(1)
  {
   DelayMS(100);
   if(K1 = =0)    //按下 K1 时选择操作代码 0,1,2,3
   {
    while(K1 = =0);
    Operation_No = (Operation_No + 1)%4;
    switch(Operation_No)    //根据操作代码发送 A/B/C 或停止发送
    {
      case 0: Putc_to_SerialPort('X');
        LED1 = LED2 = 1;
        break;
      case 1: Putc_to_SerialPort('A');
        LED1 = ~ LED1;LED2 = 1;
        break;
      case 2: Putc_to_SerialPort('B');
        LED2 = ~ LED2;LED1 = 1;
        break;
      case 3: Putc_to_SerialPort('C');
        LED1 = ~ LED1;LED2 = LED1;
        break;
    }
   }
  }
}
```

238

```
}
//甲机串口接收中断函数
void Serial_INT( ) interrupt 4
{
  if( RI)
  {
   RI = 0;
   if( SBUF > = 0&&SBUF < = 9) P0 = DSY_CODE[ SBUF] ;
   else P0 = 0x00;
  }
}


/ * 名称:乙机程序接收甲机发送字符并完成相应动作
   说明:乙机接收到甲机发送的信号后,根据相应信号控制 LED 完成不同闪烁动作。
 */
#include  < reg51. h >
#define uchar unsigned char
#define uint unsigned int
sbit LED1 = P1^0;
sbit LED2 = P1^3;
sbit K2 = P1^7;
uchar NumX = - 1;
//延时
void DelayMS( uint ms)
{
uchar i;
  while( ms - - ) for( i = 0;i < 120;i + +);
}
//主程序
void main( )
{
LED1 = LED2 = 1;
  SCON = 0x50;  //串口模式 1,允许接收
  TMOD = 0x20;   //T1 工作模式 2
TH1 = 0xfd;  //波特率 9 600
  TL1 = 0xfd;
  PCON = 0x00;  //波特率不倍增
  RI = TI = 0;
  TR1 = 1;
```

239

```
    IE = 0x90;
    while(1)
    {
     DelayMS(100);
     if(K2 = =0)
     {
      while(K2 = =0);
      NumX = + + NumX% 11;   //产生 0 ~ 10 范围内的数字,其中 10 表示关闭
      SBUF = NumX;
      while(TI = =0);
      TI = 0;
     }
    }
}

void Serial_INT( ) interrupt 4
{
 if(RI)   //如收到则 LED 则动作
 {
  RI = 0;
  switch(SBUF) //根据所收到的不同命令字符完成不同动作
  {
   case 'X': LED1 = LED2 = 1;break;   //全灭
   case 'A': LED1 = 0;LED2 = 1;break;   //LED1 亮
   case 'B': LED2 = 0;LED1 = 1;break;   //LED2 亮
   case 'C': LED1 = LED2 = 0;   //全亮
  }
 }
}
```

（2）单片机与 PC 通信（图 8-14）

单片机与 PC 通信的 C 语言程序如下:

/ * 名称:单片机与 PC 通信

说明:单片机可接收 PC 发送的数字字符,按下单片机的 K1 键后,单片机可向 PC 发送字符串。在 Proteus 环境下完成本实验时,需要安装 Virtual Serial Port Driver 和串口调试助手。本例缓冲 100 个数字字符,缓冲满后新数字从前面开始存放（环形缓冲）。

 * /

```
#include  < reg51. h >
#define uchar unsigned char
#define uint unsigned int
uchar Receive_Buffer[ 101 ];       //接收缓冲
```

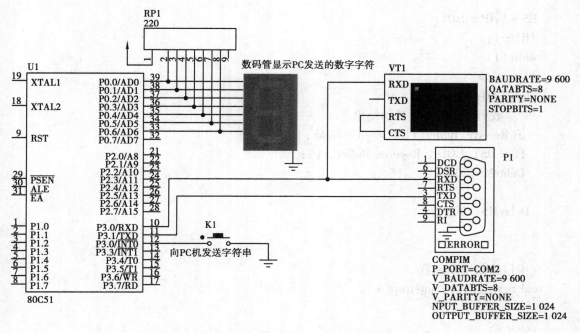

图 8-14　单片机与 PC 通信基于 proteus 的仿真电路

uchar Buf_Index = 0;　　//缓冲空间索引

//数码管编码

uchar code DSY_CODE[ ] = {0x3f,0x06,0x5b,0x4f,0x66,0x6d,0x7d,0x07,0x7f,0x6f,

0x00};

//延时

void DelayMS(uint ms)

{

　uchar i;

　while(ms − −) for(i = 0;i < 120;i + +);

}

//主程序

void main( )

{

　uchar i;

　P0 = 0x00;

　Receive_Buffer[0] = − 1;

　SCON = 0x50;　//串口模式 1,允许接收

　TMOD = 0x20;　//T1 工作模式 2

　TH1 = 0xfd;　//波特率 9 600

　TL1 = 0xfd;

　PCON = 0x00;　//波特率不倍增

　EA = 1;EX0 = 1;IT0 = 1;

```
    ES = 1;IP = 0x01;
    TR1 = 1;
    while( 1 )
    {
      for( i = 0;i < 100;i + + )
      { //收到 -1 为一次显示结束
        if( Receive_Buffer[ i ] = = -1 ) break;
        P0 = DSY_CODE[ Receive_Buffer[ i ] ];
        DelayMS( 200 );
      }
      DelayMS( 200 );
    }
  }
//串口接收中断函数
void Serial_INT( ) interrupt 4
  {
    uchar c;
    if( RI = =0 ) return;
    ES =0;      //关闭串口中断
    RI =0;      //清接收中断标志
    c = SBUF;
    if( c > = '0'&&c < = '9' )
    { //缓存新接收的每个字符,并在其后放 -1 为结束标志
      Receive_Buffer[ Buf_Index ] = c - '0';
      Receive_Buffer[ Buf_Index + 1 ] = -1;
      Buf_Index = ( Buf_Index + 1 )%100;
    }
    ES = 1;
  }
  void EX_INT0( ) interrupt 0      //外部中断 0
  {
    uchar * s = "这是由 8051 发送的字符串! \r\n";
    uchar i =0;
    while( s[ i ]! = '\0' )
    {
      SBUF = s[ i ];
      while( TI = =0 );
      TI =0;
      i + +;
    }
  }
```

习　题

1. 请概述 C51 软件开发结构。

2. C51 扩展了哪些数据类型？

3. 简述 C51 存储器类型与 8051 存储空间的对应关系。

4. C51 中断函数在使用时应注意哪些问题？

5. 请设计花样流水灯,实现 16 只 LED 分两组按预设的多种花样变换显示。

6. 请设计 LED 模拟交通灯,实现东西向绿灯亮若干秒,黄灯闪烁 5 次后红灯亮,红灯亮后,南北向由红灯变为绿灯,若干秒后南北向黄灯闪烁 5 次后变红灯,东西向变绿灯,如此重复。

7. 请设计 8 位数码管动态向左滚动显示数字串"19860301198707122009050220170806"。

8. 请设计 4 个按键 K1 ~ K4 控制 6 位数码管加减显示,按下 K1 后加 1 计数,按下 K2 后减 1 计数,按下 K3 后清零。

9. 请设计数码管显示 4 * 4 矩阵键盘按键号,实现按下任意键时,数码管都会显示其键的序号,扫描程序首先判断按键发生在哪一列,然后根据所发生的行附加不同的值,从而得到按键的序号。

10. 请设计 100 000 s 以内的计时显示,实现在 6 只数码管上完成 0 ~ 99 999.9 s。

11. 请设计定时器控制数码管动态显示,实现 8 个数码管上分两组动态显示年月日与时分秒。

12. 请设计用 T1 计数器中断实现 1 000 以内的按键计数,计数器的清零用外部中断 1 控制。

13. 请设计 INT0 中断计数,每次按下计数键时触发 INT0 中断,中断程序累加计数,计数值显示在 3 只数码管上,按下清零键时数码管清零。

14. 请设计甲机通过串口控制乙机 LED。实现甲机负责向外发送控制命令字符"A""B""C",或者停止发送,乙机根据所接收到的字符完成 LED1 闪烁、LED2 闪烁、双闪烁、或停止闪烁。

15. 请设计单片机向主机发送字符串,实现单片机按一定的时间间隔向主机发送字符串,发送内容在虚拟终端显示。

第 9 章 Keil 集成开发环境及 Proteus ISIS 仿真

随着微电子技术的迅速发展,单片机在工业控制、消费电子、家用电器、通信、办公自动化、医疗器械等方面应用越来越广泛。单片机作为嵌入式系统的核心器件,其应用系统设计包括硬件电路设计和软件电路设计两个方面,学习和应用过程中必须软件、硬件结合。单片机系统调试通常分为软件调试、硬件测试和整机联调 3 个部分。

单片机自身不具备开发功能,必须借助于开发工具。目前,国内外推出了许多基于个人计算机的单片机软或硬开发平台。硬件开发平台方面诸如开发板、实验箱、仿真器、编程器、示波器、逻辑分析仪等,但因其价格不菲,开发过程烦琐,因此在软件支持的前提下,应用最普遍的是软件仿真开发平台,其具有方便、快捷、节约的优点。

单片机应用系统软件仿真开发平台有两个常用的工具软件:Keil 和 Proteus ISIS。Keil 主要用于单片机源程序的编辑、编译、链接以及调试;Proteus ISIS 主要用于单片机硬件电路原理图的设计以及单片机应用系统的软、硬件联合仿真调试。

本章将以 Keil μVision2、Proteus ISIS Professional Vision7.7 SP2 版本为例详细介绍其在单片机开发中的应用方法,并通过一个实例详细介绍 Keil 与 Proteus ISIS 的联调使用方法。

9.1 Keil 集成开发环境

一般情况下单片机常用的程序设计语言有两种:汇编语言和 C 语言。

汇编语言具有执行速度快、占存储空间少、对硬件可直接编程等特点,因而特别适合对实时性能要求比较高的情况下使用。使用汇编语言编程要求程序设计人员必须熟悉单片机内部结构和工作原理,编写程序虽然比机器语言方便简单,但总体还是比较麻烦一些。

与汇编语言相比,C 语言在功能、结构性、可读性、可维护性、可移植性上都有明显优势,C 语言大多数代码被翻译成目标代码后,其效率和准确性方面和汇编语言相当。特别是 C 语言的内嵌汇编功能,使 C 语言对硬件操作更加方便,并且 C 语言作为自然高级语言,易学易用,尤其是在开发大型软件时更能体现其优势,因此在单片机程序设计中得到广泛应用。

Keil μVision2 是德国 Keil Software 公司推出的微处理器开发平台,可以开发多种 8051 兼容单片机程序,可以用来工程创建和管理、编辑、编译 C 源码和汇编源程序、链接和重定位目标文件和库文件、生成 HEX 文件、调试目标程序等完整的开发流程,具有丰富的库函数和功能强大的集成开发工具,全 Windows 操作界面,所以备受用户青睐。

9.1.1　Keil μVision2 工作环境

正确安装后,用鼠标左键双击计算机桌面上 Keil μVision2  运行图标,或用鼠标左键分别单击计算机桌面上"开始"—"所有程序"—"Keil μVision2",即可启动 Keil μVision2,启动界面如图 9-1 所示,进入 Keil μVision2 集成开发环境后,其集成开发环境界面如图 9-2 所示。

图 9-1　Keil μVision2 启动界面

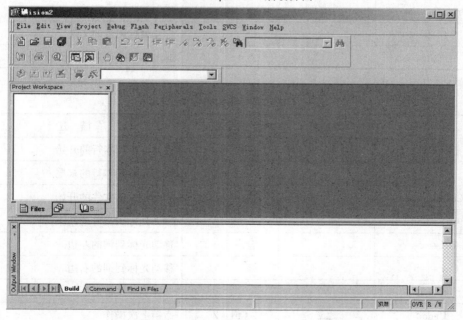

图 9-2　Keil μVision2 集成开发环境界面

从图 9-2 可以看出,Keil μVision2 集成开发环境与其他常用的 windows 窗口软件类似,设置有菜单栏、可以快速选择命令的按钮工具栏、工程窗口、源代码文件窗口、对话窗口、信息显示窗口。Keil μVision2 允许同时打开浏览多个源程序文件。

Keil μVision2 IDE 提供了多种命令执行方式:①菜单栏提供了诸如文件(File)操作、编辑(Edit)操作、视图(View)操作、项目/工程(Project)操作、程序调试(Debug)、闪存(Flash)操作、

245

片上外设寄存器设置和观察（Peripherals）、开发工具选项（Tools）、软件版本控制系统菜单（SVCS）、窗口选择和处理（Window）、在线帮助（Help）共 11 种操作菜单；②使用工具栏按钮可以快速地执行 μVision2 命令；③使用键盘快捷键也可以执行 μVision2 命令，键盘快捷键根据使用习惯等需要还可以重新设置。表 9-1—表 9-10 列出了 μVision2 菜单项命令、工具条图标、默认的快捷键以及它们的描述。

表 9-1 文件菜单和命令（File）

菜 单	工具条	快捷键	描 述
New		Ctrl + N	创建一个新的源程序文件
Open		Ctrl + O	打开已经存在的文件
Close			关闭当前文件
Save		Ctrl + S	保存当前文件（新建保存时需命名）
Save as			另外取名保存当前文件
Save all			保存所有文件
Device Database			维护器件库
Print Setup			设置打印机
Print		Ctrl + P	打印当前文件
Print Preview			打印预览
1—9			打开最近用过的文件
Exit			退出 μVision2 提示是否保存文件

表 9-2 编辑菜单和编辑器命令（Edit）

菜 单	工具条	快捷键	描 述
Home			移动光标到本行的开始
End			移动光标到本行的末尾
Ctrl + Home			移动光标到文件的开始
Ctrl + End			移动光标到文件的结束
Ctrl + <-			移动光标到词的左边
Ctrl + ->			移动光标到词的右边
Ctrl + A			选择当前文件的所有文本内容
Undo		Ctrl + Z	撤销上次操作
Redo		Ctrl + Shift + Z	重复上次撤销的操作
Cut		Ctrl + X	剪切所选文本
		Ctrl + Y	剪切当前行的所有文本
Copy		Ctrl + C	复制所选文本

续表

菜　单	工具条	快捷键	描　述
Paste		Ctrl + V	粘贴所剪切或复制的文本
Indent Selected Text			将所选文本右移一个制表键的距离
Unindent Selected Text			将所选文本左移一个制表键的距离
Toggle Bookmark		Ctrl + F2	设置/取消当前行的标签
Goto Next Bookmark		F2	移动光标到下一个标签处
Goto Previous Bookmark		Shift + F2	移动光标到上一个标签处
Clear All Bookmarks			取消当前文件的所有标签
Find		Ctrl + F	在当前文件中查找文本
		F3	前重复查找
		Shift + F3	向后重复查找
		Ctrl + F3	查找光标处的单词
		Ctrl +]	寻找匹配的大括号、圆括号、方括号（用此命令将光标放到大括号、圆括号或方括号的前面）
Replace		Ctrl + H	替换特定的字符
Find in Files			在多个文件中查找

表 9-3　视图命令（View）

菜　单	工具条	快捷键	描　述
Status Bar			显示/隐藏状态条
File Toolbar			显示/隐藏文件工具栏
Build Toolbar			显示/隐藏编译菜单条
Debug Toolbar			显示/隐藏调试工具栏
Project Window			显示/隐藏项目/工程窗口
Output Window			显示/隐藏输出窗口
Source Browser			显示/隐藏资源浏览器窗口
Disassembly Window			显示/隐藏反汇编窗口
Watch & Call Stack Window			显示/隐藏观察和访问堆栈窗口
Memory Window			显示/隐藏存储器窗口

续表

菜 单	工具条	快捷键	描 述
Code Coverage Window			显示/隐藏代码报告窗口
Performance Analyzer Window			显示/隐藏性能分析窗口
Symbol Window			显示/隐藏字符变量窗口
Serial Window #1			显示/隐藏串口 1 的观察窗口
Serial Window #2			显示/隐藏串口 2 的观察窗口
Toolbox			显示/隐藏自定义工具箱
Periodic Window Update			在程序运行时周期刷新调试窗口
Workbook Mode			显示/隐藏工作簿模式
Include Dependencies			显示/隐藏头文件
Options			设置颜色、字体、快捷键和编辑器的选项

表 9-4 项目菜单和项目命令(Project)

菜 单	工具条	快捷键	描 述
New Project			创建新工程
Import Vision1 Project			转化 μVision1 的工程
Open Project			打开一个已经存在的工程
Close Project			关闭当前的工程
Target Environment			定义工具、包含文件和库文件的路径
Targets, Groups, Files			维护一个项目的对象文件组和文件
Select Device for Target			从设备数据库存中选择对象的 CPU
Remove			从工程中移走一个组或文件
Options		Alt + F7	设置对象、组或文件的工具选项
File Extensions			选择不同文件类型的扩展名
Build Target		F7	编译链接修改过的文件并生成应用
Rebuild Target			重新编译链接所有的文件并生成应用
Translate		Ctrl + F7	编译当前文件
Stop Build			停止生成应用的过程
1—9			打开最近打开过的工程

表 9-5 调试菜单和调试命令(Debug)

菜 单	工具条	快捷键	描 述
Start/Stop Debugging		Ctrl + F5	开始/停止调试模式
Go		F5	运行程序,直到遇到一个断点
Step		F11	单步执行程序,遇到子程序则进入
Step over		F10	单步执行程序,跳过子程序
Step out of Current function		Ctrl + F11	执行到当前函数的结束
Run to Cursor line		Ctrl + F10	从程序指针处运行到光标处
Stop Running		ESC	停止程序运行
Breakpoints			打开断点对话框
Insert/Remove Breakpoint			插入/清除当前行的断点
Enable/Disable Breakpoint			使能/禁止当前行的断点
Disable All Breakpoints			禁止所有的断点
Kill All Breakpoints			取消所有的断点
Show Next Statement			显示下一条指令/语句
Enable/Disable Trace Recording			使能/禁止程序运行轨迹的记录
View Trace Records			显示执行过的指令
Memory Map			打开存储器空间配置对话框
Performance Analyzer			打开设置性能分析器的对话框
Inline Assembly			对某一个行重新汇编,并可以修改汇编代码
Function Editor			编辑调试函数和调试配置文件

表 9-6 外围器件菜单(Peripherals)

菜 单	工具条	快捷键	描 述
Reset CPU			复位 CPU
Interrupt			中断
I/O-Ports			I/O 口,Port 0 ~ Port 3
Serial			串行口
Timer			Timer 0 ~ Timer 2 定时器

表 9-7　工具菜单（Tool）

菜　单	工具条	快捷键	描　述
Customize Tools Menu			添加用户程序到工具菜单中

表 9-8　软件版本控制系统菜单（SVCS）

菜　单	工具条	快捷键	描　述
Configure Version Control			配置软件版本控制系统的命令

表 9-9　视窗菜单（Window）

菜　单	工具条	快捷键	描　述
Cascade	▣		以互相重叠的形式排列文件窗口
Tile Horizontally	▣		以不互相重叠的形式水平排列文件窗口
Tile Vertically	▣		以不互相重叠的形式垂直排列文件窗口
Arrange Icons			排列主框架底部的图标
Split	▣		把当前的文件窗口分割为几个
1—9			激活指定的窗口对象

表 9-10　帮助菜单（Help）

菜　单	工具条	快捷键	描　述
Help topics			打开在线帮助
About Vision			显示版本信息和许可证信息

9.1.2　Keil 工程的创建

使用 Keil μVision2 IDE 的项目/工程开发流程和其他软件开发项目的流程极其相似,具体步骤如下:

①新建一个工程,从设备器件库中选择目标器件（CPU）,配置工具设置。
②用 C51 语言或汇编语言编辑源程序。
③用工程管理器添加源程序。
④编译、链接源程序,并修改源程序中的错误。
⑤生成可执行代码,调试运行应用。

为了介绍方便,下面以一个简单实例——单片机流水灯来介绍 Keil 工程的创建过程。

1. 源程序文件的建立

执行菜单命令 File→new 或者点击工具栏的新建文件按钮,即可在项目窗口的右侧打开一个默认名为 Text1 的空白文本编辑窗口，还必须录入、编辑程序代码，在该窗口中输入以下 C 语言代码：

```
/*定义头文件及变量初始化*/
    #include        <reg51.h>
    #include        <intrins.h>
    #define         uchar       unsigned    char
    #define         uint        unsigned    int
    uchar   temp=0xFE;          //temp 中先装入 LED1 亮、LED2~LED8 灭的数据
                                //(二进制 11111110)
    uchar   count=0x64;    //定义计数变量初值为 100,计数 100 个 10 ms,即 1 s
/*T0 中断服务子程序*/
void    timer 0(void)   interrupt  1    using   1
{THO = -5000/256;                       //重装初值
  TL0 = -5000%256;
  count--;                              //1s 时间未到,继续计数
  if(count==0)
  {count=0x64;                          //1s 时间到,重置 count 计数初值为 100
  temp = _crol_(temp,1);                //将点亮的 LED 循环左移一位
  }
}
/*主程序*/
void        main(void)
{P1=0xff;                               //初始状态,所有 LED 熄灭
  TMOD=0x01;                            //设置 T0 工作方式 1
  TH0 = -5000/256;                      //设置 10 ms 计数初值
  TL0 = -5000%256;
  EA=1;                                 //开放总中断
  ET0=1;                                //开放 T0 中断
  TR0=1;                                //启动 T0
  while(1)                              //死循环
  {P1=temp;}                            //把 temp 数据送 P1 口
}
```

上述程序的汇编代码如下：

```
    ORG     0000H           ;单片机上电后程序入口地址
    SJMP    START           ;跳转到主程序存放地址处
    ORG     000BH           ;定时器 T0 入口地址
    SJMP    T0SVR           ;跳转到定时器 T0 中断服务程序存放地址处
    ORG     0030H           ;设置主程序开始地址
```

```
START：MOV      SP,#60H        ;设置堆栈起始地址为 60H
       MOV      P1,#0FFH       ;初始状态,所有 LED 熄灭
       MOV      A,#0FEH        ;ACC 中先装入 LED1 亮、LED2～LED8 灭的数据
                               ;(二进制的 11111110)
       MOV      R0,#64H        ;计数 100 个 10 ms,即 1 s
       MOV      TMOD,#01H      ;设置 T0 工作方式 1
       MOV      TH0,#0ECH      ;设置 10 ms 计数初值
       MOV      TL0,#78H
       SETB     EA             ;开放总中断
       SETB     ET0            ;开放 T0 中断
       SETB     TR0            ;启动 T0
 DISP：MOV      P1,A           ;把 ACC 数据送 P1 口
       SJMP     DISP
/* T0 中断服务子程序 */
T0SVR：MOV      TL0,#78H       ;重装初值
       MOV      TH0,#0ECH
       DJNZ     R0,LOOP        ;1s 时间未到,继续计数
       MOV      R0,#64H        ;1s 时间到,重置 R0 计数初值为 100
       RL       A              ;将点亮的 LED 循环左移
 LOOP：RETI                    ;子程序返回
       END                     ;程序结束
```

μVision2 与其他文本编辑器类似,同样具有录入、删除、选择、复制、粘贴等基本的文本编辑功能。需要说明的是,源文件就是一般的文本文件,不一定使用 Keil 软件编写,可以使用任意文本编辑器编写,需要注意的是,Keil 的编辑器对汉字的支持不好,建议使用记事本之类的编辑软件进行源程序的输入,然后按要求保存,以便添加到工程中。

在编辑源程序文件过程中,为防止断电丢失,需时刻保存源文件,第一次执行菜单命令 File→Save 或者点击工具栏的保存文件按钮 ,将打开如图 9-3 所示的对话框。在"文件名"对话框中输入源文件的命名。注意必须加上后缀名(汇编语言源程序一般用.ASM 或.A51 为后缀名,C51 语言文件用.C 为后缀名),这里将源程序文件保存为 Example.c。

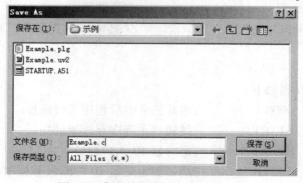

图 9-3 命名并保存新建源程序文件

2.建立工程文件

Keil 支持数百种 CPU,而这些 CPU 的特性并不完全相同,在工程开发中,并不是仅有一个源程序文件就行了,还必须为工程选择 CPU,以确定编译、汇编、链接的参数,指定调试的方式,有一些项目还会有多个文件组成等。因此,为管理和使用方便,keil 使用工程(project)这一概念,即将源程序(C51 或汇编)、头文件、说明性的技术文档等都放置在一个工程里,只能对工程而不能对单一的源文件进行编译(汇编)和链接等操作。

启动 Keil μVision2 IDE 后,μ Vision2 总是打开用户上一次处理的工程,要关闭它可以执行菜单命令 Project→Close Project。建立新工程可以通过执行菜单命令 Project→New Project,此时将出现如图 9-4 所示的 Create New Project 对话框,要求给将要建立的工程在"文件名"对话框中输入名字,这里假定将工程文件命名为 Example,并选择保存目录,不需要扩展名。

图 9-4　建立新工程

单击"保存"按钮,打开如图 9-5 所示的"Select Device for Target'Target 1'"的第二个对话框,此对话框要求选择目标 CPU(即所用芯片的型号),列表框中列出了 μVision2 支持的以生产厂家分组的所有型号的 CPU。Keil 支持的 CPU 很多,这里选择的是 Atmel 公司生产的 AT89S51 单片机,然后再单击"确定"按钮,回到主界面。

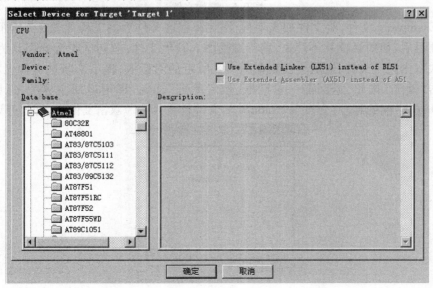

图 9-5　选择目标 CPU

另外,如果在选择完目标 CPU 后想重新改变目标 CPU,可以执行菜单命令 Project→Select Device for…,在随后出现的目标设备选择对话框中重新加以选择。由于不同厂家许多型号的 CPU 性能相同或相近,因此,如果所需的目标 CPU 型号在 μVision2 中找不到,可以选择其他公司生产的相近型号。

3. 添加源程序文件到工程中

选择完目标 CPU 后,在工程窗口中,出现了"Target 1",前面有"+"号,单击"+"号展开,可以看到下一层的"Source Group 1",这时的工程还是一个空的工程,没有任何源程序文件,前面录入编辑好的源程序文件需手工添加,鼠标左键单击"Source Group 1"使其反白显示,然后,点击鼠标右键,出现一个下拉菜单,如图 9-6 所示,选中其中的"Add file to Group'Source Group 1'",弹出一个对话框,要求添加源文件。注意,在该对话框下面的"文件类型"默认为 C SOURCE FILE(*.C),也就是以 C 为扩展名的文件,假如所要添加的是汇编源程序文件,则在列表框中将找不到,需将文件类型设置一下,单击对话框中"文件类型"后的下拉列表,找到并选中"ASM SOURCE FILE(*.A51,*.ASM)",这样,在列表框中才可以找到汇编源程序文件了。

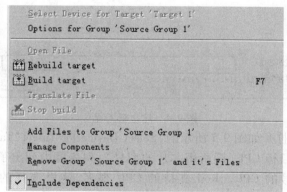

图 9-6　添加文件

双击 Example.c 文件,将文件加入工程,添加源程序文件后的工程如图 9-7 所示,注意,在文件加入项目后,该对话框并不消失,等待继续加入其他文件,但初学时常会误认为操作没有成功而再次双击同一文件,这时会出现如图 9-8 所示的对话框,提示你所选文件已在列表中,此时应单击"确定"按钮,返回前一对话框,然后单击"close"即可返回主界面,返回后,单击"Source Group 1"前的加号,会发现 Example.c 文件已在其中。双击文件名,即打开该源程序。

图 9-7　添加源程序文件后的工程

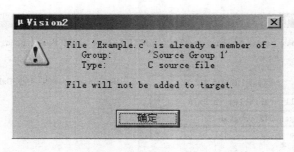

图 9-8　重复加入源程序文件错误警告

如果想删除已经加入的源程序文件,可以在如图 9-7 所示的对话框中,右击源程序文件,在弹出的快捷菜单中选择 Remove File'Example.c',即可将文件从工程中删除。值得注意的是,这种删除属于逻辑删除,被删除的文件仍旧保留在磁盘上的原目录下,需要的话,还可以再将其添加到工程中。

4.工程的设置

在工程建立好之后,还需要对工程进行设置,以满足要求。打开工程设置对话框,方法有二:其一,右击工程管理器(Project Workspace)窗口中的工程名 Target 1,弹出如图 9-9 所示的快捷菜单,选择快捷菜单上的 Options for Target 'Target 1'选项,即可打开工程设置对话框;其二,在 Project 菜单项选择 Options for Target 'Target 1'命令,也可打开工程设置对话框。从对话框可以看出,工程的设置分成 10 个部分,每个部分又包含若干项目。在这里主要介绍以下几个部分。

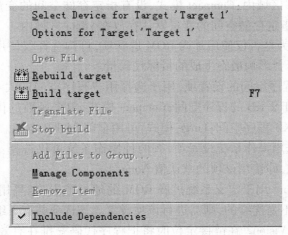

图 9-9　工程设置快捷菜单

(1)Target 设置

主要用于用户最终系统的工作模式设置,决定用户系统的最终框架。打开对话框中的 Target 选项卡,Target 设置界面如图 9-10 所示。

Xtal(MHz)是晶振频率值设置项,默认值是所选目标 CPU 的最高可正常工作的频率值,对于示例所选的 AT89S51 而言是 24 MHz,本示例设定为 12 MHz。设置的晶振频率值主要是在软件仿真时起作用,而与最终产生的目标代码无关,在软件仿真时,μVision2 将根据用户设置的频率来决定软件仿真时系统运行的时间和时序。

Memory Model 是存储器模式设置项,有 3 个选项可供选择:Small 模式,没有指定存储空间

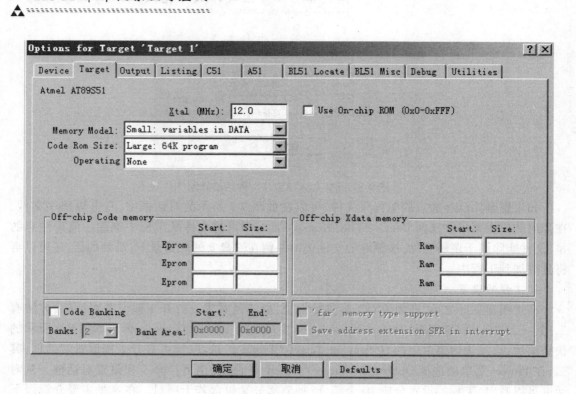

图 9-10　Target 设置界面

的变量默认存放在 data 区域内；Compact 模式，没有指定存储空间的变量默认存放在 pdata 区域内；Large 模式，没有指定存储空间的变量默认存放在 xdata 区域内。

　　Use On-chip ROM 为是否仅使用片内 ROM 选择项，打钩选择仅使用片内 ROM，不打钩则反之。但选择该项并不会影响最终生成的目标代码量。

　　Code Rom Size 是程序空间的设置项，用于选择用户程序空间的大小，同样也有 3 个选择项：Small 模式，只用低于 2 KB 的程序空间；Compact 模式，单个函数的代码量不能超过 2 KB，整个程序可以使用 64 KB 程序空间；Large 模式，可用全部 64 KB 空间。

　　Operating 为是否选用操作系统设置项，有两种操作系统可供选择：Rtx tiny 和 Rtx full，通常不使用任何操作系统，即使用该项的默认值 None。

　　Off-chip Code memory 用于定义系统扩展 ROM 的地址范围，如果用户使用了外部程序空间，但在物理空间上又不是连续的，则需进行该项设置。该选项共有 3 组起始地址（Start）和地址大小（Size）的输入，μVision2 在链接定位时将把程序代码安排在有效的程序空间内。该选项一般只用于外部扩展的程序，因为单片机内部的程序空间多数都是连续的。

　　Off-chip Xdata memory 用于定义系统扩展 RAM 的地址范围，主要应用于单片机外部非连续数据空间的定义，设置方法与"Off-chip Code memory"项类似。Off-chip Code memory、Off-chip Xdata memory 两个设置项必须根据所用硬件来确定，由于本示例是单片应用，未进行任何扩展，所以均按默认值设置。

　　Code Banking 为是否选用程序分段设置项，该功能较少用到。

（2）Output 设置

用于工程输出文件的设置。打开对话框中的 Output 选项卡，Output 设置界面如图 9-11 所示。

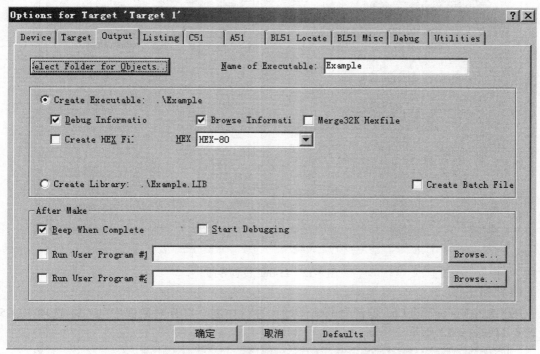

图 9-11　Output 设置界面

Select Folder for Objects…用于设置输出文件存放的目录，一般选用当前工程所保存的根目录。Name of Executable 用于设置输出目标文件的名称，默认为当前工程的名称。根据用户需要，可以进行修改。Debug Information 用于设置是否产生调试信息，如果需要对程序进行调式，该项必须选中。Browse Information 用于设置是否产生浏览信息，产生的浏览信息可以用菜单 View −> Browse 来查看，一般取默认值。Create HEX File 用于设置是否生成可执行代码文件，可执行代码文件是最终写入单片机的运行文件，格式为 Intel HEX，扩展名为 .hex。默认情况下该项未被选中，在调试状态下，目标文件不会自动转换为 HEX 文件，如果要实现程序、电路联合软件仿真或程序在硬件上运行，该项必须选中，选中后在调试状态下，目标文件则会自动转换为可在单片机上执行的 HEX 文件。其他选项一般保持默认设置。

（3）Listing 设置

用于设置列表文件的输出格式。打开对话框中的 Listing 选项卡，Listing 设置界面如图 9-12所示：

在源程序编译完成后将生成"＊.lst"格式的列表文件，在链接完成后将生成"＊.m51"格式的列表文件。该项主要用于细致地调整编译、链接后生成的列表文件的内容和形式，其中比较常用的选项是 C Compiler Listing 选项区中的 Assembly Code 复选项。选中该复选项可以在列表文件中生成 C 语言源程序所对应的汇编代码。其他选项可保持默认设置。

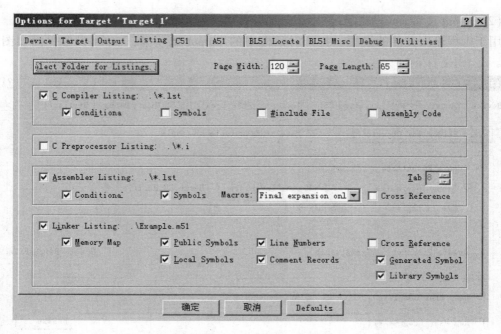

图 9-12　Listing 设置界面

(4) C51 设置

用于对 μVision2 的 C51 编译器的编译过程进行控制。打开对话框中的 C51 选项卡,C51 设置界面如图 9-13 所示。

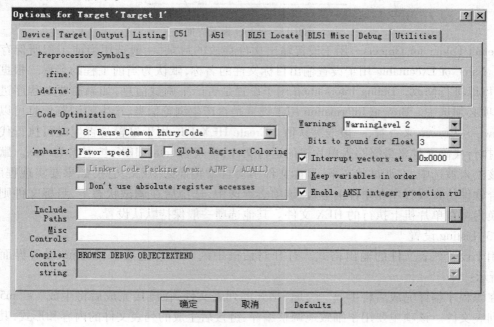

图 9-13　C51 设置界面

其中比较常用的两项是代码优化等级 Code Optimization | Level、代码优化侧重 Code Optimization | Emphasis。

Code Optimization|Level 是优化等级设置项,C51 编译器在对源程序进行编译时,可以对代码多至9级优化,提供 0~9 共10种选择,以便减少编译后的代码量或提高运行速度。优化等级一般默认使用第8级,但如果在编译中出现了一些错误,可以降低优化等级试试。本示例默认选择优化等级 8(Reuse Common Entry Code)。在程序调试成功后再提高优化级别改善程序代码。

Code Optimization|Emphasis 是优化侧重设置项,有3种选项可供选择:选择 Favor speed,在优化时侧重优化速度;选择 Favor size,在优化时侧重优化代码大小;选中 Default,为缺省值,默认的是侧重优化速度,可以根据需要更改。

(5)Debug 设置

用于选择仿真工作模式。打开对话框中的 Debug 选项卡,Debug 设置界面如图9-14所示。

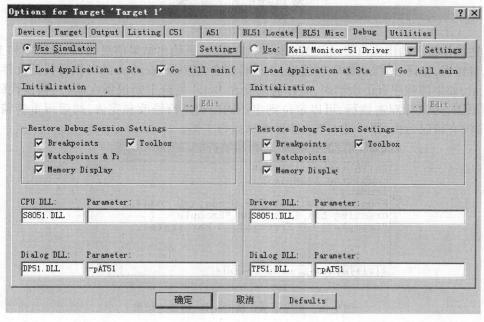

图9-14　Debug 设置界面

右边主要针对仿真器,用于硬件仿真时使用,称为硬件设置,设置此种工作模式,用户可把 C51 嵌入到系统中,直接在目标硬件系统上调试程序;左边主要用于程序的编译、链接及软件仿真调试,称为软件设置,该模式在没有实际目标硬件系统的情况下可以模拟 8051 的许多功能,这非常便于应用程序的前期调试。软件仿真和硬件仿真的设置基本一样,只是硬件仿真设置增加了仿真器参数设置。由于本示例未涉及硬件仿真器,在此只需选中软件仿真 Use Simulator 单选项。

工程设置对话框中的其他选项卡与 C51 编译选项、A51 编译选项、BL51 链接器的链接选项等用法有关,通常均取默认值,基本不做任何设置。

所需设置完成后按确认返回主界面,工程设置完毕。

5. 工程的编译、链接和调试、运行

在工程设置好后,即可按照工程设置的选项进行编译和链接,其中还要修改语法错误,其他错误(如逻辑错误)则必须通过调试才能发现和解决,以生成二进制代码的目标文件

(.obj)、列表文件(.lst)、绝对地址目标文件、绝对地址列表文件(.m51)、链接输入文件(.imp)、可执行代码文件(.hex)等,进行软件仿真和硬件仿真。

(1)源程序的编译、链接

分 3 种操作方式:执行菜单命令 Project→Build target 或单击建立工具栏(Build Toolbar)上的工具按钮 ▦,对当前工程进行链接,如果当前文件已修改,则先对该文件进行编译,然后再链接以生成目标代码;执行菜单命令 Project→Rebuild all target files 或单击工具按钮 ▦,对当前工程所有文件重新进行编译后再链接;执行菜单命令 Project→Translate 或单击工具按钮 ▨,则仅对当前文件进行编译,不进行链接。建立工具栏(Build Toolbar)如图 9-15 所示,从左至右分别是编译、编译链接、全部重建、停止编译和对工程进行设置。

图 9-15　建立工具栏

上述操作将在输出窗口 Output Window 中的 Build 页给出结果信息,如果源程序和工程设置都没有错误,编译、链接就能顺利通过,生成得到名为 Example.hex 的可执行代码文件,如图 9-16 所示,如果源程序有语法错误,编译器则会在 Build 页给出错误所在的行、错误代码以及错误的原因,用鼠标双击该行,可以定位到出错的位置进行修改和完善,然后再重新编译、链接,直至没有错误为止,即可进入下一步的调试运行工作。

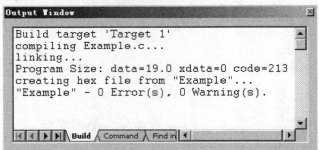

图 9-16　程序语法正确时编译、链接的结果

(2)调试运行

编译、链接成功后,执行菜单命令 Debug→Start/Stop Debug Session 或者单击文件工具栏(File Toolbar)上的工具按钮 ⊕,即可进入(或退出)软件仿真调试运行模式,此时出现一个调试运行工具条(Debug Toolbar),源程序编辑窗口与之前也有变化,如图 9-17 所示,图中上部为调试运行工具条,从左至右分别是复位、全速运行、暂停、单步跟踪、单步运行、跳出函数、运行到光标处、下一状态、打开跟踪、观察跟踪、反汇编窗口、观察窗口、代码作用范围分析、1#串行窗口、内存窗口、性能分析、工具按键等命令;图中下部为调试窗口,黄色箭头为程序运行光标,指向当前等待运行的程序行。

在 μVision2 中,有 5 种程序运行方式:单步跟踪(Step Into),单步运行(Step Over),跳出函数(Step Out)、运行到光标处(Run to Cursor line),全速运行(Go)。首先搞清楚两个重要的概念,即单步执行与全速运行。使用 F5 快捷键,或执行菜单命令 Debug→Go,或单击工具按钮 ▤ 进入全速运行,使用 Esc 快捷键,或执行菜单命令 Debug→Stop Running,或单击工具按钮 ⊗ 停止全速运行,全速执行是指一行程序执行完以后紧接着执行下一行程序,中间不停止,因此程序执行的速度很快,但只可以观察到运行完总体程序的最终结果的正确与否,如果中间运行结果有错,则难以确认错误出现在哪些具体程序行。单步执行是每次执行一行程序,执行完该行程序以后即停止,等待命令执行下一行程序,此时可以观察该行程序执行完以后得到的结果,是否与所需结果相同,从而发现并解决问题。

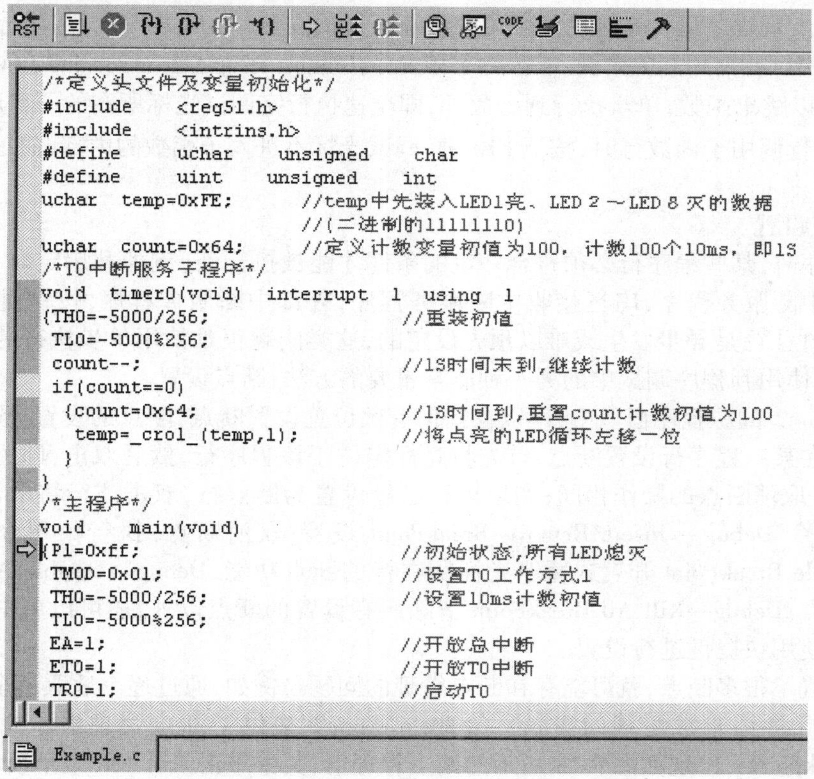

```
/*定义头文件及变量初始化*/
#include    <reg51.h>
#include    <intrins.h>
#define   uchar   unsigned    char
#define   uint    unsigned    int
uchar   temp=0xFE;        //temp中先装入LED1亮、LED 2～LED 8 灭的数据
                         //(二进制的11111110)
uchar   count=0x64;       //定义计数变量初值为100,计数100个10ms,即1S
/*T0中断服务子程序*/
void   timer0(void)   interrupt   1  using  1
{TH0=-5000/256;          //重装初值
 TL0=-5000%256;
 count--;                //1S时间未到,继续计数
 if(count==0)
  {count=0x64;           //1S时间到,重置count计数初值为100
   temp=_crol_(temp,1);  //将点亮的LED循环左移一位
  }
}
/*主程序*/
void    main(void)
{P1=0xff;                //初始状态,所有LED熄灭
 TMOD=0x01;              //设置T0工作方式1
 TH0=-5000/256;          //设置10ms计数初值
 TL0=-5000%256;
 EA=1;                   //开放总中断
 ET0=1;                  //开启T0中断
 TR0=1;                  //启动T0
```

Example.c

图 9-17　源程序的软件仿真运行

使用 F11 快捷键,或执行菜单命令 Debug→Step Into,或单击工具按钮 以单步跟踪形式执行程序,单步跟踪的功能是尽最大的可能跟踪当前程序的最小运行单位,在本示例 C 语言调试环境下最小的运行单位是一条 C 语句,因此单步跟踪每次最少要运行一个 C 语句。如图 9-17 所示,每按一次 F11 快捷键,黄色箭头就会向下移动一行,包括被调用函数内部的程序行。

使用 F10 快捷键,或执行菜单命令 Debug→Step Over,或单击工具按钮 以过程单步形式执行程序,单步运行的功能是尽最大的可能执行完当前的程序行。与单步跟踪相同的是单步运行每次至少也要运行一条 C 语句;与单步跟踪不同的是单步运行不会跟踪到被调用函数的内部,而是把被调用函数作为一条 C 语句来执行。如图 9-17 所示,每按一次 F10 快捷键,黄色箭头就会向下移动一行,但不包括被调用函数内部的程序行。

通过单步执行调试程序,效率很低,并不是每一行程序都需要单步执行以观察结果,如本示例中的软件延时程序段若通过单步执行要执行多次才执行完,显然不合适。为此,可以采取以下方法:

第一,使用 Ctrl + F10 快捷键,或执行菜单命令 Debug→Run to Cursor line,或单击工具按钮 以运行到光标处。如图 9-17 所示,程序指针现指在程序行

　　　　　　　{P1 = 0xff;　　　　　　　//初始状态,所有 LED 熄灭　　　　//①

　　若想让程序一次运行到程序行

　　　　　　　TR0 = 1;　　　　　　　//启动 T0　　　　　　　　　　　//②

则可以单击此程序行,当闪烁光标停留在该行后,执行菜单命令 Debug→Run to Cursor line。运行停止后,发现程序运行光标已经停留在程序行②的左侧。

　　第二,使用 Ctrl + F11 快捷键,或执行菜单命令 Debug→Step Out of current function,或单击工具按钮以跳出函数,单步执行到函数外,即全速执行完调试光标所在的子程序或子函数。

　　第三,执行调用子函数行时,按下 F10 键,调试光标不进入子函数的内部,而是全速执行完该子程序。

　　(3)断点设置

　　调试程序时,某些程序行必须符合一定的条件才能被执行到(例如利用定时/计数器对外部事件计数中断服务程序,串行接收中断服务程序,外部中断服务程序,按键键值处理程序等),这些条件往往是异步发生或难以预先设定的,这类问题很难使用单步执行的方法进行调试,此时就要使用到程序调试中的另一种非常重要的方法:断点设置。

　　在 μVision2 的源程序窗口中,可以在任何有效位置设置断点,断点的设置/取消方法有多种。如果想在某一程序行设置断点,首先将光标定位于该程序行,然后双击,即可设置红色的断点标志■。取消断点的操作相同,如果该行已经设置为断点行,双击该行将取消断点,也可执行菜单命令 Debug→Insert/Remove BreakPoint 设置/取消断点;执行菜单命令 Debug→Enable/Disable BreakPoint 开启或暂停光标所在行的断点功能;Debug→Disable All BreakPoint 暂停所有断点;Debug→Kill All BreakPoint 清除所有设置的断点以外,还可以单击文件工具条上的按钮或使用快捷键进行设置。

　　如果设置了很多断点,就可能存在断点管理的问题。例如,通过逐个地取消全部断点来使程序全速运行将是非常烦琐的事情。为此,μVision2 提供了断点管理器。执行菜单命令 Debug→Breakpoints,出现如图 9-18 所示的断点管理器,其中单击 Kill All(取消所有断点)按钮可以一次性取消所有已经设置的断点。

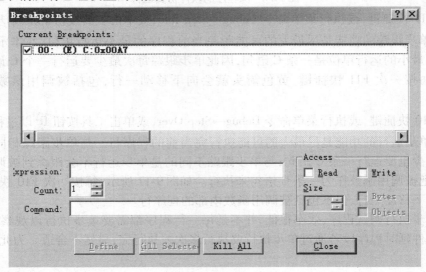

图 9-18　断点管理器

9.1.3　存储空间资源的查看和修改

在 μVision2 的软件仿真环境中,执行菜单命令 View→Memory Windows 可以打开存储器窗口,如图 9-19 所示,如果该窗口已打开,则会关闭该窗口。标准 AT89S51 的所有有效存储空间资源都可以通过此窗口进行查看和修改。

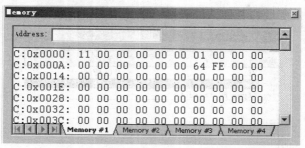

图 9-19　存储器窗口

在存储器地址输入栏 Address 后的编辑框内输入"字母:数字"即可显示相应内存值,便于查看和修改,其中字母代表存储空间类型,数字代表起始地址。μVision2 把存储空间资源分成 4 种存储空间类型加以管理:可直接寻址的片内 RAM(类型 data,简称 d)、可间接寻址的片内 RAM(类型 idata,简称 i)、扩展的外部数据空间 XRAM(类型 xdata,简称 x)、程序空间 code(类型 code,简称 c)。例如输入 D:0x08 即可查看到地址 08 开始的片内 RAM 单元值,若要修改 0x08 地址的数据内容,方法很简单,首先右击 0x08 地址的数据显示位置,弹出如图 9-20 所示的快捷菜单。然后选择 Modify Memory at D:0x08 选项,此时系统会出现输入对话框,输入新的数值后单击 OK 按钮返回,即修改完成。

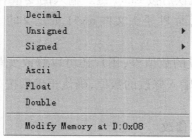

图 9-20　在存储器对话框中修改数据

使用存储器对话框查看和修改其他类型存储空间,操作方法与 data 空间完全相同,只是将查看或修改的存储空间类型和起始地址要相应地改变。

值得注意的是:在标准 80C51 中,可间接寻址空间为 0～0xFF 范围内的 RAM。其中,地址范围 0x00～0x7F 内的 RAM 和地址范围 0x80～0xFF 内的 SFR 既可以间接寻址,也可以直接寻址;地址范围 0x80～0xFF 的 RAM 只能间接寻址。外部可间接寻址 64 KB 地址范围的数据存储器,程序空间有 64 KB 的地址范围。

9.1.4 变量的查看和修改

在用高级语言编写的源程序中,常常会定义一些变量,在 μVision2 中,使用"观察"对话框 (Watches)可以直接观察和修改变量。在软件仿真环境中,执行菜单命令 View→Watch & Call Stack Windows 可以打开"观察"窗口,如图 9-21 所示。如果窗口已经打开,则会关闭该窗口。其中,Name 栏用于输入变量的名称,Value 栏用于显示变量的数值。

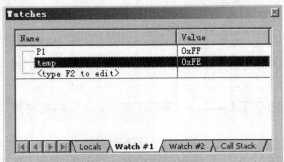

图 9-21 "观察"对话框

在观察窗口底部有 4 个标签:显示局部变量观察窗口 Locals,自动显示当前正在使用的局部变量,不需要用户自己添加;变量观察窗口 Watch #1、Watch #2,可以根据分类把变量添加到 #1 或#2 观察对话框中;堆栈观察窗口 Call Stack。

1. 变量名称的输入

单击 Name 栏中的 <type F2 to edit>,然后按 F2 键,此时可在 <type F2 to edit> 处输入需查看或修改的变量名称,确认无误后按 Enter 键。输入的变量名称必须是文件中已经定义的。在图 9-21 中,temp 是自定义的,而 Pl 是头文件 reg51.h 定义的。

2. 变量数值的显示

在 Value 栏,除了显示变量的数值外,用户还可以修改变量的数值,方法是:单击该行的 Value 栏,然后按 F2 键,此时可输入修改的数值,确认正确后按 Enter 键。

9.1.5 外围设备的查看和修改

在软件仿真环境中,通过 Peripherals 菜单选择,还可以打开所选 CPU 的外围设备如示例单片机中的定时/计数器(Timer)、外部中断(Interrupt)、并行输入输出口(I/O-Ports)、串行口 (Serial)对话框,以查看或修改这些外围设备的当前使用情况、各寄存器和标志位的状态等。

例如对于示例程序,编译、链接进入软件仿真环境后,可执行菜单命令 Peripherals→I/O-Ports→Port 1 观察 P1 口的运行状态,如图 9-22 所示,全速运行,可以观察到 P1 口各位的状态在不断地变化。执行菜单命令 Peripherals→I/O-Ports→Port 2,如图 9-23 所示,可以看到 P2 口各位的状态一直为 0,如果要想置 P2.0 为 1,则可通过单击 P2.0 对应的方框内打上钩即可。查看和修改其他外围设备的方法类似,除此之外,在 Keil μVision2 IDE 中,还有很多功能及使用方法,这里不再一一说明,感兴趣的读者可以参阅有关的专业书籍。

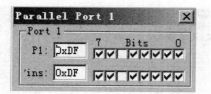

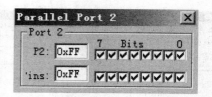

图 9-22　外围设备 P1 端口　　　　　　　　图 9-23　外围设备 P2 端口

9.2　Proteus ISIS 简介

Proteus ISIS 是英国 Lab Center Electronics 公司出品的用于原理图设计、电路分析与仿真、处理程序代码调试和仿真、系统测试以及功能验证的 EDA 软件,运行在 Windows 操作系统之上,具有界面友好、使用方便、占用存储空间小、仿真元件资源丰富、实验周期短、硬件投入少、实验过程损耗小和与实际设计接近等特点。它有模拟电路仿真、数字电路仿真、数模混合电路、单片机等微处理器及其外围电路(如总线驱动器 74LS373、可编程外围定时器 8253、并行接口 8255、实时时钟芯片 DS1302、LCD、RAM、ROM、键盘、马达、LED、AD/DA、SPI、IIC 器件等)组成的系统仿真等功能,配合可供选择的虚拟仪器,可搭建一个完备的电子设计开发环境,同时支持第三方软件的编辑和调试环境,可与 Keil μVision2 等软件进行联调,达到实时的仿真效果,因此得到广泛使用。

9.2.1　Proteus ISIS 工作环境

正确安装后,用鼠标左键双击桌面上 运行图标,或用鼠标左键分别单击计算机桌面上"开始"→"所有程序"→"Proteus 7 Professional"→"ISIS 7 Professional",即可进入 Proteus ISIS Professional 用户界面,如图 9-24 所示。从图可以看出。Proteus ISIS Professional 用户界面与其他常用的窗口软件一样,ISIS Professional 设置有菜单栏、可以快速执行命令的按钮工具栏和各种各样的窗口。ISIS Professional 只允许同时打开浏览一个文件。

ISIS Professional 也提供了多种命令执行方式:①菜单栏提供了诸如文件 File(文件)、View(视图)、Edit(编辑)、Tools(工具)、Design(设计)、Graph(图形)、Source(源)、Debug(调试)、Library(库)、Template(模板)、System(系统)和 Help(帮助)共 12 种操作菜单;②使用工具栏按钮可以快速地执行 ISIS 命令;③使用键盘快捷键也可以执行 ISIS 命令,键盘快捷键根据使用习惯等需要还可以重新设置。表 9-11—表 9-17 只列出了所涉及的、较常使用的 Proteus ISIS 菜单项命令、工具栏图标、默认的快捷键以及对它们的描述,在此未涉及的将不一一赘述,读者可以参阅有关的专业书籍。

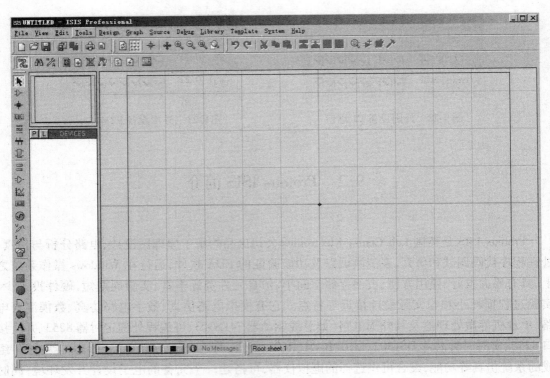

图 9-24   Proteus ISIS Professional 用户界面

表 9-11   文件菜单和命令（File）

菜　单	工具条	快捷键	描　述
New Design···			新建原理图设计
Open Design···		Ctrl + O	打开已经存在的原理图设计
Save Design		Ctrl + S	保存当前的原理图设计 （新建保存时需命名）
Import Section···			导入部分文件
Export Section···			导出部分文件
Print···			打印
Set Area			设置打印区域
Exit			退出 ISIS Professional 并提示是否保存文件

表 9-12   视图菜单和命令（View）

菜　单	工具条	快捷键	描　述
Redraw		R	刷新窗口
Grid		G	栅格显示开关

续表

菜　单	工具条	快捷键	描　述
Origin		O	手工设置原点
Pan		F5	重新定位显示中心
Zoom In		F6	放大显示
Zoom Out		F7	缩小显示
Zoom All		F8	按照窗口大小显示全部
Zoom To Area			局部放大选定区域

表 9-13　编辑菜单和编辑命令（Edit）

菜　单	工具条	快捷键	描　述
Undo Changes		Ctrl + Z	撤销前一操作
Redo Changes		Ctrl + Y	恢复前一操作
Cut To Clipboard			剪切到剪贴板
Copy To Clipboard			复制到剪贴板
Paste From Clipboard			从剪贴板粘贴
Block Copy			块复制
Block Move			块移动
Block Rotate			块旋转或翻转
Block Delete			块删除
Pick parts from libraries			选取元器件
Make Device			创建库元件
Packaging Tool			编辑器件封装
Decompose			进入元件编辑状态

表 9-14　绘图模型选择工具箱（Mode Selector）

名　称	工具条	快捷键	描　述
Selection Mode			选择对象（可以单击任意对象并编辑其属性）
Component Mode			加载元器件
Junction dot Mode			在原理图中添加连接点
Wire label Mode			为连线添加标签（为连线命名）

267

续表

名　称	工具条	快捷键	描　述
Text script Mode			添加文本
Buses Mode			总线绘制
Subcircuit Mode			绘制子电路
Terminals Mode			在对象选择窗口列出终端接口（如输入、输出、电源和地等）供选择
Device Pins Mode			在对象选择窗口列出各种引脚（如普通引脚、时钟引脚、反电压引脚和短接引脚等）供选择
Graph Mode			在对象选择窗口列出各种仿真分析所需的图表（如模拟图表、数字图表、噪声图表、混合图表和 A/C 图表等）供选择
Tape Recorder Mode			录音机，当对设计电路分割仿真时采用此模式
Generator Mode			在对象选择窗口列出各种激励源（如正弦激励源、脉冲激励源、指数激励源和 FILE 激励源等）供选择
Voltage Probe Mode			在原理图中添加电压探针（电路进入仿真模式时，可显示各探针处的电压值）
Current Probe Mode			在原理图中添加电流探针（电路进入仿真模式时，可显示各探针处的电流值）
Virtual Instruments Mode			在对象选择窗口列出各种虚拟仪表（如示波器、逻辑分析仪、定时/计数器和模式发生器等）供选择
2D Graphics Line Mode			用于创建元器件或表示图表时绘制线
2D Graphics Box Mode			用于创建元器件或表示图表时绘制方框
2D Graphics Circle Mode			用于创建元器件或表示图表时绘制圆
2D Graphics Arc Mode			用于创建元器件或表示图表时绘制弧线
2D Graphics Path Mode			用于创建元器件或表示图表时绘制任意形状的图标

续表

名　称	工具条	快捷键	描　述
2D Graphics Text Mode	**A**		用于插入各种文字说明
2D Graphics Symbols Mode	**S**		用于选择各种元器件符号
2D Graphics Markers Mode	**中**		用于产生各种标记图标

表 9-15　方向工具栏（Orientation Toolbar）

名　称	工具条	快捷键	描　述
Rotate Clockwise	↻		对所选元器件顺时针旋转 90°
Rotate Anti-Clockwise	↺		对所选元器件逆时针旋转 90°
X-Mirror	↔		对所选元器件以 Y 轴为对称轴水平镜像翻转 180°
Y-Mirror	↕		对所选元器件以 X 轴为对称轴垂直镜像翻转 180°
旋转角度	0		用于显示旋转/镜像的角度

表 9-16　仿真工具栏（Simulate Toolbar）

名　称	工具条	快捷键	描　述
Play	▶		运行仿真
Step	▶		单步运行
Pause	▮▮		暂停仿真
Stop	■		停止仿真

表 9-17　设计工具栏（Design Toolbar）

名　称	工具条	快捷键	描　述
Wire Auto Router			自动连线开关
Search and Tag…			查找并标记对象
Property Assignment Tool…			属性分割工具
Design Explorer			查看详细的元器件列表及网络表
New Sheet			新建图纸
Remove Sheet			移动或删除当前图纸

续表

名　称	工具条	快捷键	描　述
Zoom to Child			转入子电路
Bill Of Materials			生成元器件材料清单
Electrical Rule Check···			生成电气规则检查报告
Netlist to ARES			生成网络表并进入电路板设计

9.2.2　电路原理图的设计与编辑

在 Proteus ISIS 中,电路原理图的设计与编辑非常方便,在这里将通过示例介绍电路原理图的绘制、编辑修改的基本方法,更深层或更复杂的方法,读者可以参阅有关的专业书籍。

示例:用 Proteus ISIS 绘制如图 9-25 所示的电路仿真原理图。该电路的功能是用单片机 AT89S51 的 P1 口控制 8 个发光二极管循环点亮构成流水灯。

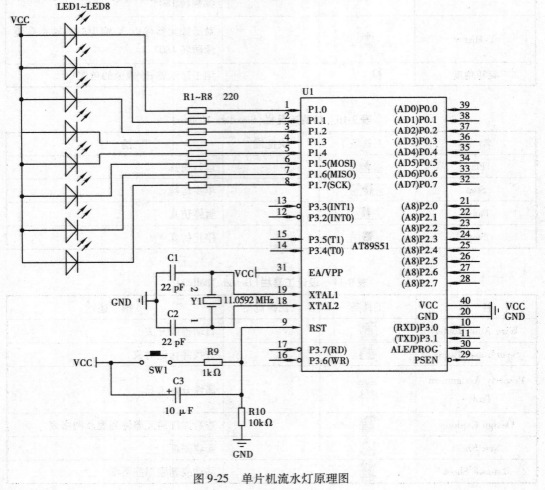

图 9-25　单片机流水灯原理图

1. 新建设计文件

执行菜单命令 File→New Design…或单击文件工具栏上的新建文件按钮,在打开的 Create New Design 对话框(如图 9-26 所示)中选择 DEFAULT 模板(ISIS Professional 提供了 17 个标准模板供选择,用户也可以利用 Template 和 System 菜单命令根据实际需要自定义模板或对标准模板进行修改,一般使用 DEFAULT 模板),单击 OK 按钮后,即进入如图 9-24 所示的 ISIS Professional 用户界面。此时,对象选择窗口、原理图编辑窗口、原理图预览窗口均是空白的。执行菜单命令 File→Save Design 或单击主工具栏中的保存按钮 🖫,在打开的 Save ISIS Design File 对话框中,可以指定保存目录,输入新建设计文件的名称,本示例命名为 Example,保存类型采用默认值(.DSN)。完成上述工作后,单击"保存"按钮,开始电路原理图的绘制工作。

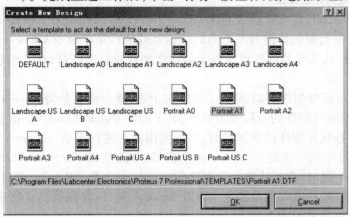

图 9-26　创建新的设计文件

2. 对象的选择与放置

对象的选择与放置要根据对象的类别在绘图模型选择工具箱中选择相应的工具,某些对象(如 2 D 图形等)可以在选择工具后直接在原理图编辑区左击放置,而对于元器件等对象,则需要先从元器件库将其添加到对象选择窗口中,然后从对象选择窗口中选定,有些对象(如晶体管)由于品种繁多,还需要进一步选择子类别后才能显示出来供选择。

在图 9-25 所示电路原理图中的对象按属性可分为两大类:元器件(Component)和终端(Terminals)。表 9-18 给出了它们的清单。下面简要介绍这两类对象的选择和放置方法。

表 9-18　图 9-25 的对象清单

对象属性	对象名称	对象所属类	对象所属子类	图中标识
元器件	AT89S51	Microprocessor ICs	8051 Family	U1
	MINRES220R	Resistors	0.6W Metal Film	R1 ~ R8
	MINRES10K			R8
	LED	Optoelectronics	LEDs	LED1 ~ LED8
	CERAMIC22P	Capacitors	Ceramic Disc	C1, C2
	GENELECT10U16V		Radial Electrolytic	C3
	CRYSTAL	Miscellaneous		Y1
	BUTTON	Switches & Relays	Switches	SW1

续表

对象属性	对象名称	对象所属类	对象所属子类	图中标识
终端	POWER			VCC
	GROUND			GND
	INPUT			
	OUTPUT			

（1）元器件的选择与放置

在放置元器件之前，首先要通过 Pick Devices 对话框（先左击对象模型工具箱中的加载元器件命令 ⏬，再左击对象选择窗口左上角的按钮 P 或执行菜单命令 Library→Pick Device/Symbol…打开该对话框），从元器件库将所需元器件添加到对象选择窗口中，然后从对象选择窗口中选定放置。

Pick Devices 对话框如图 9-27 所示。从结构上看，该对话框分为 Keywords 文本输入框：在此可以输入待查找的元器件的全称或关键字，其下面的 Match Whole Words 选项表示是否全字匹配，在不知道待查找元器件的所属类时，可以采用此法进行搜索；Category 窗口：在此给出了 Proteus ISIS 中元器件的所属类。Sub-category 窗口：在此给出了 Proteus ISIS 中元器件的所属子类。Manufacturer 窗口：在此给出了元器件的生产厂家分类。Results 窗口：在此给出了符合要求的元器件的名称、所属库以及描述。PCB Preview 窗口：在此给出了所选元器件的电路原理图预览、PCB 预览及其封装类型。

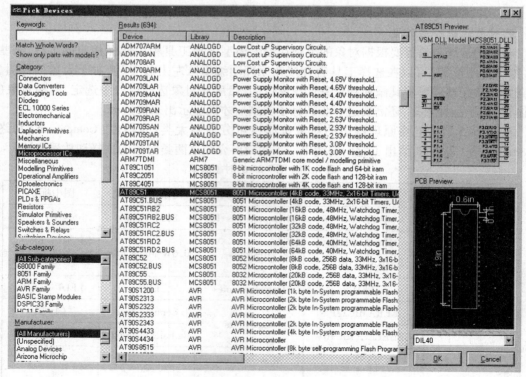

图 9-27　Pick Devices 对话框

需要注意的是：在选择添加之前要明确并打开所需元器件的所属类及所属子类，如果不知道则可利用 Proteus ISIS 提供的搜索功能方便地查找到所需元器件。Proteus ISIS 的元器件库提供了大量元器件的原理图符号，在 Proteus ISIS 中元器件的所属类共有 40 多种，表 9-19 给出了常用元器件的所属类。

表 9-19　常用元器件的所属类

所属类名称	对应的中文名字	说　明
Analog Ics	模拟电路集成芯片	电源调节器、定时器、运算放大器等
Capacitors	电容器	
CMOS 4000 series	4000 系列数字电路	
Connectors	排座，排插	
Data Converters	模/数、数/模转换集成电路	
Diodes	二极管	
Electromechanical	机电器件	风扇、各类电动机等
Inductors	电感器	
Memory ICs	存储器	
Microprocessor ICs	微控制器	51 系列单片机、ARM7 等
Miscellaneous	各种器件	电池、晶振、保险丝等
Optoelectronics	光电器件	LED、LCD、数码管、光电耦合器等
Resistors	电阻	
Speakers & Sounders	扬声器	
Switches & Relays	开关与继电器	键盘、开关、继电器等
Switching Devices	晶闸管	单向、双向可控硅元件等
Transducers	传感器	压力传感器、温度传感器等
Transistors	晶体管	三极管、场效应管等
TTL 74 series	74 系列数字电路	
TTL 74LS series	74 系列低功耗数字电路	

对于示例，首先打开 Pick Devices 对话框，按要求选好元器件（如 AT89S51）后，所选元器件的名称就会出现在对象选择窗口中，如图 9-28 所示。在对象选择窗口中单击 AT89S51后，AT89S51 的电路原理图就会出现在预览窗口中，如图 9-29 所示。此时还可以通过方向工具栏中的旋转、镜像按钮改变原理图的方向。然后将光标指向原理图编辑窗口的合适位

置单击,就会看到 AT89S51 的电路原理图被放置到编辑窗口中。同理,可以对其他元器件进行选择和放置。

(2)终端的选择与放置

单击对象模型工具箱中的终端命令 ☰,Proteus ISIS 会在对象选择窗口中给出所有可供选择的终端类型,如图 9-30 所示。终端的预览、放置方法与元器件类似。Mode 工具箱中其他命令的操作方法又与终端命令类似,在此不再赘述。

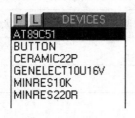
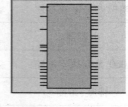

图 9-28 对象选择窗口　　　　图 9-29 预览窗口　　　　图 9-30 终端选择窗口

3. 对象的编辑

在放置好绘制原理图所需的所有对象后,可以编辑对象的位置、角度或属性等。下面以 LED 元器件 D1 为例,简要介绍对象的编辑步骤。

(1)选中对象

将光标指向对象 D1,光标由空心箭头变成手形后,左击即可选中对象 D1。此时,对象 D1 高亮显示,鼠标指针为带有十字箭头的手形。

(2)移动、编辑、删除对象

选中对象 D1 后,右击,弹出快捷菜单。通过该快捷菜单可以对 D1 进行移动(Drag Object)、编辑(Edit Properties)、删除对象(Delete Object)等。

4. 连线

选择放置好对象之后,接下来可以开始在对象之间布线。按照连接的方式,连线可分为 3 种:

(1)普通连接

在两个对象(器件引脚或导线)之间进行连线。不需要选择工具,直接单击第一个对象的连接点后,再单击另一个对象的连接点,则自动连线,或拖动鼠标到另一个对象的连接点处单击,在拖动鼠标的过程中,可以在拐点处单击,也可以右击放弃此次绘线。

按照此方法,分别将 C1、C2、Y1 及 GROUND 连接后的时钟电路如图 9-31 所示。

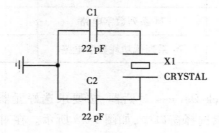

图 9-31 对象之间的普通连接

（2）标识连接

为了避免连线太多太长影响原理图纸的美观，使整体布局合理、简洁，可以双击对象的连接点自动地绘制一条短导线，然后在短导线上放置一个标签（Label），凡是标签名称相同的点都相当于之间建立了电气连接而不必在原理图上绘出连线。

如时钟电路与 AT89S51 之间的连接，按照此方法，将 X1 的两端分别与 AT89S51 的 XTAL1、XTAL2 引脚连接后的电路，如图 9-32 所示。

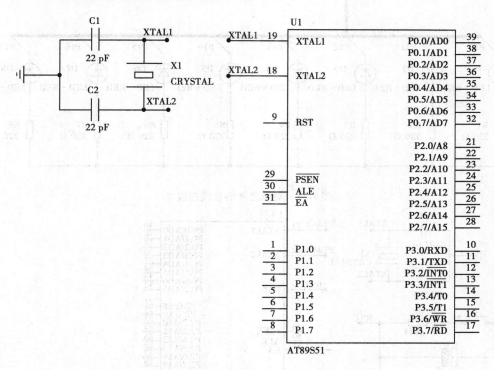

图 9-32　对象之间的标识连接

（3）总线连接

总线连接的步骤如下：①绘制总线，单击 Mode 工具箱中的 Bus 按钮，在合适的位置处（一条已存在的总线或空白处）单击，从此位置（总线起始端）开始拖动鼠标到合适的总线终点处单击，即放置一条总线，在拖动鼠标的过程中，可以在拐点处单击，也可以右击放弃此次总线绘制。②绘制总线分支线，由对象连接点引出单线与总线的连接方法与普通连接类似，但为了和一般的导线区分，一般以画斜线来表示分支线，对象连接点与总线建立连接之后，还要在分支线上放置一个标签（Label），凡是标签相同的分支线都相当于之间通过总线建立了电气连接。

如图 9-33 所示，通过总线 P1[0..7]将 AT89S51 的 P1.0～P1.7 引脚分别与 LED1～LED8 的负极连接在一起，与总线 P1[0..7]相连的两条单线的标签均为 P10～P17。

5. 电气规则检查

原理图绘制完毕后，如图 9-34 所示，还必须进行电气规则检查（ERC）。执行菜单命令 Tools→Electrical Rule Check…，打开如图 9-35 所示的电气规则检查报告单窗口。在该报告单中，系统提示网络表（Netlist）已生成，并且无 ERC 错误，即用户可执行下一步操作。

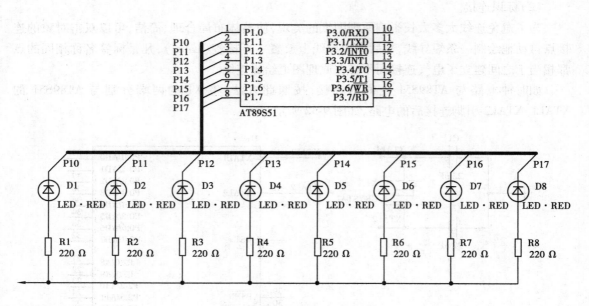

图 9-33 对象之间的总线连接

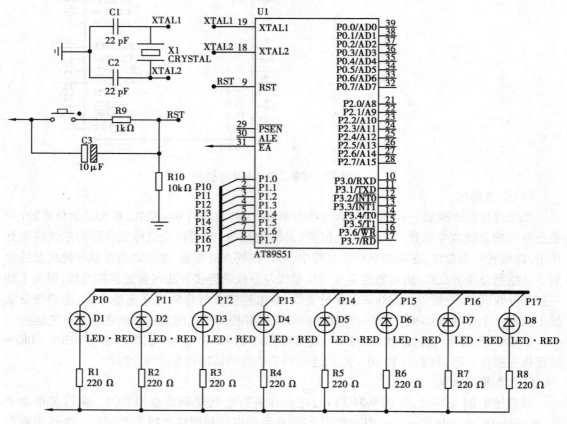

图 9-34 单片机流水灯仿真原理图

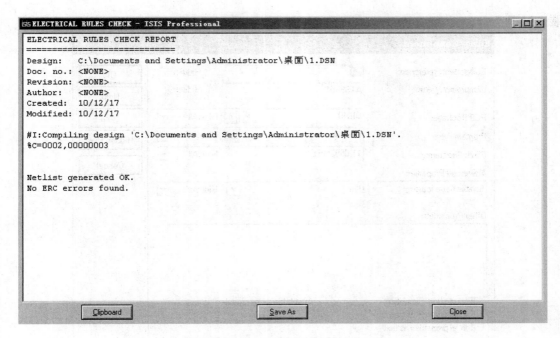

图 9-35 电气规则检查报告单窗口

所谓网络表,是对一个设计中有电气性连接的对象引脚的描述。在 Proteus ISIS 中,彼此互连的一组元件引脚称为一个网络(Net)。执行菜单命令 Tools→Netlist Compiler…,可以设置网络表的输出形式、模式、范围、深度及格式等。

如果电路设计存在 ERC 错误,必须加以排除,否则不能进行仿真。将设计好的原理图文件存盘。同时,可以使用 Tools→Bill of Materials 菜单命令输出 BOM 文档。至此,一个简单的原理图就设计完成了。

9.2.3 Proteus ISIS 与 Keil C51 的联调

Proteus ISIS 与 Keil C51 的联调可以实现单片机应用系统的软、硬件调试,其中 Keil C51 作为软件调试工具,Proteus ISIS 作为硬件仿真和调试工具。下面介绍如何在 Proteus ISIS 中加载 Keil C51 生成的单片机可执行文件(HEX 文件)进行单片机应用系统的仿真调试。

1. 准备工作

首先,在 Keil C51 中完成 C51 应用程序的编译、链接、调试,并生成单片机可执行的 HEX 文件;然后,在 Proteus ISIS 中绘制电路原理图,并通过电气规则检查。

2. 装入 HEX 文件

做好准备工作后,还必须把 HEX 文件加载进单片机中,才能进行整个系统的软、硬件联合仿真调试。在本示例中,双击 Proteus ISIS 原理图中的单片机 AT89S51,打开如图 9-36 所示的对话框。

单击 Program File 选项中的按钮,在打开的 Select File Name 对话框中,选择好要加载的 HEX 文件后(本示例加载 Example. hex 文件),单击"打开"按钮返回图 9-36,此时在 Program File 选项中的文本框中显示 HEX 文件的名称及存放路径。单击 OK 按钮,即完成 HEX 文件的装人过程。

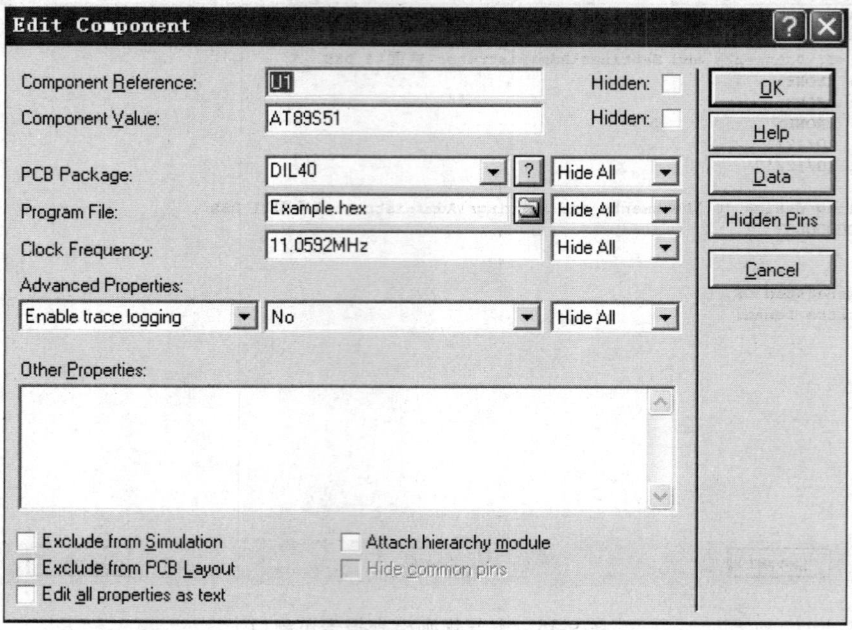

图 9-36 元器件编辑对话框

3. 仿真调试

装入 HEX 文件后,单击仿真运行工具栏上的"运行"按钮 ▶ ,在 Proteus ISIS 的编辑窗口中可以看到单片机应用系统的仿真运行效果,在本示例中可以看到 8 个发光二极管循环点亮,出现流水灯的效果。其中,红色方块代表高电平,蓝色方块代表低电平,灰色代表悬空。

如果发现仿真运行效果不符合设计要求,应该单击仿真运行工具栏上的按钮 ■ 停止运行,然后从软件、硬件两个方面分析原因。完成软、硬件修改后,按照上述步骤重新开始仿真调试,直到仿真运行效果符合设计要求为止。

附　录

附录 A　MCS-51 单片机汇编指令表

指　令	功能说明	机器码	字节数	周期数
数据传送类指令				
MOV A,Rn	寄存器送累加器	E8～EF	1	1
MOV A,direct	直接字节送累加器	E5 （direct）	2	1
MOV A,@Ri	间接 RAM 送累加器	E6～E7	1	1
MOV A,#data	立即数送累加器	74 （data）	2	1
MOV Rn,A	累加器送寄存器	F8～FF	1	1
MOV Rn,direct	直接字节送寄存器	A8～AF （direct）	2	2
MOV Rn,#data	立即数送寄存器	78～7F （data）	2	1
MOV direct,A	累加器送直接字节	F5 （direct）	2	1
MOV direct,Rn	寄存器送直接字节	88～8F （direct）	2	2
MOV direct2,direct1	直接字节送直接字节	85 （direct1）（direct2）	3	2
MOV direct,@Ri	间接 RAM 送直接字节	86～87 （direct）	2	2
MOV direct,#data	立即数送直接字节	75 （direct）（data）	3	2
MOV @Ri,A	累加器送间接 RAM	F6～F7	1	1
MOV @Ri,direct	直接字节送间接 RAM	A6～A7 （direct）	2	2
MOV @Ri,#data	立即数送间接 RAM	76～77 （data）	2	1
MOV DPTR,#data16	16 位立即数送数据指针	90 （data15～8）（data7～0）	3	2
MOVC A,@A+DPTR	以 DPTR 为变址寻址的程序存储器读操作	93	1	2
MOVC A,@A+PC	以 PC 为变址寻址的程序存储器读操作	83	1	2
MOVX A,@Ri	外部 RAM(8 位地址)读操作	E2～E3	1	2

续表

指 令	功能说明	机器码	字节数	周期数
数据传送类指令				
MOVX A,@ DPTR	外部 RAM(16 位地址)读操作	E0	1	2
MOVX @ Ri,A	外部 RAM(8 位地址)写操作	F2 ~ F3	1	2
MOVX @ DPTR,A	外部 RAM(16 位地址)写操作	F0	1	2
PUSH direct	直接字节进栈	C0 （direct）	2	2
POP direct	直接字节出栈	D0 （direct）	2	2
XCH A,Rn	交换累加器和寄存器	C8 ~ CF	1	1
XCH A,direct	交换累加器和直接字节	C5 （direct）	2	1
XCH A,@ Ri	交换累加器和间接 RAM	C6 ~ C7	1	1
XCHD A,@ Ri	交换累加器和间接 RAM 的低4位	D6 ~ D7	1	1
SWAP　A	半字节交换	C4	1	1
算术运算指令				
ADD A,Rn	寄存器加到累加器	28 ~ 2F	1	1
ADD A,direct	直接字节加到累加器	25 （direct）	2	1
ADD A,@ Ri	间接 RAM 加到累加器	26 ~ 27	1	1
ADD A,#data	立即数加到累加器	24 （data）	2	1
ADDC A,Rn	寄存器带进位加到累加器	38 ~ 3F	1	1
ADDC A,direct	直接字节带进位加到累加器	35 （direct）	2	1
ADDC A,@ Ri	间接 RAM 带进位加到累加器	36 ~ 37	1	1
ADDC A,#data	立即数带进位加到累加器	34 （data）	2	1
SUBB A,Rn	累加器带寄存器	98 ~ 9F	1	1
SUBB A,direct	累加器带借位减去直接字节	95 （direct）	2	1
SUBB A,@ Ri	累加器带借位减去间接 RAM	96 ~ 97	1	1
SUBB A,#data	累加器带借位减去立即数	94 （data）	2	1
INC　A	累加器加1	04	1	1
INC　Rn	寄存器加1	08 ~ 0F	1	1
INC　direct	直接字节加1	05 （direct）	2	1
INC　@ Ri	间接 RAM 加1	06 ~ 07	1	1
INC　DPTR	数据指针加1	A3	1	2

指 令	功能说明	机器码	字节数	周期数
算术运算指令				
DEC A	累加器减 1	14	1	1
DEC Rn	寄存器减 1	18 ~ 1F	1	1
DEC direct	直接字节减 1	15 （direct）	2	1
DEC @Ri	间接 RAM 减 1	16 ~ 17	1	1
MUL AB	A 乘以 B	A4	1	4
DIV AB	A 除以 B	84	1	4
DA A	十进制调整	D4	1	1
逻辑运算				
ANL A,Rn	寄存器"与"累加器	58 ~ 5F	1	1
ANL A,direct	直接字节"与"累加器	55 （direct）	2	1
ANL A,@Ri	间接 RAM"与"累加器	56 ~ 57	1	1
ANL A,#data	立即数"与"累加器	54 （data）	2	1
ANL direct,A	累加器"与"直接字节	52 （direct）	2	1
ANL direct,#data	立即数"与"直接字节	53 （direct）（data）	3	2
ORL A,Rn	寄存器"或"累加器	48 ~ 4F	1	1
ORL A,direct	直接字节"或"累加器	45 （direct）	2	1
ORL A,@Ri	间接 RAM"或"累加器	46 ~ 47	1	1
ORL A,#data	立即数"或"累加器	44 （data）	2	1
ORL direct,A	累加器"或"直接字节	42 （direct）	2	1
ORL direct,#data	立即数"或"直接字节	43 （direct）（data）	3	2
XRL A,Rn	寄存器"异或"累加器	68 ~ 6F	1	1
XRL A,direct	直接字节"异或"累加器	65 （direct）	2	1
XRL A,@Ri	间接 RAM"异或"累加器	66 ~ 67	1	1
XRL A,#data	立即数"异或"累加器	64 （data）	2	1
XRL direct,A	累加器"异或"直接字节	62 （direct）	2	1
XRL direct,#data	立即数"异或"直接字节	63 （direct）（data）	3	2
CLR A	累加器清零	E4	1	1
CPL A	累加器取反	F4	1	1
RL A	循环左移	23	1	1

续表

指　　令	功能说明	机器码	字节数	周期数
逻辑运算				
RLC　A	带进位循环左移	33	1	1
RR　A	循环右移	03	1	1
RRC　A	带进位循环右移	13	1	1
控制转移指令				
ACALL　addr11	绝对子程序调用	(addr10~8 10001)(addr7~0)	2	2
LCALL　addr16	长子程序调用	12(addr15~8)(addr7~0)	3	2
RET	子程序返回	22	1	2
RETI	中断返回	32	1	2
AJMP　addr11	绝对转移	(addr10~8 00001)(addr7~0)	2	2
LJMP　addr16	长转移	02(addr15~8)(addr7~0)	3	2
SJMP　rel	短转移	80(rel)	2	2
JMP　@A+DPTR	间接转移	73	1	2
JZ　rel	累加器为零转移	60(rel)	2	2
JNZ　rel	累加器不为零转移	70(rel)	2	2
CJNE　A,direct,rel	直接字节与累加器比较,不相等则转移	B5(direct)(rel)	3	2
CJNE　A,#data,rel	立即数与累加器比较,不相等则转移	B4(data)(rel)	3	2
CJNE　Rn,#data,rel	立即数与寄存器比较,不相等则转移	B8~BF(data)(rel)	3	2
CJNE　@Rn,#data,rel	立即数与间接RAM比较,不相等则转移	B6~B7(data)(rel)	3	2
DJNZ　Rn,rel	寄存器减1不为零转移	D8~DF(rel)	2	2
DJNZ　direct,rel	直接字节减1不为零转移	D5(direct)(rel)	3	2
NOP	空操作	00	1	1
位操作指令				
MOV　C,bit	直接位送进位位	A2(bit)	2	1
MOV　bit,C	进位位送直接位	92(bit)	2	2
CLR　C	进位位清零	C3	1	1

续表

指　　令	功能说明	机器码	字节数	周期数
	位操作指令			
CLR　bit	直接位清零	C2(bit)	2	1
SETB　C	进位位置1	D3	1	1
SETB　bit	直接位置1	D2(bit)	2	1
CPL　C	进位位取反	B3	1	1
CPL　bit	直接位取反	B2(bit)	2	1
ANL　C,bit	直接位"与"进位位	82(bit)	2	2
ANL　C,/bit	直接位取反"与"进位位	B0(bit)	2	2
ORL　C,bit	直接位"与"进位位	72(bit)	2	2
ORL　C,/bit	直接位取反"与"进位位	A0(bit)	2	2
JC　rel	进位位为1转移	40(rel)	2	2
JNC　rel	进位位为0转移	50(rel)	2	2
JB　bit,rel	直接位为1转移	20(bit)(rel)	3	2
JNB　bit,rel	直接位为0转移	30(bit)(rel)	3	2
JBC　rel	直接位为1转移并清零该位	10(bit)(rel)	3	2

附录B　51单片机汇编各类指令助记符

1. 数据传送类指令(7种助记符)

MOV(英文为Move)对内部数据寄存器RAM和特殊功能寄存器SFR的数据进行传送;

MOVC(Move Code)读取程序存储器数据表格的数据传送;

MOVX(Move External RAM)对外部RAM的数据传送;

XCH(Exchange)字节交换;

XCHD(Exchange low-order Digit)低半字节交换;

PUSH(Push onto Stack)入栈;

POP(Pop form Stack)出栈。

2. 算数运算类指令(8种助记符)

ADD(Addition)加法;

ADDC(Add with Carry)带进位加法;

SUBB(Subtract with Borrow)带借位减法;

DA(Decimal Adjust)十进制调整；

INC(Increment)加 1；

DEC(Decrement)减 1；

MUL(Multiplication、Multiply)乘法；

DIV(Division、Divide)除法。

3. 逻辑运算类指令(10 种助记符)

ANL(AND Logic)逻辑与；

ORL(OR Logic)逻辑或；

XRL(Exclusive-Or Logic)逻辑异或；

CLR(Clear)清零；

CPL(Complement)取反；

RL(Rotate Left)循环左移；

RLC(Rotate Left Throught the Carry Flag)带进位循环左移；

RR(Rotate Right)循环右移；

RRC(Rotate Right Throught the Carry Flag)带进位循环右移；

SWAP(Swap)低 4 位与高 4 位的半字节交换。

4. 控制转移类指令(17 种助记符)

ACALL(Absolute subroutine Call)子程序绝对调用；

LCALL(long subroutine Call)子程序长调用；

RET(Return from subroutine)子程序返回；

RETI(Return from Interruption)中断返回；

SJMP(Short Jump)短转移；

AJMP(Absolute Jump)绝对转移；

LJMP(Long Jump)长转移；

CJNE(Compare Jump if not Equal)比较不相等则转移；

DJNZ(Decrement Jump if not Zero)减 1 后不为 0 则转移；

JZ (Jump if Zero)结果为 0 则转移；

JNZ (Jump if not Zero)结果不为 0 则转移；

JC (Jump if the Carry Flag is set)有进位则转移；

JNC (Jump if not Carry)无进位则转移；

JB (Jump if the Bit is set)位为 1 则转移；

JNB (Jump if the Bit is not set)位为 0 则转移；

JBC (Jump if the Bit is set and Clear the bit)位为 1 则转移,并清除该位；

NOP (No Operation)空操作。

5. 位操作指令(2 种助记符)

CLR (Clear)位清 0；

SETB (Set Bit) 位置 1。

附录 C　CGRAM 和 CGRAM 中字符码与代符图形对应关系

低位＼高位	0000	0010	0011	0100	0101	0110	0111	1010	1011	1100	1101	1110	1111
××××0000	CGRAM (1)		0	ə	P	`	p		一	タ	ミ	α	P
××××0001	(2)	!	1	A	Q	a	q	。	ア	チ	ム	ä	q
××××0010	(3)	"	2	B	R	b	r	「	イ	ツ	メ	β	θ
××××0011	(4)	#	3	C	S	c	s	」	ウ	テ	モ	ε	∞
××××0100	(5)	$	4	D	T	d	t	\	エ	ト	ヤ	μ	Ω
××××0101	(6)	%	5	E	U	e	u	·	オ	ナ	ユ	ß	ö
××××0110	(7)	&	6	F	V	f	v	ヲ	カ	ニ	ヨ	ρ	Σ
××××0111	(8)	'	7	G	W	g	w	ア	キ	ヌ	ラ	g	π
××××1000	(1)	(	8	H	X	h	x	ィ	ク	ネ	リ	√	
××××1001	(2)	)	9	I	Y	i	y	ゥ	ケ	ノ	ル	-1	y
××××1010	(3)	*	:	J	Z	j	z	ェ	コ	ハ	レ	j	千
××××1011	(4)	+	;	K	[	k	{	ォ	サ	ヒ	ロ	x	万
××××1100	(5)	,	<	L	¥	l	¦	ャ	シ	フ	ワ		¢

续表

高位 低位	0000	0010	0011	0100	0101	0110	0111	1010	1011	1100	1101	1110	1111
×××1101	(6)	—	=	M	]	m	¦	ュ	ス	ヘ	ソ		+
×××1110	(7)	.	>	N	∧	n	→	ョ	セ	ホ	ハ	ñ	
×××1111	(8)	/	?	O	_	o	←	ッ	ソ	マ	°	ö	

附录 D ASCII 表

ASCII 值	控制字符	ASCII 值	控制字符	ASCII 值	控制字符	ASCII 值	控制字符
0	NUT	32	（space）	64	@	96	、
1	SOH	33	!	65	A	97	a
2	STX	34	”	66	B	98	b
3	ETX	35	#	67	C	99	c
4	EOT	36	$	68	D	100	d
5	ENQ	37	%	69	E	101	e
6	ACK	38	&	70	F	102	f
7	BEL	39	,	71	G	103	g
8	BS	40	(	72	H	104	h
9	HT	41	)	73	I	105	i
10	LF	42	*	74	J	106	j
11	VT	43	+	75	K	107	k
12	FF	44	,	76	L	108	l
13	CR	45	–	77	M	109	m
14	SO	46	.	78	N	110	n
15	SI	47	/	79	O	111	o
16	DLE	48	0	80	P	112	p
17	DCI	49	1	81	Q	113	q

ASCII 值	控制字符	ASCII 值	控制字符	ASCII 值	控制字符	ASCII 值	控制字符
18	DC2	50	2	82	R	114	r
19	DC3	51	3	83	X	115	s
20	DC4	52	4	84	T	116	t
21	NAK	53	5	85	U	117	u
22	SYN	54	6	86	V	118	v
23	TB	55	7	87	W	119	w
24	CAN	56	8	88	X	120	x
25	EM	57	9	89	Y	121	y
26	SUB	58	:	90	Z	122	z
27	ESC	59	;	91	[	123	{
28	FS	60	<	92	/	124	|
29	GS	61	=	93	]	125	}
30	RS	62	>	94	∧	126	~
31	US	63	?	95	—	127	DEL

参考文献

[1] 沈放,何尚平.单片机实验及实践教程[M].北京:人民邮电出版社,2014.

[2] 孟祥莲,高洪志.单片机原理及应用——基于 Proteus 与 Keil C[M].哈尔滨:哈尔滨工业大学出版社,2010.

[3] 贺敬凯,刘德新.单片机系统设计、仿真与应用:基于 Keil 和 Proteus 仿真平台[M].西安:西安电子科技大学出版社,2011.

[4] 谷树忠,刘文洲,姜航.Altium Designer 教程——原理图、PCB 设计与仿真[M].北京:电子工业出版社,2012.

[5] 江思敏,胡烨.高等院校 EDA 系列教材:Altium Designer(Protel)原理图与 PCB 设计教程[M].北京:机械工业出版社,2009.

[6] 王连英,吴静进.单片机原理及应用[M].北京:化学工业出版社,2011.

[7] 赵全利,肖兴达.单片机原理及应用教程[M].北京:机械工业出版社,2007.